"十四五"职业教育国家规划教材

JISUANJI HUITU(JIXIE TUYANG)
——AutoCAD 2012

计算机绘图
（机械图样）
——AutoCAD 2012
（第四版）

主　编　张启光　周海燕
　　　　徐瑞霞
主　审　刘　慧

新形态教材

中国教育出版传媒集团
高等教育出版社·北京

内容提要

本书是"十四五"职业教育国家规划教材。

本书是以 AutoCAD 2012 为平台，结合高等职业院校教学改革的实践经验，以培养应用型技术技能人才为目标编写的。本书共分十一个单元。单元一介绍 AutoCAD 2012 工作界面及基本操作，单元二～单元十一分别介绍常用绘图命令、绘图辅助工具、绘图环境的设置、图形编辑、其他常用绘图命令、尺寸标注、块、专业图的绘制、图形输出和"草图与注释"工作空间界面简介。本书图文并茂，彩色印刷，以绘图环境为背景，给出一些典型图例的绘制方法，使读者容易理解和学习。另外，书中还介绍了许多绘图技巧和工作中常见问题的处理方法，实用性强。

本书适合作为高等职业院校、中等职业学校计算机绘图课程的教材，也可作为 CAD 认证考试的培训教材，还可供从事绘图工作的技术人员和其他 CAD 爱好者学习参考。

图书在版编目（CIP）数据

计算机绘图：机械图样：AutoCAD 2012/张启光，周海燕，徐瑞霞主编．—4 版．—北京：高等教育出版社，2021.8（2025.6 重印）

ISBN 978-7-04-056555-3

Ⅰ.①计… Ⅱ.①张… ②周… ③徐… Ⅲ.①机械制图-AutoCAD 软件-高等职业教育-教材 Ⅳ.①TH126

中国版本图书馆 CIP 数据核字(2021)第 147218 号

| 策划编辑 | 张尕琳 | 责任编辑 | 张尕琳 | 班天允 | 封面设计 | 张文豪 | 责任印制 | 高忠富 |

出版发行	高等教育出版社	网 址	http://www.hep.edu.cn
社 址	北京市西城区德外大街 4 号		http://www.hep.com.cn
邮政编码	100120	网上订购	http://www.hepmall.com.cn
印 刷	上海叶大印务发展有限公司		http://www.hepmall.com
开 本	787 mm×1092 mm 1/16		http://www.hepmall.cn
印 张	15	版 次	2010 年 6 月第 1 版
字 数	328 千字		2021 年 8 月第 4 版
购书热线	010-58581118	印 次	2025 年 6 月第 10 次印刷
咨询电话	400-810-0598	定 价	49.80 元

本书如有缺页、倒页、脱页等质量问题，请到所购图书销售部门联系调换
版权所有　侵权必究
物 料 号　56555-A0

第四版前言

本书是"十四五"职业教育国家规划教材。

本书深入贯彻党的二十大精神，全面落实党的教育方针，坚持为党育人、为国育才，遵循教育规律和人才成长规律，顺应社会主要矛盾的变化，以高质量发展为主线，以深化教育改革为动力，坚持科技自立自强、人才引领驱动，全面提高人才自主培养质量。

本书以 AutoCAD 2012 为平台编写，该版本支持多种硬件设备，支持多种操作系统，可以安装在 32 位和 64 位操作系统中，便于学生安装在笔记本电脑上进行操作学习。另外，AutoCAD 2012 绘图功能更加完善，编辑功能更加强大，可采用多种方式进行二次开发或用户定制，可进行多种图形格式的转换，具有较强的数据交换能力，通用性好，适用于各类用户。

本书的编写按照学习 CAD 的认知规律，先从用户界面的组成和基本操作入手，使学生对 CAD 操作有基本的了解，然后循序渐进，介绍常用绘图命令、绘图辅助工具、绘图环境的设置、图形编辑、其他常用绘图命令、尺寸标注、块的操作等相对复杂的内容，最后介绍专业图的绘制、图形输出等。全书结构紧凑合理，内容充实。

本书满足中、高职的有机衔接，体现产教融合，执行新标准，具有以下特点。

（1）根据 CAD 制图国家标准 GB/T 18229—2000 的规定，在第四单元介绍了各种线型的颜色设置，使学生在设计绘图时，能够养成遵守国家标准的良好习惯。采用国家标准统一颜色，便于文件共享。

（2）在每单元后面的"综合练习"中都安排有"基本题"和"进阶题"两种题型。"基本题"中设置了一些简单的题目，目的是针对初学者，通过练习，迅速掌握基本的绘图、编辑命令；"进阶题"中设置了大量具有梯度的题目，针对有 CAD 学习基础的学生，可以直接进入"进阶题"的训练。

（3）对书中的一些举例做了精心设计。例如在介绍编辑命令时，采用了一些在上下几个命令的介绍中都可以使用的案例，教师只需绘制一个图形就可以介绍几个编辑命令，节省时间，方便教师授课。

（4）书中设有操作提示，提供了许多操作技巧。例如，几条重叠线的选择问题；双击滚轮时，图形消失的问题；常用的［相切、相切、相切］画圆按钮和带引线的几何公差标注按钮的调用等。增加了一些机械制图上用到的专用符号的标注方法。

（5）为增强实用性，本书还介绍了将 CAD 图形插入 Word 文档中进行打印的方法及使用 BetterWMF 专用软件复制图形的方法。

（6）经调研，绝大多数学校在进行三维软件教学中没有使用 AutoCAD 软件，故对于三维部分不做介绍，节省篇幅。

本书适用于30～80课时教学。针对不同需求可采用不同的教学组织，建议如下。

(1) 少学时（30～50学时）：初步掌握CAD操作方法。建议全面介绍单元一至单元八的内容，综合练习可只要求绘制基本题，第九单元只介绍零件图、装配图的绘制，其他内容自学。

(2) 多学时（60～80学时）：熟练掌握CAD操作方法。建议全面介绍单元一至单元十一的所有内容。综合练习可要求完成基本题和大部分进阶题。

(3) 建议在CAD机房进行授课，边讲边练，通过某一任务在同一时间内完成的进度和质量进行考核，记录平时成绩。

(4) 建议采用整周教学。教学计划为30课时的班级，可采用一周在CAD机房集中教学和实训，边讲边练。这样的效果要比每周两节课的效果更好。教学计划为60课时的班级，可采用集中两周方式组织教学。

(5) 本课程综合考试可采用第九单元"综合练习"中的"进阶题"进行考核。

本书由张启光、周海燕、徐瑞霞担任主编，卢运娇、张作状、李红梅、王萍、王美玉、吕虹霖担任副主编，参与编写的还有白西平、刘飞飞、姜云青、严纪兰、刘洁、陈雷、王晖、张春霞、李建、张玲芬、刘慧芬。

刘慧老师认真审阅了本书，并提出了宝贵的意见和建议，在此表示衷心感谢。

本书可作为高等职业院校、中等职业学校的计算机绘图课程的教材，也可以作为机关、厂矿、企事业单位职工大学和电视大学相关课程的教材，还可供从事绘图工作的技术人员和其他人员学习参考。另外，也可以作为CAD认证的培训教材。

由于时间仓促以及编者的水平所限，书中可能有不当之处，敬请读者批评指正。联系方式：zqg13906410486@163.com。

编　者

第一版前言

随着计算机技术的不断发展以及计算机绘图技术的日趋完善，计算机绘图已在机械、建筑、电子、航空航天和纺织等行业得到广泛应用，传统的手工绘图不可避免地将被取代。因此，计算机绘图的知识和技能已成为广大工程技术人员必备的能力。

AutoCAD 是美国 Autodesk 公司开发的通用计算机辅助绘图与设计系列软件，自 1982 年问世以来，经过近 20 次的升级，不断减少命令行的使用限制，增加对话框输入方式，显得十分人性化，符合计算机操作向智能化方向发展的要求。它具有支持人机交互、有益学习、使用方便、网络支持便捷等特点，是当今工程设计领域中广泛使用的现代绘图工具软件。

AutoCAD 2008 中文版是为适应当前图形设计技术的快速发展和日益增加的开发需要而发布的软件包。它的设计协作工具可以帮助用户共享文件，访问设计资源，并能与整个项目组即时会谈。同时，还可以使用它的标准管理器、强大的效率工具以及网络许可管理器等。它还提供了一整套能最大限度地发挥设计信息价值的解决方案，提高战略竞争优势。

AutoCAD 2000、2002、2004 直至最新的 2010 版在基本操作、主要功能等方面几乎相同，而新的版本更多的改进在于提高网络协作，修正 BUG，增强系统安全性、稳定性等高级应用方面。AutoCAD 2008 在基本的操作、功能以及命令的使用等方面都比较完善，为了兼顾各院校在开设计算机绘图教学中所使用的软件版本不同的实际情况，本书选用 AutoCAD 2008 绘图软件编写教材。

书中实例丰富，语言通俗易懂，安排条理清晰，按照学生学习 CAD 的认知规律，先从界面的组成和基本操作入手，使学生对 CAD 操作有基本的了解，然后循序渐进，介绍绘图命令、绘图辅助工具、绘图环境的设置、图形的编辑、尺寸标注、块与表格的操作等相对复杂的内容，教材结构紧凑合理，内容充实。结合作者多年从事工程制图、计算机绘图课程教学的经验和体会，书中列举了大量的工程实例，便于学生练习掌握。通过对本书的学习，学生能够全面地了解和掌握 AutoCAD 2008 中文版的基本绘图与设计功能。

本书共分 11 章，第 1 章介绍 AutoCAD 2008 的界面组成与基本操作，第 2~11 章介绍绘图命令、绘图辅助工具、绘图环境、图形编辑、尺寸标注、块与表格、专业图绘制、三维绘图及绘图输出等操作方法。全书图文并茂，多以绘图当时的环境为背景，给出一些典型图例，使读者容易学习和理解。

本书在介绍用键盘输入命令时都是介绍命令的简化形式，以方便读者的记忆和操作。书中"→"表示向下一级打开某一选项。

本书由张启光主编，崔艳芳、王培林、张卫东、孙翰英、王平副主编，吴书锋、杨福军、李永民、周海燕、许丽娟等参加编写或审稿。全书由赵洪庆主审。

本书是教育部 CAXC 认证指定教材，可作为各类高等职业院校的计算机绘图教材，也可以作为机关、厂矿、企事业单位职工大学和电视大学的计算机绘图教材，还可供从事绘图工作的技术人员和其他人员学习参考以及制图员、CAD 认证考试的培训教材。

由于时间仓促以及编者的水平所限，书中难免有不当之处，望读者批评指正。有任何建议可与编者联系，联系方式：zqg13906410486@163.com。

编 者
2010 年 5 月

目　　录

单元一　工作界面及基本操作 / 1

1.1　AutoCAD 2012 工作界面的组成 / 2
1.2　AutoCAD 2012 基本操作 / 10
1.3　直线与圆的画法 / 12
1.4　选择对象、删除、放弃与修剪 / 14
1.5　修改系统配置选项 / 16
1.6　文件的管理 / 18
1.7　退出 AutoCAD 2012 / 20
综合练习一 / 21

单元二　常用绘图命令 / 25

2.1　圆 / 26
2.2　构造线 / 28
2.3　矩形 / 30
2.4　圆弧 / 32
2.5　正多边形 / 34
2.6　椭圆 / 35
综合练习二 / 37

单元三　绘图辅助工具 / 43

3.1　栅格和捕捉 / 44
3.2　正交模式 / 45
3.3　极轴追踪 / 45
3.4　固定对象捕捉 / 48
3.5　临时对象捕捉 / 49
3.6　对象捕捉追踪 / 53
3.7　动态输入 / 55
3.8　绘图辅助工具应用举例 / 56
综合练习三 / 58

单元四　绘图环境的设置 / 63

4.1　修改系统配置 / 64
4.2　确定图形单位 / 64
4.3　确定图形界限 / 64
4.4　设置辅助绘图模式 / 65
4.5　创建与管理图层 / 65
4.6　画图框、标题栏 / 71
4.7　文字标注 / 72
综合练习四 / 80

单元五　图形编辑 / 83

5.1　选择对象的方式 / 84
5.2　复制 / 85
5.3　镜像 / 86
5.4　偏移 / 87
5.5　阵列 / 88
5.6　移动 / 90
5.7　旋转 / 91
5.8　缩放 / 93
5.9　拉伸 / 94
5.10　拉长 / 95
5.11　修剪 / 95
5.12　延伸 / 96
5.13　打断 / 96
5.14　合并 / 97
5.15　倒角 / 98
5.16　圆角 / 99
5.17　分解 / 100
5.18　夹点 / 100
5.19　特性 / 102
5.20　编辑命令在绘图中的应用示例 / 103
综合练习五 / 107

单元六　其他常用绘图命令 / 117

6.1　点 / 118

6.2 多段线 / 119
6.3 样条曲线 / 120
6.4 图案填充 / 121
6.5 面域 / 127
综合练习六 / 128

单元七 尺寸标注 / 131

7.1 尺寸的组成与标注类型 / 132
7.2 标注样式 / 133
7.3 尺寸的标注方法 / 141
7.4 尺寸标注的编辑 / 157
7.5 其他符号的标注 / 158
综合练习七 / 161

单元八 块 / 165

8.1 创建块 / 166
8.2 创建带属性的块 / 168
8.3 插入块 / 169
8.4 编辑块的属性 / 170
综合练习八 / 172

单元九 专业图的绘制 / 177

9.1 零件图的绘制 / 178
9.2 装配图的绘制 / 182
9.3 轴测图的绘制 / 187
9.4 电气工程图的绘制 / 192
综合练习九 / 199

单元十 图形输出 / 217

10.1 添加输出设备驱动程序 / 218
10.2 页面参数设置 / 220
10.3 图形打印 / 223
10.4 在 Word 文档中插入 AutoCAD 图形 / 224
综合练习十 / 226

单元十一 "草图与注释"工作空间界面简介 / 227

11.1 标题栏 / 228
11.2 功能区 / 229
11.3 绘图区 / 230
11.4 命令提示区 / 230
11.5 状态栏 / 230
综合练习十一 / 231

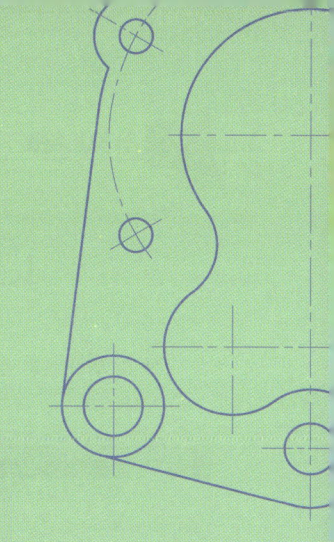

AutoCAD 2012

单元一
工作界面及基本操作

1.1　AutoCAD 2012 工作界面的组成

1.2　AutoCAD 2012 基本操作

1.3　直线与圆的画法

1.4　选择对象、删除、放弃与修剪

1.5　修改系统配置选项

1.6　文件的管理

1.7　退出 AutoCAD 2012

综合练习一

计算机绘图

1.1　AutoCAD 2012 工作界面的组成

在计算机桌面双击 即可进入 AutoCAD 2012 的工作界面，如图 1-1 所示。

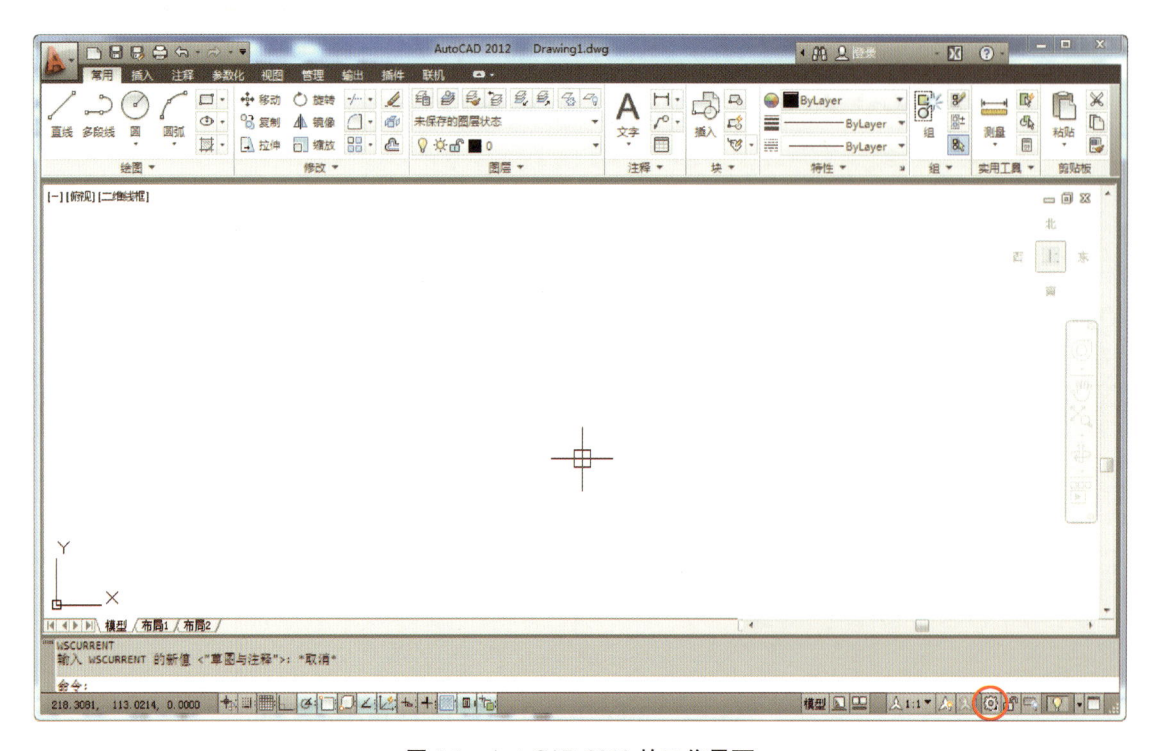

图 1-1　AutoCAD 2012 的工作界面

单击右下角按钮 ，弹出如图 1-2 所示"切换工作空间"菜单栏，其中包括"草图与注释""三维基础""三维建模""AutoCAD 经典"等工作空间。由于"AutoCAD 经典"工作空间界面相对简洁，对于初学者而言易于上手，容易掌握，所以本书以此工作空间界面为例进行介绍。当读者有了一定的基础之后，再进入"草图与注释"工作空间界面进行学习，会取得事半功倍的效果。

图 1-2　"切换工作空间"菜单栏

首次启动"AutoCAD 经典"工作空间界面后，在工作空间界面上会显示"工具选项板"窗口，可先行关闭，待需要时再打开。"AutoCAD 经典"工作空间界面如图 1-3 所示。

单元一　工作界面及基本操作

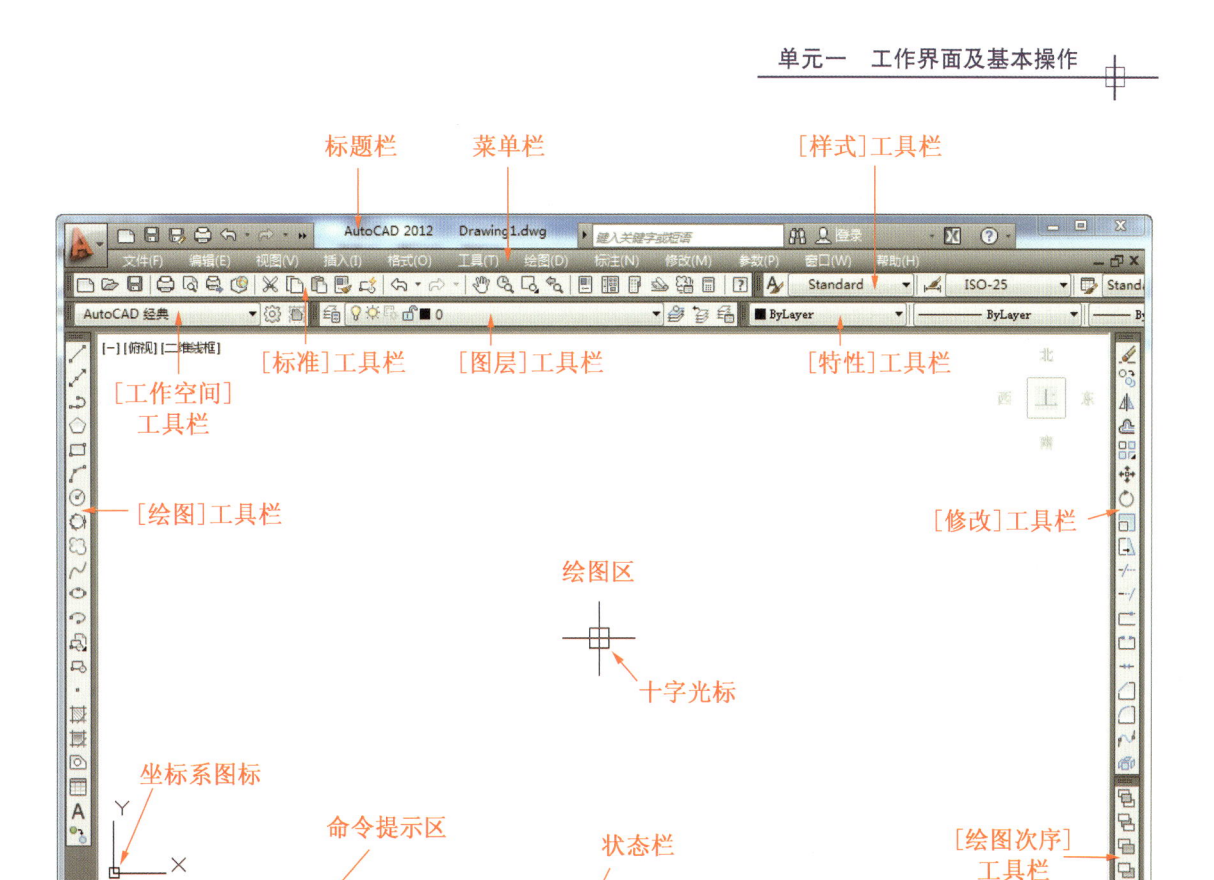

图 1-3　"AutoCAD 经典"工作空间界面

1.1.1　标题栏

标题栏位于工作界面最上方，中间显示当前图形的文件名，默认图形文件名为 Drawing1。单击标题栏右边的按钮 ▭ ▢ ✕ ，可以最小化、最大化或关闭程序窗口。

1.1.2　菜单栏

菜单栏位于标题栏下方，每一主菜单都有其下拉菜单。单击菜单栏中的"绘图"，立即弹出下拉菜单，若将光标移至"圆"命令上，则显示其下一级菜单。在下拉菜单中，凡是带有"▶"标记的，表示还有下一级子菜单，如图 1-4 所示。

后面有"…"符号的，表示选中该命令后将会弹出一个对话框，如图 1-5 所示。

3

计算机绘图

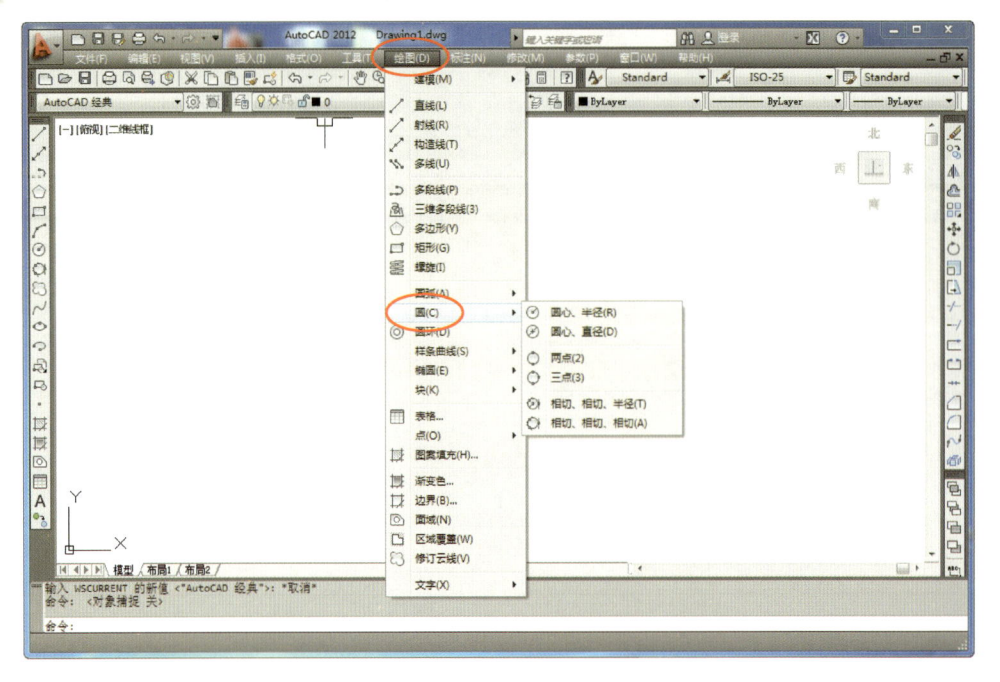

图 1-4　"▶"表示有下一级子菜单示例

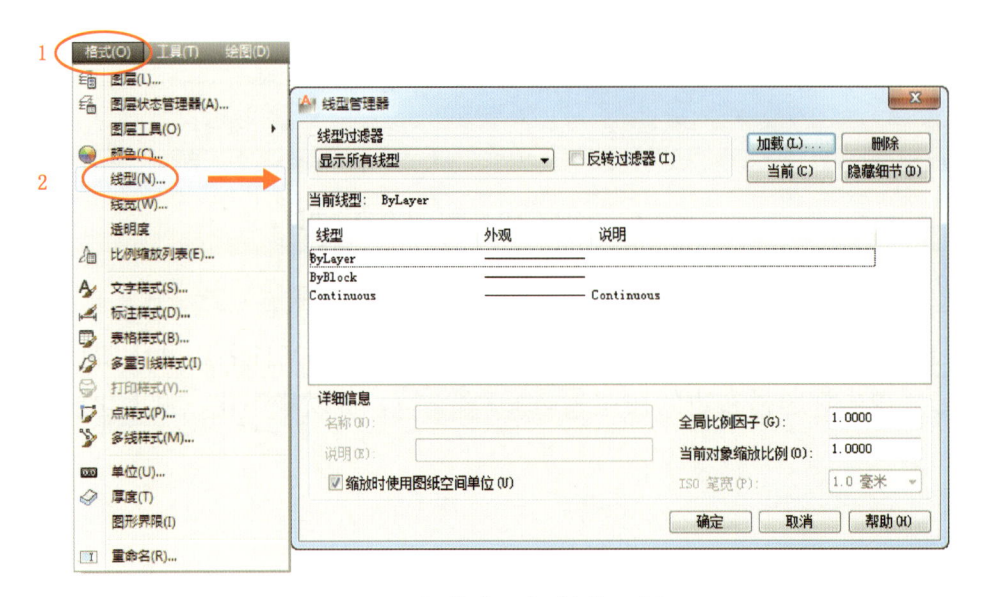

图 1-5　"…"表示有对话框示例

1.1.3　工具栏

工具栏是由一系列图标按钮构成的，每一个图标按钮表示一条 AutoCAD 命令。单击某一按钮，即可调用相应的命令。如果把光标指在某按钮上稍作停顿，屏幕上即会提示该工具按钮的名称及简要说明。

在工具栏的双杠上按住鼠标左键拖至绘图区，即变为浮动工具栏，如图 1-6 所示。

4

按住两端可将工具栏移到用户喜欢的地方。单击工具栏右上角的关闭按钮，可以关闭该工具栏。建议：将右边的［修改］工具栏移到左边与［绘图］工具栏并排，将不常用的［特性］工具栏关闭。

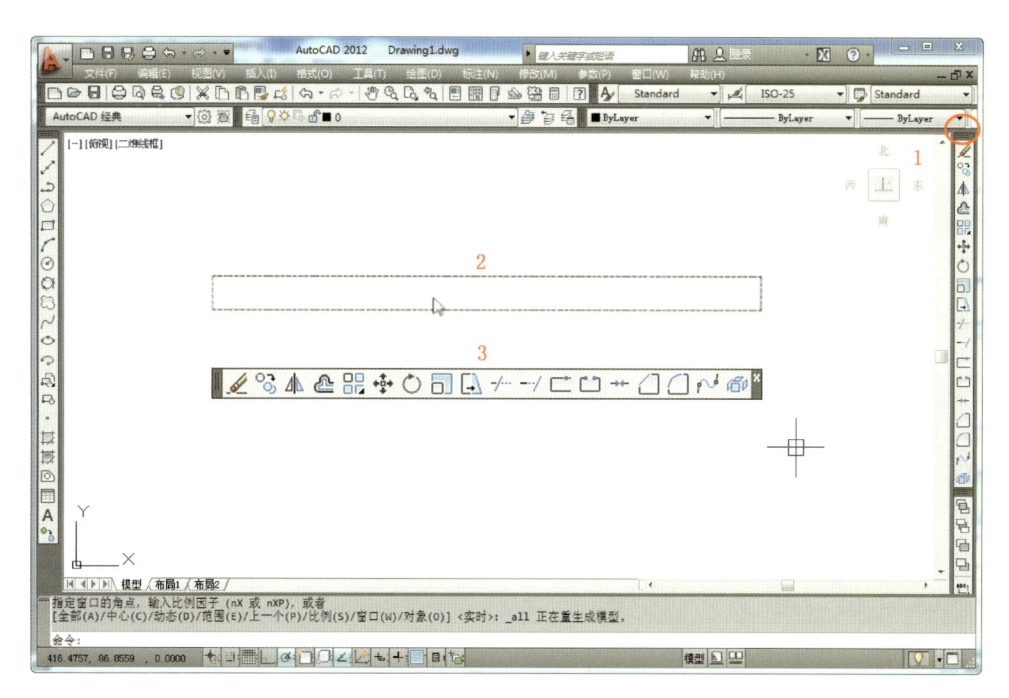

图 1-6　浮动工具栏

AutoCAD中提供的所有工具栏，均可将其打开或关闭。将光标指向任意工具栏上的按钮（非菜单栏），然后右击，弹出如图1-7所示的快捷菜单，该菜单列出了AutoCAD 2012中的所有工具栏名称，工具栏名称前面有 ✓ 符号，表示已经打开。例如，选中快捷菜单中的"标注"即可打开［标注］工具栏。建议打开［标注］工具栏，将其置于上方，打开［对象捕捉］工具栏，将其置于右边。单击快捷菜单最后一项"自定义（C）..."，打开"自定义用户界面"对话框，在此可将工具栏中没有的常用命令拖到相应的工具栏中。

> 提示：如无意中丢失了菜单栏或所有工具栏，可在命令状态下用键盘输入"MENU"命令，在弹出的对话框中打开"acad"文件即可恢复。

图1-8所示的［标准］、［绘图］、［修改］、［图层］、［对象捕捉］、［样式］和［标注］7个工具栏是最常用的工具栏，主要的绘图、编辑命令都在其中。它们的位置可根据需要进行调整。初学者应记住这些工具栏的名称，以便无意中关闭了某个工具栏时可通过右键快捷菜单再将它们打开。

计算机绘图

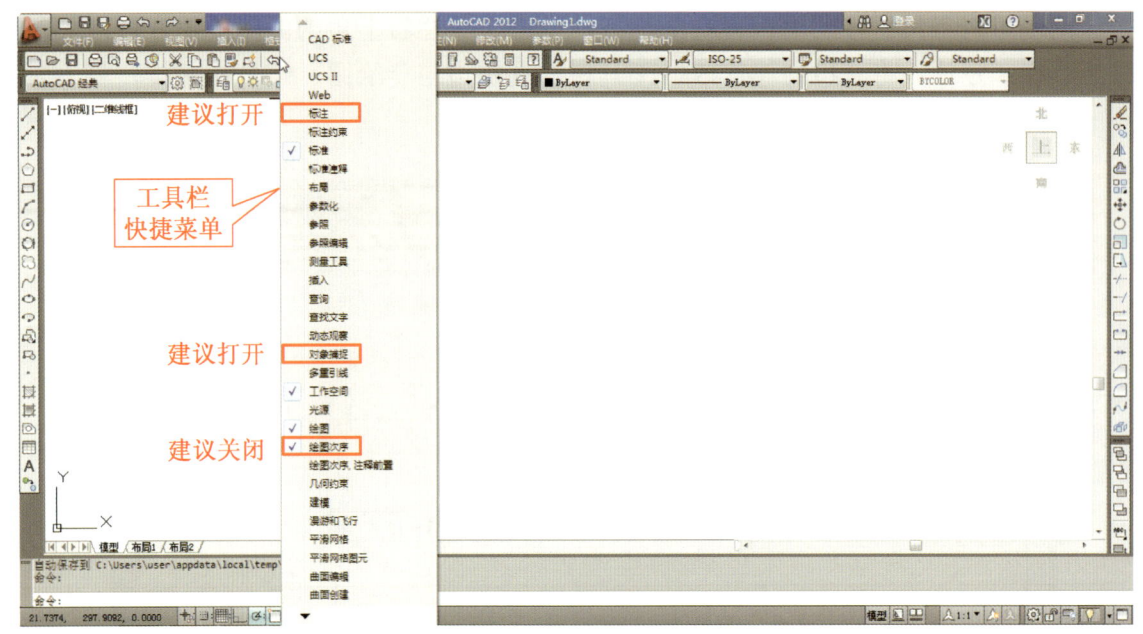

图 1-7 工具栏快捷菜单

(a) [标准] 工具栏

(b) [绘图] 工具栏

(c) [修改] 工具栏

(d) [图层] 工具栏

(e) [对象捕捉] 工具栏

(f) [样式] 工具栏

(g) [标注] 工具栏

图 1-8 常用工具栏

1.1.4 绘图区

绘图区是用户绘图的工作区域，绘图区左下角显示坐标系图标。X 轴为水平轴，向右为正；Y 轴为垂直轴，向上为正；Z 轴方向垂直于 XY 平面，指向绘图者为正向。在菜单栏中选择"工具"→"选项"→"三维建模"，"在视口中显示工具"区可打开或关闭绘图区左上角"显示视口控件"和右上角"二维线框视觉样式"。

1.1.5 命令提示区

命令提示区也称文本区，是显示用户与 AutoCAD 对话信息的地方。初学者在绘图时，应时刻注意该区的提示信息，根据提示，确定下一步的操作，否则将会造成所答非所问的错误操作。按［F2］键可打开或关闭 AutoCAD 文本窗口。若无意中隐藏了提示区，可用快捷键［Ctrl］+［9］将其打开。

1.1.6 状态栏

状态栏在工作界面的最下面，用来控制当前的操作状态。右击状态栏中某一按钮，关闭其快捷菜单中的"使用图标(U)"，则状态栏变为如图 1-9 所示。

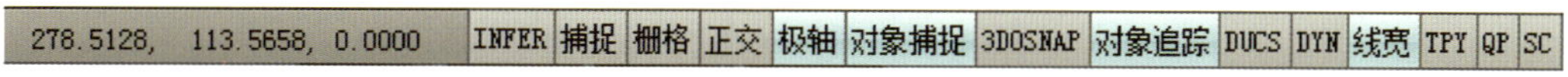

| 278.5128, 113.5658, 0.0000 | INFER | 捕捉 | 栅格 | 正交 | 极轴 | 对象捕捉 | 3DOSNAP | 对象追踪 | DUCS | DYN | 线宽 | TPY | QP | SC |

图 1-9　状态栏

1. 栅格

打开栅格显示时，屏幕上将布满栅格。栅格的作用是在作图时辅助定位和显示图纸幅面。右击状态栏上的［栅格］按钮，选择其快捷菜单中的"设置"选项，打开"草图设置"对话框，如图 1-10 所示，在栅格行为区取消"显示超出界限的栅格"。建议初学者打开该模式，以便观察图幅大小及位置。

2. 捕捉

打开捕捉模式，则绘图时光标只能捕捉栅格点。建议初学者关闭该模式。

3. 正交

打开正交模式，可快速、准确地绘制水平、垂直线段，也可保持水平、垂直关系移动或复制对象。建议初学者关闭该模式。

4. 极轴

在绘图时，系统将根据设置的角度显示一条追踪线，用户可以通过输入数据，进行精确绘图。右击状态栏上的［极轴］按钮，选择其快捷菜单中的"设置"选项，可打开"草图设置"对话框，选择增量角，如图 1-11 所示。默认情况下，增量角为 90°，即系统设有 4 个极轴，当与 X 轴夹角分别为 0°、90°、180°、270°时出现极轴。

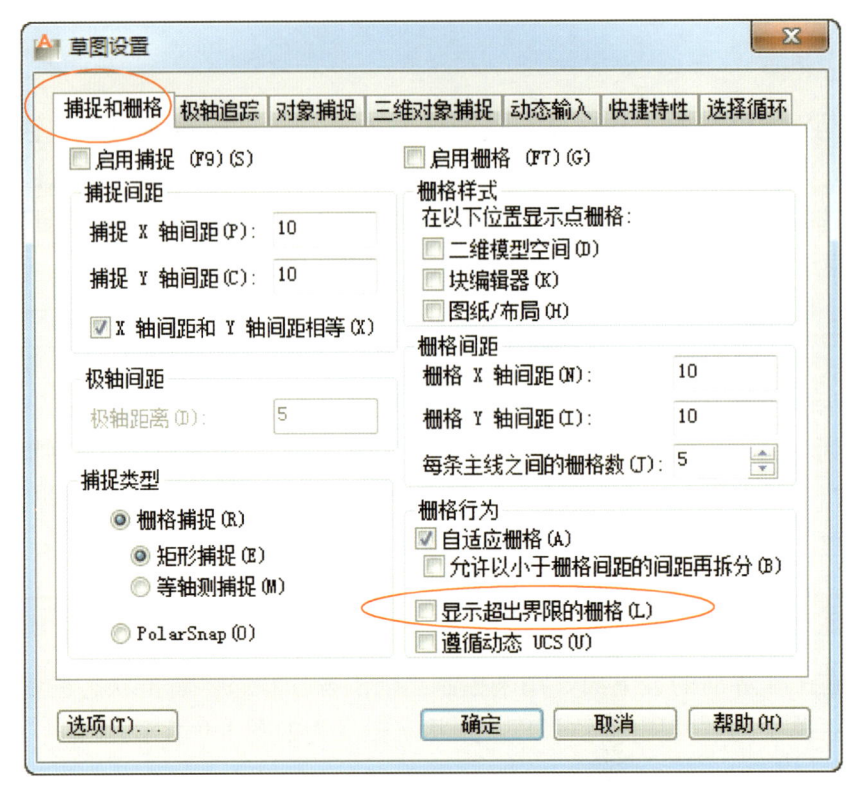

图 1-10 "草图设置"对话框的"捕捉和栅格"选项卡

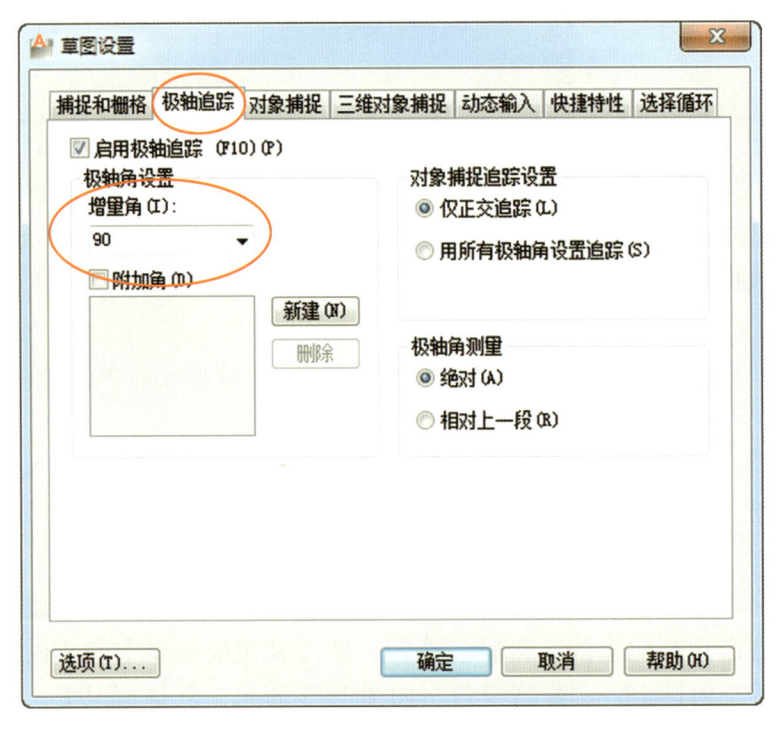

图 1-11 "草图设置"对话框的"极轴追踪"选项卡

5. 对象捕捉

所有几何对象都有一些决定其形状和方位的关键点。绘图时，利用对象捕捉功能，可以自动捕捉这些关键点。打开"草图设置"对话框的"对象捕捉"选项卡，可设置对象捕捉模式，通常选择"端点""中点""圆心""象限点""交点""延长线""垂足"和"切点"8 种捕捉模式为固定对象捕捉模式，如图 1-12 所示。

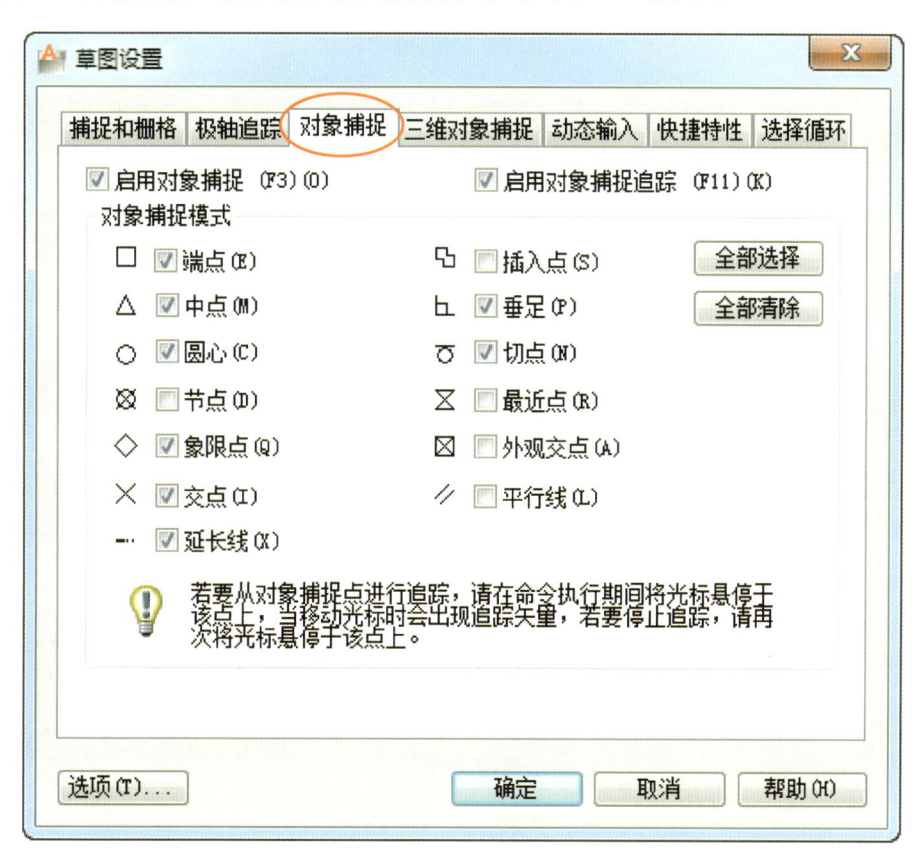

图 1-12 "草图设置"对话框的"对象捕捉"选项卡

选择后单击"确定"按钮即可完成设置。绘图时一般要将"对象捕捉"打开，以便捕捉这些特殊点。

应特别注意："对象捕捉"与前面提到的"捕捉"是完全不同的两种模式，初学者一定要注意它们的区别。

6. 对象追踪

若打开该开关，通过捕捉对象上的关键点，并沿正交方向或极轴方向拖动光标，可以显示光标当前的位置与捕捉点之间的关系。若找到符合要求的点，直接单击即可，也可以输入数据。

7. DYN

打开或关闭动态输入。建议初学者关闭此按钮。

8. 线宽

绘图时如果线条有不同的线宽，打开该开关，可以在屏幕上显示不同线宽的对象。

> 提示：状态栏上的这些开关变亮表示打开，变淡表示关闭。绘图时，极轴、对象捕捉、对象追踪和线宽功能最常用，一般将它们打开。

1.1.7 "模型"选项卡和"布局"选项卡

绘图区的底部有"模型""布局 1""布局 2"三个选项卡，用来控制绘图工作是在模型空间还是在图纸空间进行。默认状态是在模型空间，一般的绘图工作都是在模型空间进行。单击"布局 1"或"布局 2"可进入图纸空间，图纸空间主要完成打印、输出图形的最终布局。如进入了图纸空间，单击"模型"即可返回模型空间。

1.2　AutoCAD 2012 基本操作

1.2.1 鼠标

左　　键	右　　键	滚　　轮
① 拾取（选择）对象 ② 选择菜单 ③ 输入点 绘图时，在绘图区直接单击一点或捕捉一个特征点	① 确认拾取 ② 确认默认值 ③ 终止当前命令 ④ 重复上一条命令 ⑤ 弹出快捷菜单	① 转动滚轮，可实时缩放 ② 按住滚轮并拖动鼠标，可实时平移 ③ 双击滚轮，可实现显示全部

1.2.2 键盘

空格键	[Enter] 键	[Esc] 键	[Delete] 键
① 结束数据、命令的输入或确认默认值 ② 结束命令 ③ 重复上条命令	与空格键基本相同	取消当前的命令	选择对象后，按下该键将删除被选择的对象

> 提示：在命令行中输入数据或命令后，必须按一下空格键或 [Enter] 键。本书在后面的操作中不再赘述。

1.2.3 命令的输入

（1）单击命令按钮。
（2）从菜单栏中选取命令。
（3）用键盘输入命令名，随后按空格键确认。

> 提示：本书只介绍最简捷的命令输入方法，键盘输入命令只介绍特殊情况。

1.2.4 命令的终止

（1）当一条命令正常完成后将自动终止。
（2）在执行命令过程中按［Esc］键终止当前命令。
（3）按空格键、［Enter］键或右击选择"确定"结束命令。
（4）从菜单栏或工具栏中调用另一命令时，将自动终止当前正在执行的绝大部分命令。

1.2.5 点的输入方式

1. 用鼠标输入点

当系统提示输入点时，在绘图区单击即可确定一点。也可利用对象捕捉功能，捕捉需要的特殊点，如中点、端点、圆心、象限点等。

2. 用键盘输入点的坐标

点在空间的位置是通过坐标来确定的。坐标有直角坐标和极坐标两种表示法。坐标还有绝对坐标和相对坐标之分。

(1) 绝对坐标

① 绝对直角坐标的输入格式：用（X，Y）表示，如（20,30）（只输入数据，不输入括号，输入时输入法应处于英文状态）。输入数据后，必须按下空格键加以确认。

② 绝对极坐标的输入格式：用（距离<角度）表示。如（30<45），表示该点距坐标原点的距离为 30 个单位，和原点的连线与 X 轴正方向的夹角为 45°。

(2) 相对坐标

① 相对直角坐标是相对于前一点的坐标，其输入形式为（@ΔX，ΔY）（ΔX、ΔY 表示相对于前一点的 X、Y 方向的变化量，X 坐标向右变化，则 ΔX 为正，反之为负；Y 坐标向上变化，则 ΔY 为正，反之为负）。例如：(@35,20)，表示输入了一个相对于前一点向右移 35、向上移 20 的点，如图 1-13 所示。

② 相对极坐标也是相对于前一点的坐标，它通过指定该点到前一点的距离及与 X 轴的夹角来确定点。相对极坐标输入方法为（@距离<角度）。在 AutoCAD 中默认设

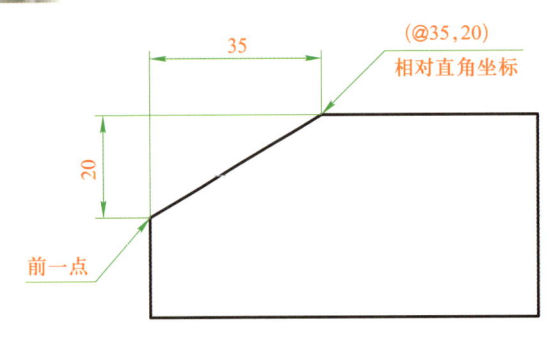

图 1-13　用相对直角坐标输入点示例 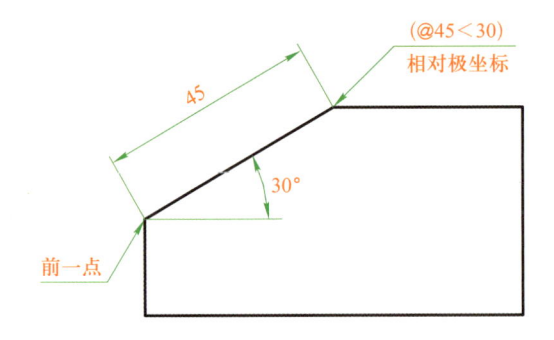　　　　图 1-14　用相对极坐标输入点示例

置的角度正方向为逆时针方向，水平向右为 0 角度。例如：(@45＜30)，表示该点与前一点的距离为 45，两点连线与 X 轴的夹角为 30°，如图 1-14 所示。

> 提示：在输入坐标值后，系统提示：输入无效点，无法输入@符号，或绘制的线段与输入的数据不符时，一般为输入法不正确，应改变输入法为英文状态。

3. 用给定距离的方式输入点

用鼠标导向，从键盘直接输入相对前一点的距离。

对于正交模式下绘制与坐标轴平行的线段，或配合极轴追踪模式绘制指定角度的线段，使用给定距离的方式效果尤为明显。绘图时应打开"正交"或"极轴"模式。

1.3　直线与圆的画法

AutoCAD 是交互式绘图软件，绘图过程是人机对话方式，每发出一个命令，系统会提示下一步的操作及选项，用户再根据需要选择下一步的操作。下面以"直线"与"圆"命令为例说明 AutoCAD 的基本操作过程。

1. 命令的输入

在［绘图］工具栏中单击［直线］按钮　或［圆］按钮　。

2. 命令的操作

【例】用直线和圆命令绘制图 1-15a 所示图形。图中 A 点的绝对直角坐标为（130，180）。

操作步骤如下：

（1）输入直线命令后，系统提示："_line 指定第一点："。

（2）从键盘输入（130，180）(用绝对直角坐标给出第 1 点，如图 1-15b 所示)。系统提示："指定下一点或［放弃(U)］："。

（3）打开"极轴"追踪模式，右移光标给出指引方向（极轴 0°），然后输入 40（用直接距离给出第 2 点），系统又提示："指定下一点或［放弃(U)］："。

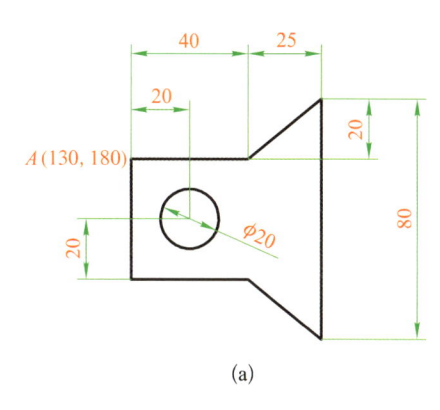

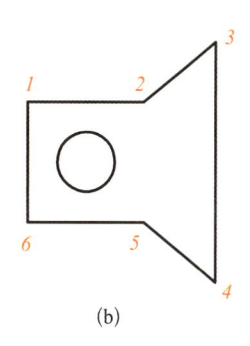

图 1-15 使用"直线"和"圆"命令绘制图形

(4) 输入（@25,20）(用相对直角坐标给出第 3 点)，系统提示变为："指定下一点或 [闭合(C)/放弃(U)]："。

(5) 向下移动光标给出指引方向（极轴 270°），然后输入 80（用直接距离给出第 4 点），系统仍提示："指定下一点或 [闭合(C)/放弃(U)]："。

(6) 再输入（@-25,20）(用相对直角坐标给出第 5 点)，系统继续提示："指定下一点或 [闭合(C)/放弃(U)]："。

(7) 向左移动光标给出指引方向（极轴 180°），然后输入 40（用直接距离给出第 6 点），系统继续提示："指定下一点或 [闭合(C)/放弃(U)]："。

(8) 输入 C，再按下空格键，线框闭合，命令结束。或单击 1 点后，按空格键结束命令。系统提示变为"命令:"，处于待命状态。

(9) 输入圆命令后，系统提示："_circle 指定圆的圆心或 [三点(3P)/两点(2P)/切点、切点、半径(T)]："。

(10) 从键盘输入（150,160）(用绝对直角坐标给出圆心)，系统提示："指定圆的半径或 [直径(D)]："。

(11) 再输入 10（默认选项为半径），效果如图 1-15b 所示。

> 提示：① 再次强调：用键盘输入数据或选项后，必须按空格键或 [Enter] 键加以确认。
>
> ② 若在"指定下一点或 [闭合(C)/放弃(U)]："提示下输入"U"或选择快捷菜单中的"放弃(U)"选项，将撤销最后画出的一条线段。
>
> ③ 初学者在操作过程中，必须密切注视命令提示行的提示信息，根据提示，确定下一步要进行的操作。
>
> ④ 在 AutoCAD 所有的命令操作中，只要遇到有选项的提示行，就可以在绘图区单击鼠标右键弹出快捷菜单，从快捷菜单中选择所需的选项，而不必从键盘输入，这样可大大提高绘图的速度。例如：输入"圆"命令后，可从快捷菜单中选择各种画圆方式，具体操作将在单元二中详述。

1.4 选择对象、删除、放弃与修剪

1.4.1 选择对象

选择对象的3种默认方式。

（1）点取方式

在出现"选择对象:"提示时，直接移动光标点取需要的对象。

（2）交叉方式

在出现"选择对象:"提示时，先给出窗口的右上或右下角点 1，再给出窗口的左下或左上角点 2，完全和部分处于窗口内的对象都被选中，如图 1-16a 所示。

（3）窗口方式

在出现"选择对象:"提示时，先给出窗口的左上或左下角点 1，再给出窗口的右下或右上角点 2，只有完全处于窗口内的对象被选中，如图 1-16b 所示。

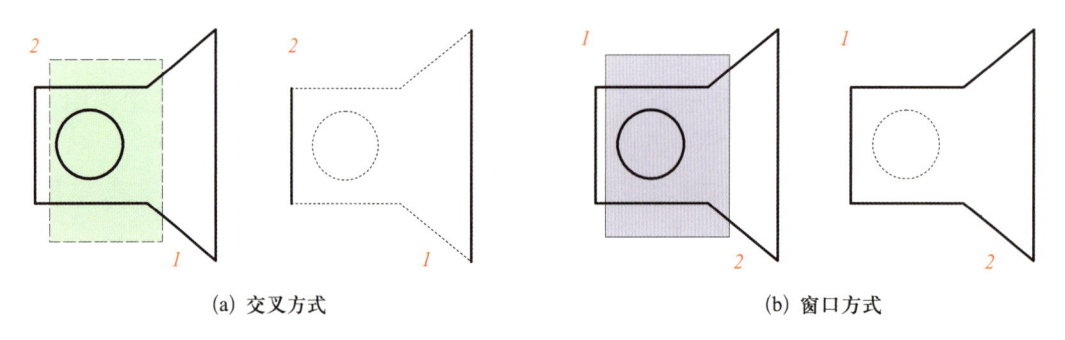

(a) 交叉方式　　　　　　　　　　(b) 窗口方式

图 1-16　选择对象的方式

> 提示：各种选取对象方式可在同一命令中交叉使用。

1.4.2 删除

（1）功能

删除命令可从已有的图形中删除指定的对象，但只能删除完整的对象。

（2）命令的输入

在［修改］工具栏中单击［删除］按钮，或用键盘输入 E。

（3）命令的操作

输入命令后，系统提示："选择对象:"。

选择需删除的对象后右击或按空格键进行确认，方可删除所选对象。也可先选择对象，后单击［删除］按钮（或从快捷菜单中选择"删除"）或按下［Delete］键。

单元一　工作界面及基本操作

1.4.3　放弃

当进行完一次操作后，如发现操作失误，可单击［标准］工具栏中的［放弃］按钮 ⇦ 或从键盘输入"U"命令，撤销上一个命令的操作。如连续单击［放弃］按钮，将依次向前撤销命令，直至起始状态。若多撤销了一次，可单击［标准］工具栏中的［重做］按钮 ⇨ 返回。

1.4.4　修剪

修剪的功能是裁剪掉图形中超出边界的多余图线。

单击［修剪］按钮 -/-- 或用键盘输入 TR 后，系统提示："选择对象或<全部选择>："

此时选择的对象作为修剪的边界。拾取一条或多条对象作为修剪边界后，必须按空格键或右击确定（若直接按空格键或右击，则全部对象均作为修剪边界），系统又提示："选择要修剪的对象，或按住 Shift 键选择要延伸的对象，或［栏选(F)/窗交(C)/投影(P)/边(E)/删除(R)/放弃(U)］:"。

用鼠标拾取多余的图线即可剪掉多余部分。若按住［Shift］键选择对象，则可将其延伸到修剪边界。

如图 1-17a 所示，单击［修剪］按钮，右击确认（全部对象均作为修剪边界），拾取 1、2 点（剪掉多余图线），如图 1-17b 所示。若单击［修剪］按钮后，选择圆为修剪边界，然后拾取 1、2 点，再按住［Shift］键，点取 3、4 点（延伸至边界），如图 1-17c 所示。

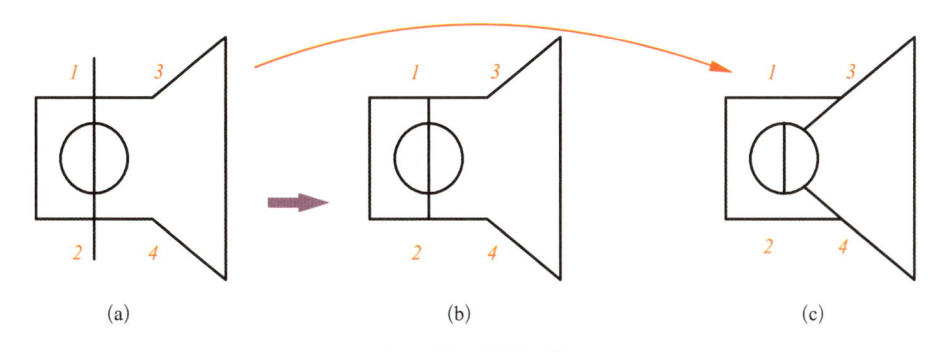

图 1-17　修剪实例

> 提示：① 可以使用交叉方式选择要修剪的对象。
> ② 如果出现只能拾取一条边界时（即在拾取另一条边界时，前一条边界自动取消），可通过"工具"→"选项"，打开"选项"对话框中的"选择集"选项卡，在"选择集模式"区取消"用 Shift 键添加到选择集"选项，如图 1-18 所示。

1.5 修改系统配置选项

绘图时，用户可以根据需要修改 AutoCAD 所提供的默认系统配置内容，以确定一个最适合自己习惯的系统配置，从而提高绘图速度。

下面简单介绍常用的 3 项默认系统配置的修改方法。

1.5.1 修改拾取框的大小

默认设置的拾取框偏小，影响操作速度，因此，对拾取框的大小进行调整十分必要。

拾取框大小的调整方法是从菜单栏中选择"工具"→"选项"→"选择集"选项卡，在"拾取框大小(P)"区进行调整，一般将滑块拖到中间为宜，如图 1-18 所示。

图 1-18 "选项"对话框

1.5.2 自定义右键单击功能

AutoCAD 提供了对整体上下文相关的鼠标右键快捷菜单功能。默认的系统配置是单击鼠标右键可弹出快捷菜单。操作状态不同（如未选择对象、已选择对象、命令执行过程中）和右击时光标的位置不同（如绘图区、命令提示区、对话框、工具栏、状态栏、模型选项卡），弹出的快捷菜单内容就不同。例如，在命令执行过程中，在绘图区内右击会弹出与命令提示区选项相关的快捷菜单，而在未选择对象状态时，在工具栏空白处右击，会弹出与工具栏相关的快捷菜单。

AutoCAD 允许用户自定义右键功能。其方法是：单击"选项"对话框中的"用户系统配置"选项卡，如图 1-19 所示，单击"自定义右键单击(I)..."，弹出"自定义右键单击"对话框。在该对话框的 3 种模式（默认模式、编辑模式、命令模式）中各选一项，随后单击"应用并关闭"，返回"选项"对话框。

图 1-19 所示是只修改"默认模式"中的选项为"重复上一个命令(R)"，这将导致在未选择对象的待命状态时，单击鼠标右键，AutoCAD 将输入上一次执行的命令而不显示快捷菜单。

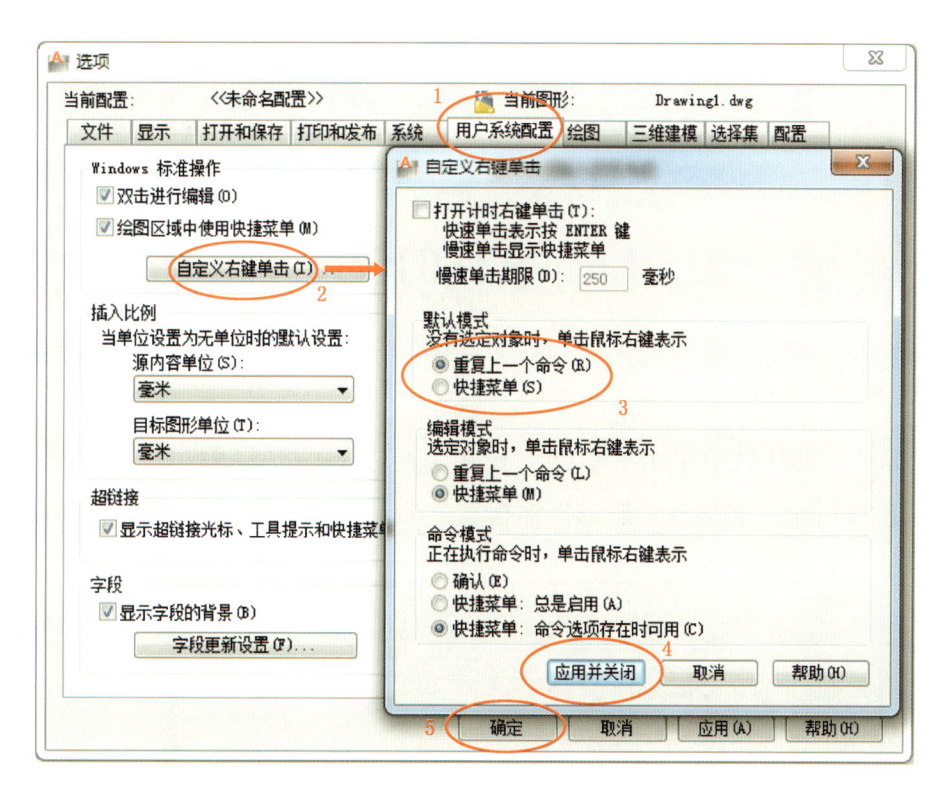

图 1-19　"自定义右键单击"对话框

1.5.3　修改绘图区背景的颜色

AutoCAD 2012 绘图区背景颜色默认设置为黑色，用户如果习惯在白色背景上绘图，可以通过"选项"对话框的"显示"选项卡，单击"颜色(C)..."，在"图形窗口颜色"对话框中修改绘图区的背景颜色，如图 1-20 所示。

为了增大绘图区空间，可在"窗口元素"区取消"图形窗口中显示滚动条(S)"。

计算机绘图

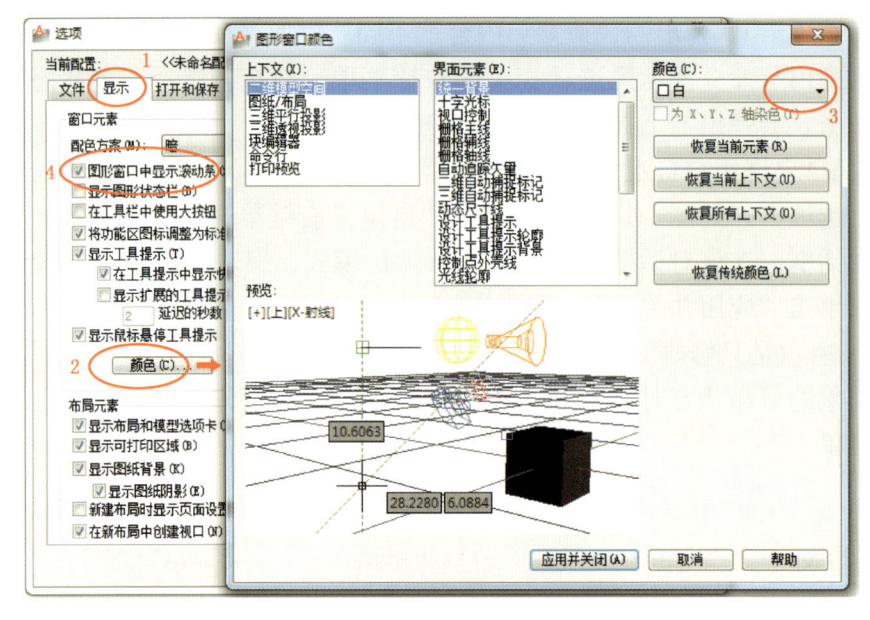

图 1-20 "图形窗口颜色"对话框

1.6 文件的管理

1.6.1 新建文件

从［标准］工具栏中单击［新建］按钮，AutoCAD 弹出"选择样板"对话框，如图 1-21 所示。初学者一般选择样板文件 acadiso，或单击右下角"打开(O)"后

图 1-21 "选择样板"对话框

面的按钮 ▼，选择"无样板打开-公制(M)"，即可建立新文件。

1.6.2 打开文件

从［标准］工具栏中单击［打开］按钮 ⌨ 或从菜单栏中选择"文件"→"打开…"命令后，AutoCAD 弹出"选择文件"对话框，如图 1-22 所示。在"查找范围(I)"下拉列表中找到存放文件的文件夹，双击要打开的文件，即可打开该文件。

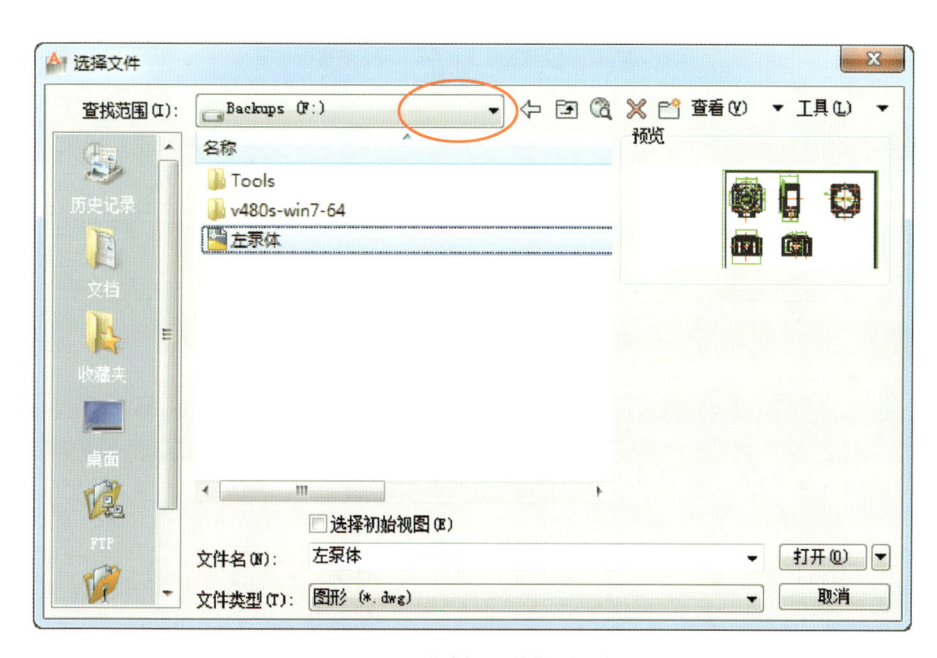

图 1-22 "选择文件"对话框

1.6.3 保存文件

从［标准］工具栏中单击［保存］按钮 💾，AutoCAD 将打开"图形另存为"对话框，如图 1-23 所示。

该对话框的一般操作步骤：

(1) 在"文件类型(T)"下拉列表中选择所希望的文件类型。如 AutoCAD 2007/LT 2007 图形（*.dwg）、AutoCAD 样板文件（*.dwt）等。一般图形文件应使用默认类型"（*.dwg）"，存为模板文件时采用 AutoCAD 样板文件（*.dwt）。

(2) 在"保存于(I)"下拉列表中选择文件存放的磁盘目录。

(3) 可单击［创建新文件夹］按钮 📁，创建自己的文件夹，创建后，双击该文件夹使其显示在"保存于(I)"下拉列表窗口中。

(4) 在"文件名(N)"文本框中输入图形文件名。

(5) 单击"保存(S)"即可保存当前图形。

图 1-23 "图形另存为"对话框

> 提示：① 如果当前图形不是第一次使用"保存"命令，则不再出现对话框。
> ② 绘图时要注意经常使用该命令，及时保存图形文件。以防突然断电或因操作不当造成死机，而丢失信息。
> ③ 如果需要计算机定时自动保存，可在菜单栏的"工具"→"选项…"→"打开和保存"选项卡中选择"自动保存"选项，并输入保存间隔时间。需要注意的是，自动保存的文件的扩展名为 ac$，文件位置由菜单"工具"→"选项…"→"文件"→"临时图形文件位置"命令来确定，当正常退出 AutoCAD 系统时，这样的文件将会自动消失。若突然断电，可根据"临时图形文件位置"提供的信息进行查找。

1.6.4 另存文件

从菜单栏中选择"文件"→"另存为"选项，系统将打开如图 1-23 所示的"图形另存为"对话框，重新指定磁盘目录及文件名，然后单击"保存"即可完成操作。此操作可对已有的文件进行换名保存。若选择"另存为"选项后，不能弹出"图形另存为"对话框，可在命令状态下输入"filedia"命令，将数值改为 1 即可。

1.7 退出 AutoCAD 2012

退出 AutoCAD 2012 时，切不可直接关机（会丢失文件），应按下列方法之一进行：

● 单击工作空间界面标题栏右边的"关闭"按钮 ❌ 。

● 从键盘输入"Exit""Quit"或按组合键[Alt]+[F4]。

如果当前图形没有全部存盘，输入退出命令后，系统会弹出退出警告对话框，如图 1-24 所示。进行相应的选择后即可退出 AutoCAD 2012。

图 1-24　退出警告对话框

综合练习一

一、基本题

1. 按图 1-25 所示设置用户界面。

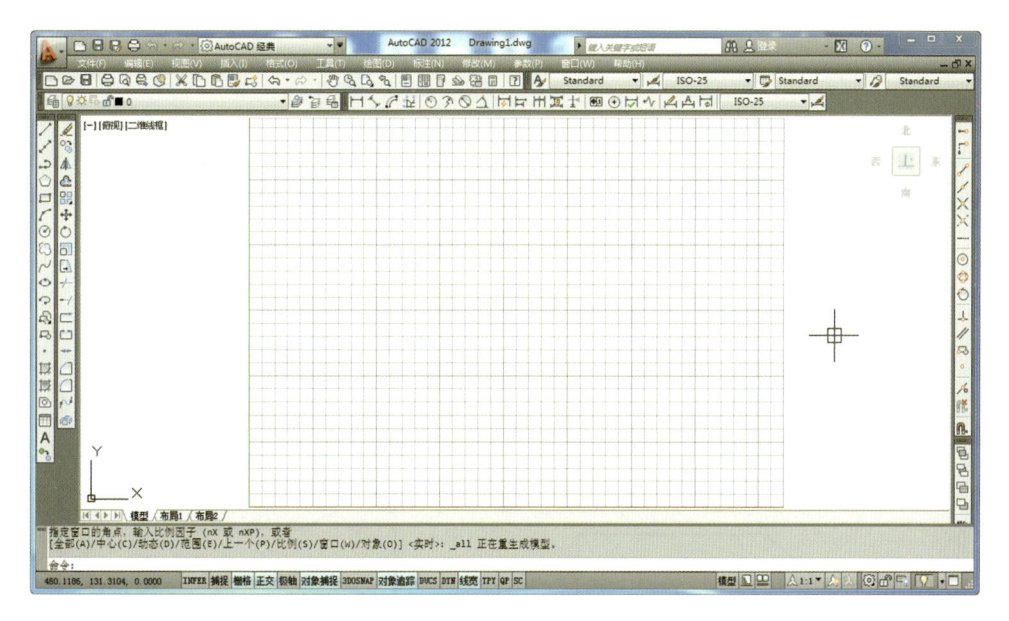

图 1-25

操作提示：
① 选择"工具"→"选项…"→"选择集"选项卡，设置拾取框的大小。
② 在"用户系统配置"选项卡中，设置"自定义右键单击"功能。在"默认模

式"中选择"重复上一个命令(R)",在"编辑模式"中选择"快捷菜单(M)",在"命令模式"中选择"快捷菜单:命令选项存在时可用(C)"。

③ 在"显示"选项卡中,设置绘图区背景颜色为白色或黑色,在"窗口元素"区取消"图形窗口中显示滚动条(S)",以增大绘图区空间。

④ 关闭[特性]工具栏。保留[标准]、[样式]、[图层]、[绘图]、[修改]工具栏,打开[标注]、[对象捕捉]工具栏,按图1-25所示位置摆放。

⑤ 右击状态栏中某一按钮,关闭"使用图标(U)"。右击[对象捕捉]按钮,在快捷菜单中选择"设置",打开"草图设置"对话框,选中"端点""中点""圆心""象限点""交点""延长线""切点"和"垂足"8种常用的特征点设为固定对象捕捉模式。

⑥ 在"草图设置"对话框中,选择"极轴追踪"选项卡,"增量角(I)"设为90;选择"仅正交追踪(L)"和"绝对(A)"。

⑦ 打开[栅格]、[极轴]、[对象捕捉]、[对象追踪]、[线宽]按钮,关闭[捕捉]、[正交]、[DUCS]、[DYN]等按钮。

2. 用直线命令绘制图1-26～图1-29所示图形轮廓线,并保存于自己的文件夹,文件名为"综合练习1-1-2"(不标注尺寸和坐标)。

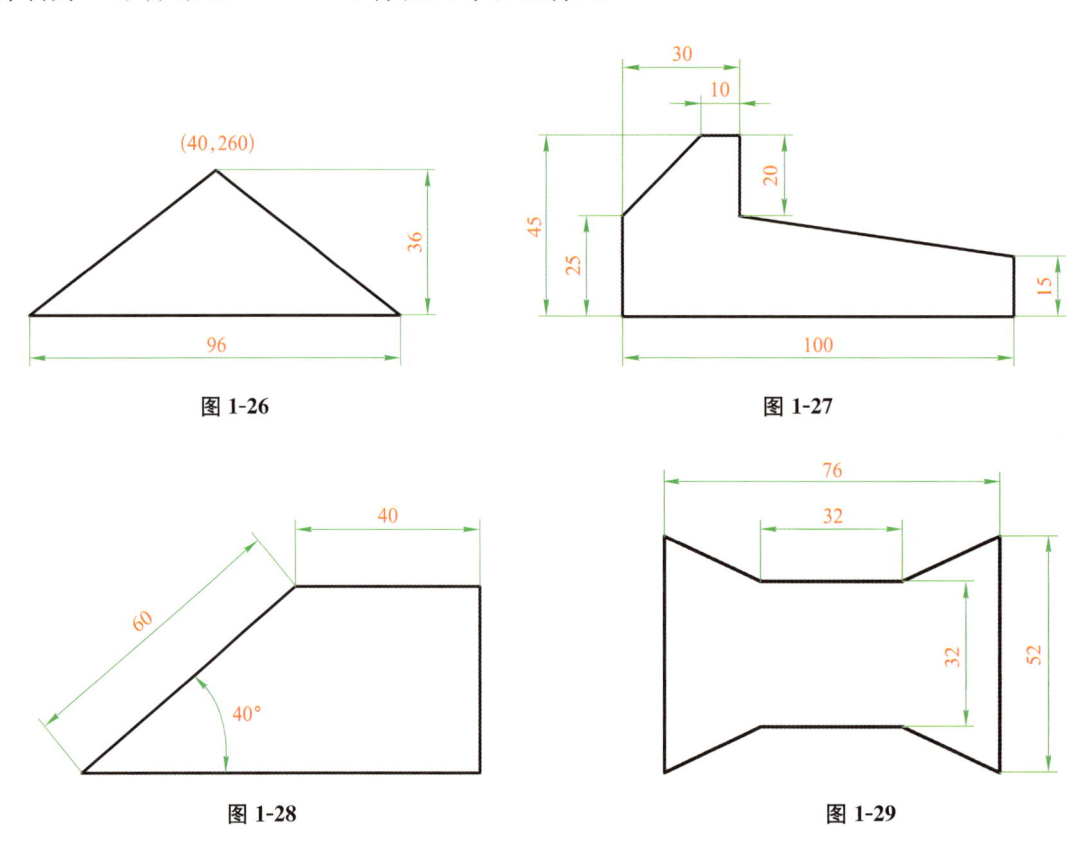

图1-26

图1-27

图1-28

图1-29

二、进阶题

按尺寸绘制图 1-30～图 1-33 所示图形并保存，文件名为"综合练习 1-2-1"（不标注尺寸）。

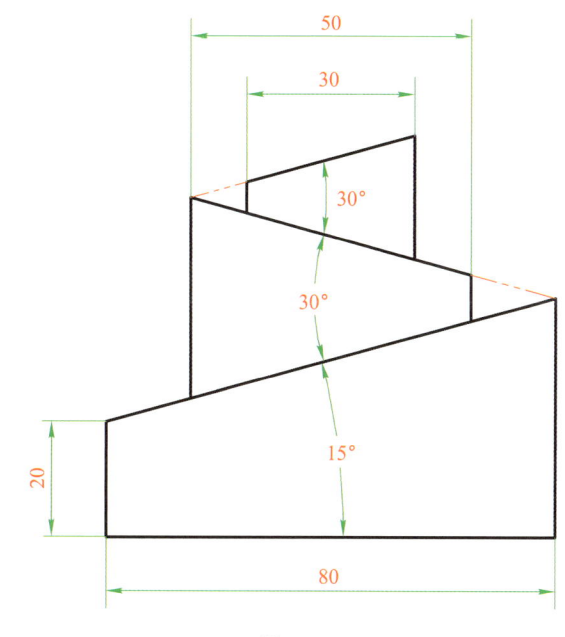

图 1-30

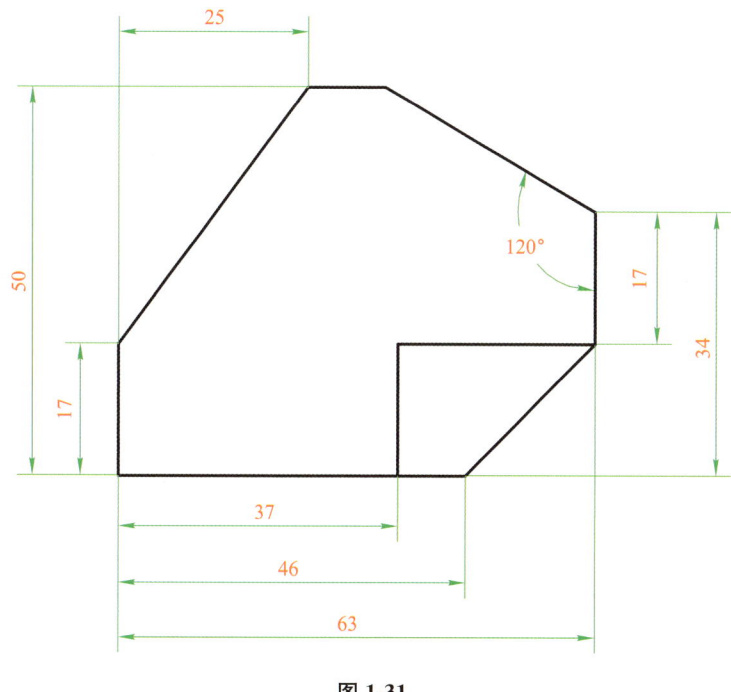

图 1-31

图 1-32

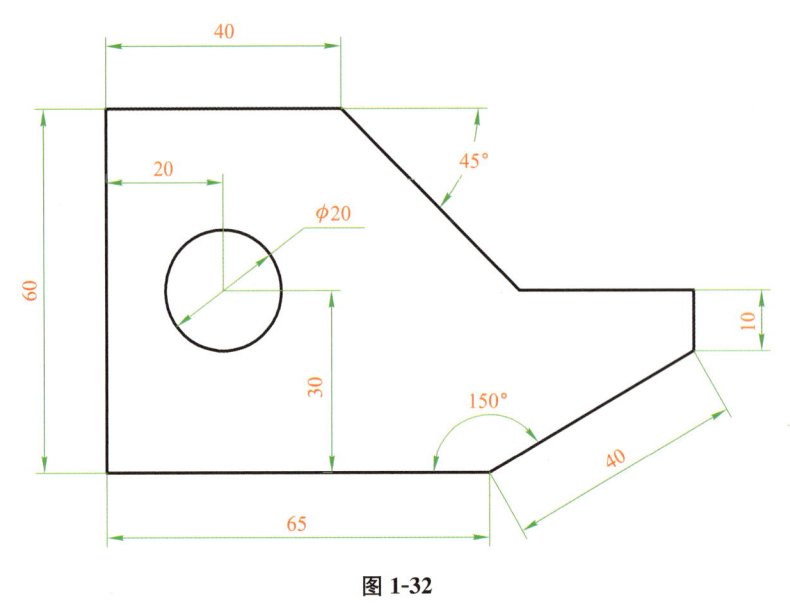

操作提示：绘制图 1-32 所示图形时应注意圆心的定位尺寸 20 和 30 的特殊性，可通过捕捉上边和左边的中点进行追踪来确定圆心的位置。

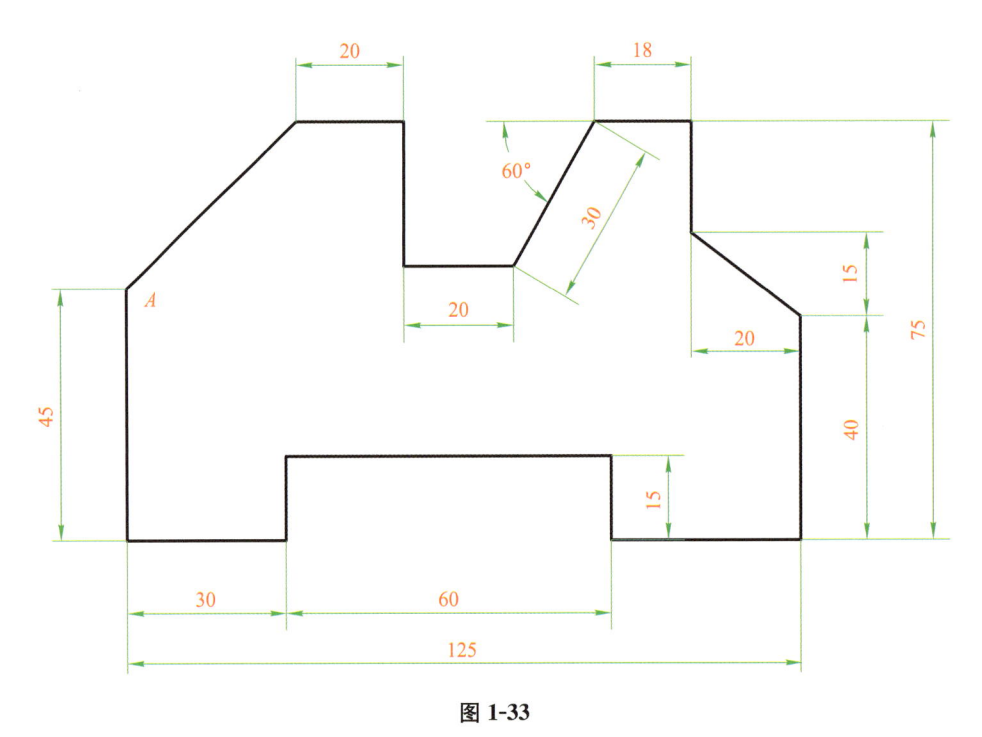

图 1-33

操作提示：以 A 点为起点，按逆时针方向绘制图 1-33 所示图形。绘制上方 30 的斜线时可尝试用三种方法绘制：①（@30＜240）；②（@30＜－120）；③将极轴增量角设为 30，寻找 240°极轴追踪线，直接输距离 30。

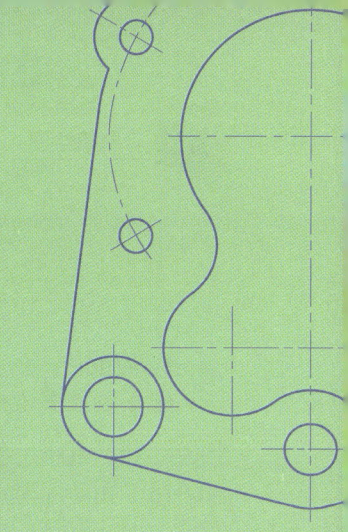

AutoCAD 2012

单元二 常用绘图命令

2.1 圆

2.2 构造线

2.3 矩形

2.4 圆弧

2.5 正多边形

2.6 椭圆

综合练习二

2.1 圆

1. 功能

圆命令可按给定［圆心、半径］、［圆心、直径］、［两点］、［三点］、［相切、相切、半径］和［相切、相切、相切］6种方式画圆，如图2-1所示。另外，圆弧也可以通过画圆后，再经修剪获得。

图 2-1 圆命令

2. 命令的输入

在［绘图］工具栏中单击［圆］按钮 或用键盘输入 C，也可从菜单栏中选择"绘图"→"圆"菜单命令。其中［相切、相切、相切］必须从下拉菜单中选择命令，除非把该命令按钮 拖到绘图工具栏中，方法如下：

从菜单栏中选择"视图"→"工具栏"菜单命令，打开"自定义用户界面"对话框，在"仅所有命令"列表中选"绘图"，将下方的命令［相切、相切、相切］拖至［圆］按钮 下边，单击下面的"应用"（若看不见下面的部分，可将对话框上移）。

3. 命令的操作

单击圆命令后，系统提示："_circle 指定圆的圆心或［三点(3P)/两点(2P)/切点、切点、半径(T)］:"。

首先要根据已知条件选择画圆的方式。

（1）若已知圆心和半径或直径，则采用默认方式绘制。首先用光标确定圆心的位置，然后输入半径，或通过快捷菜单选择"直径"，再输入直径数据，如图2-2所示。

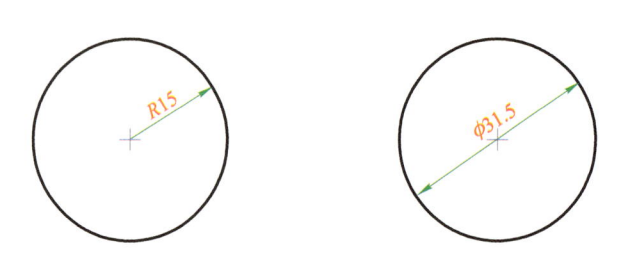

图 2-2 指定半径或直径画圆

（2）若已知圆上的三个点，则选择［三点］画圆方式，依次输入三个点即可，如图 2-3 所示。

图 2-3　指定三个点画圆　　　　图 2-4　指定两个点画圆

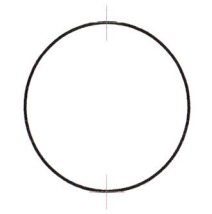

（3）若已知圆直径的两个端点，则选择［两点］画圆方式，依次输入两个端点即可，如图 2-4 所示。

（4）若已知两个相切对象和圆的半径，则选择［切点、切点、半径］画圆方式，依次选择两个相切对象，并输入半径即可，如图 2-5 所示。

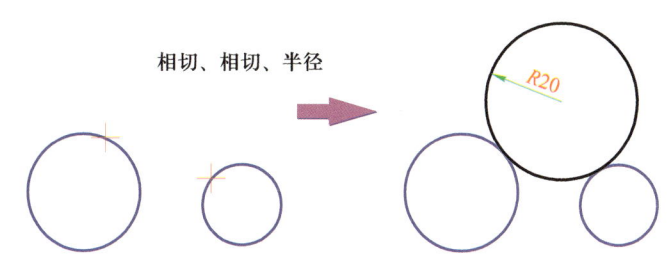

图 2-5　指定两个切点和半径画圆

（5）若已知三个相切对象，则选择［相切、相切、相切］画圆方式，依次选择三个相切对象即可，如图 2-6 所示。

图 2-6　指定三个切点画圆

> 提示：① 当输入圆命令后，系统提示行中出现多个选项，若选择默认选项可以直接操作，不必选择；若要选用非默认选项，则必须先选择，再进行相应的操作。
>
> ② 如果自定义了右键单击功能"命令模式"为"快捷菜单"，那么用非默认项画圆时，单击［圆］按钮后，右击，弹出快捷菜单，从中选择画圆方式来画圆将更为简捷。
>
> ③ 画公切圆选择相切目标时，应尽量靠近实际切点位置，以防画出另一形式的公切圆。公切圆半径应大于两个切点距离的 1/2，否则无解。

2.2 构 造 线

1. 功能

构造线命令在绘制工程图时常用来画辅助线，经过修剪，也可作为轮廓线等。它可以按指定的方式和距离画一条或一组直线。

2. 命令的输入

在［绘图］工具栏中单击［构造线］按钮 。

3. 命令的操作

输入构造线命令后，命令提示行显示如下信息："_xline 指定点或［水平(H)/垂直(V)/角度(A)/二等分(B)/偏移(O)］："。

（1）默认方式下，可以通过光标指定两个点来定义构造线的方向。其中第一点是构造线概念上的中点。

（2）若选择水平或垂直，可以创建一条经过指定点（即中点）并且平行于当前坐标系的 X 轴或 Y 轴的构造线。

（3）若选择角度，可以直接输入一个角度，即出现一条与 X 轴成指定角度的构造线，然后用鼠标指定经过的点。如果要绘制的角度线与一条斜线成一定夹角，则可选择该斜线作参照，然后输入夹角，最后用鼠标指定经过的点。

（4）若选择二等分，可以创建指定角的二等分构造线。这时要指定等分角的顶点、起点和端点。

（5）若选择偏移，可以创建平行于指定基线的构造线，这时需要根据提示指定偏移距离和选择基线，然后指明构造线位于基线的哪一侧。

> **提示**：偏移对象也可用［修改］工具栏中的［偏移］按钮 来操作。

【例 2-1】用构造线命令绘制图 2-7 所示的标题栏。

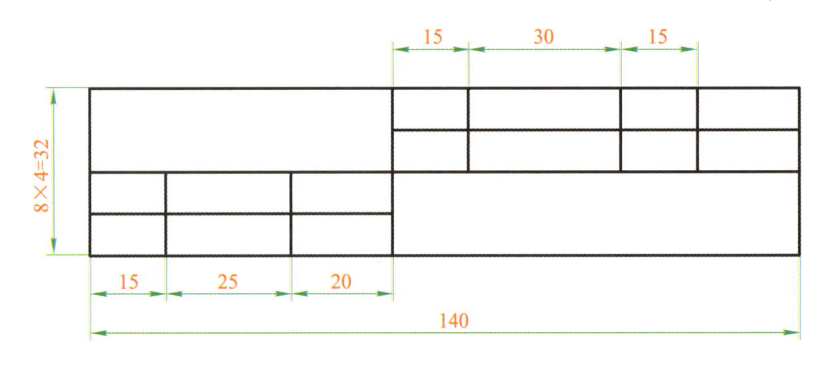

图 2-7 标题栏

操作步骤如下：

（1）单击［构造线］按钮，将光标移至绘图区，右击选择"水平"命令，绘制一条水平线。

（2）单击［偏移］按钮，输入 8 后，选择前面绘制的水平线，然后在其下方单击，即可偏移一条间距为 8 的水平线。如此操作，共偏移 4 条水平线。

（3）再次单击［构造线］按钮，从快捷菜单中选择"垂直"命令，绘制一条垂直线。

（4）连续 3 次右击，从快捷菜单中选择"偏移"，输入 15 后，选择前面绘制的垂直线，进行偏移。

（5）连续按 2 次空格键，然后右击，从快捷菜单中选择"偏移"，输入 25 后，选择刚偏移出的垂直线进行偏移，如此操作，绘制结果如图 2-8 所示。

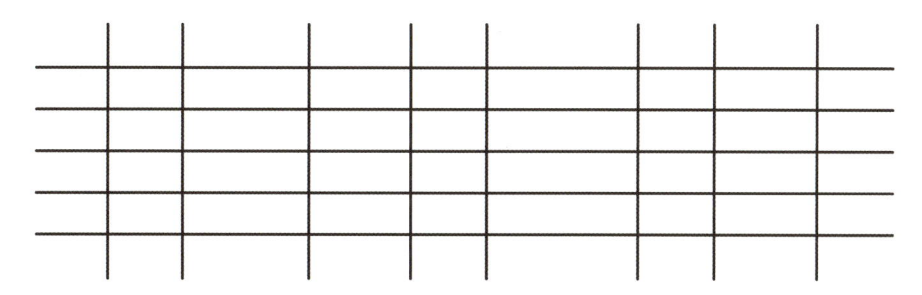

图 2-8　绘制标题栏

（6）单击［修剪］按钮，直接右击确认，用交叉方式拾取外部多余部分，修剪结果如图 2-9 所示。

图 2-9　绘制标题栏

（7）继续用交叉方式单击 1 点、2 点和 3 点、4 点，修剪结果如图 2-10 所示。

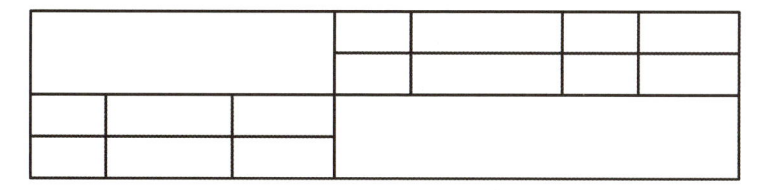

图 2-10　绘制标题栏

2.3 矩　　形

1. 功能

矩形命令不仅可以画矩形，还可绘制四角是倒角或圆角的矩形。

2. 命令的输入

在［绘图］工具栏中单击［矩形］按钮 ▭ 。

3. 命令的操作

输入矩形命令后，系统提示："_rectang 指定第一个角点或 ［倒角(C)/标高(E)/圆角(F)/厚度(T)/宽度(W)］："。

（1）两对角点画矩形。

① 通过指定两个对角点即可绘制矩形。第二点可以用相对坐标方式准确输入，如图 2-11 所示。

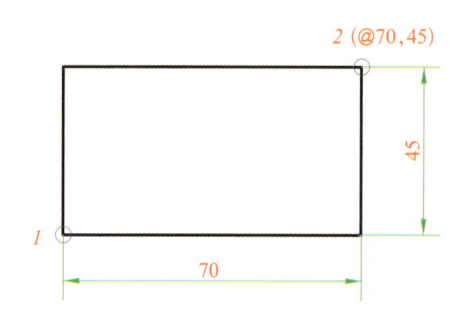

图 2-11　指定两对角点画矩形

② 给定第一个角点后，系统提示："指定另一个角点或 ［面积(A)/尺寸(D)/旋转(R)］："。可从快捷菜单中选择"面积""尺寸"或"旋转"方式，根据提示进行绘制，如图 2-12 所示。

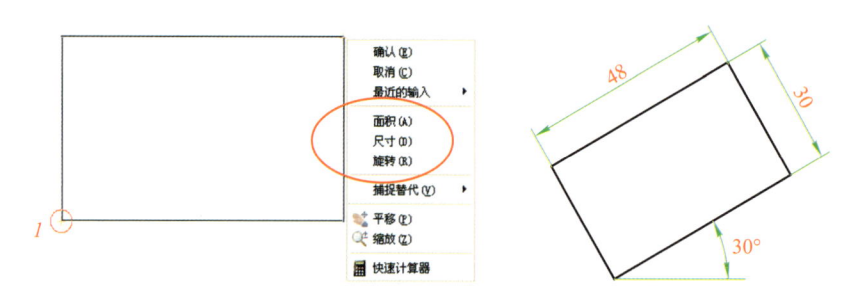

图 2-12　选择"旋转""尺寸"方式画矩形

（2）若选择"倒角(C)"，可以绘制带有倒角的矩形，此时要指定倒角的大小。其中提示：［第一个倒角距离］和［第二个倒角距离］是按顺时针方向确定还是按逆时针方向确定顺序，这与操作者绘制矩形时选择两个对角点的位置有关，如图 2-13 所示。

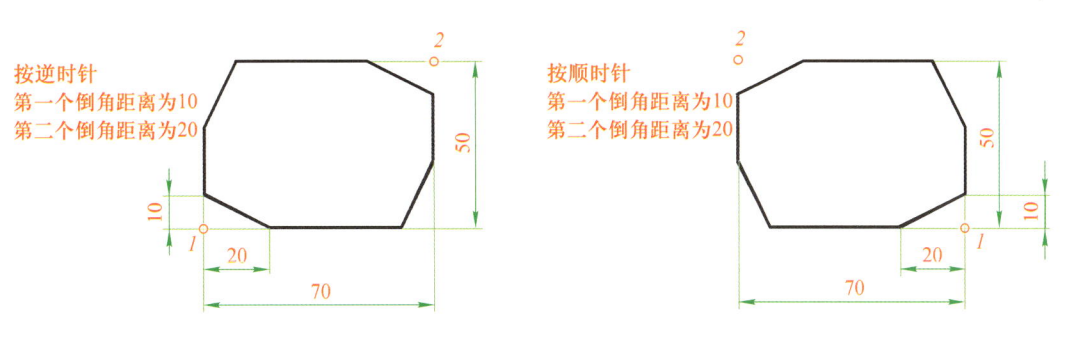

图 2-13　带倒角的矩形

（3）若选择"圆角（F）"，可以绘制带有圆角的矩形，此时必须先指定圆角半径，如图 2-14 所示。

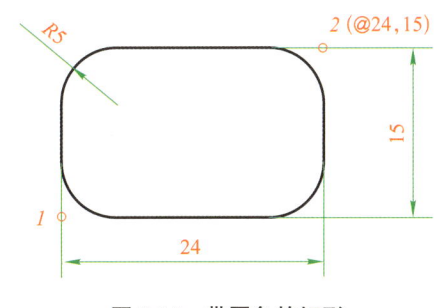

图 2-14　带圆角的矩形

（4）若选择"标高（E）"，可指定矩形所在平面的高度。通常是在 XY 平面内绘制二维图形，标高为 0，即在"三维视图"的"俯视"角度绘制图形。可通过"视图"菜单中的"动态观察"观察标高，如图 2-15a 所示。

（5）若选择"厚度（T）"，可创建具有厚度的矩形，如图 2-15b 所示。

（6）若选择"宽度（W）"，可创建具有宽度的矩形，如图 2-15c 所示。

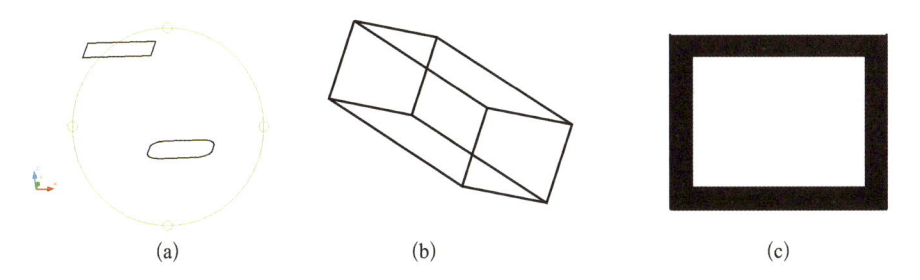

图 2-15　带标高、厚度和宽度的矩形

> **提示**：在操作矩形命令时，所设选项内容将作为当前设置，下一次绘制矩形仍按上次设置的样式绘制，直至重新设置。因此，在输入该命令时，一定要观察提示行的内容，确认当前矩形模式是否正确，如果不是所需要的模式，则应重新进行设置。

2.4 圆　　弧

1. 功能

圆弧命令可按指定方式画圆弧。

AutoCAD 提供了 11 个选项来画圆弧，如图 2-16 所示。

（1）三点（P）
（2）起点、圆心、端点（S）
（3）起点、圆心、角度（T）
（4）起点、圆心、长度（A）
（5）起点、端点、角度（N）
（6）起点、端点、方向（D）
（7）起点、端点、半径（R）
（8）圆心、起点、端点（C）
（9）圆心、起点、角度（E）
（10）圆心、起点、长度（L）
（11）继续（O）

图 2-16　画圆弧方式

其中选项（8）、（9）、（10）与（2）、（3）、（4）中三个条件相同，只是操作顺序不同，AutoCAD 实际提供的是 8 种画圆弧方式。

2. 命令的输入

在［绘图］工具栏中单击［圆弧］按钮，或从菜单栏中选择"绘图"→"圆弧"菜单命令。

3. 命令的操作

要绘制圆弧，首先要了解已知条件，然后确定从"绘图"→"圆弧"下拉菜单中选择哪种画圆弧的方式，再根据提示，分别输入相应的参数，即可绘制所需要的圆弧。这种画圆弧方法的特点是发出命令慢，但操作起来快。

用［绘图］工具栏中的［圆弧］按钮发出命令快，但操作起来慢。

例如：单击［圆弧］按钮后，系统提示："_arc 指定圆弧的起点或［圆心(C)］:"。

此时要根据已知条件选择"起点"或"圆心"。当圆心未知时，只能选择"起点"方式。而几乎所有圆弧的起点都是已知的，否则不能用圆弧命令绘制圆弧，只能用圆命令绘制，然后进行修剪获得。

输入"起点"或"圆心"后，根据下一步提示输入相应的选项或数据，再进一步输入选项或数据，即可绘制所需要的圆弧。

单元二　常用绘图命令

"继续"方式画圆弧是用最后一次画的圆弧或直线的终点为起点，再按提示给出圆弧的终点，所画圆弧将与上段线相切。

例如，要绘制图 2-17 所示图形中的圆弧，就要采用不同的画圆弧方式：图 2-17a 中的圆弧应该选用"三点（P）"命令绘制，第 2 点用相对坐标输入（@－30，－88）；图 2-17b 中的圆弧应该选用"起点、端点、半径（R）"命令绘制；图 2-17c 中的圆弧应该选用"起点、端点、角度（N）"命令绘制。

后两种方式画圆弧时，要注意计算机是按照逆时针方向绘制的，因此应注意起点、端点的顺序。

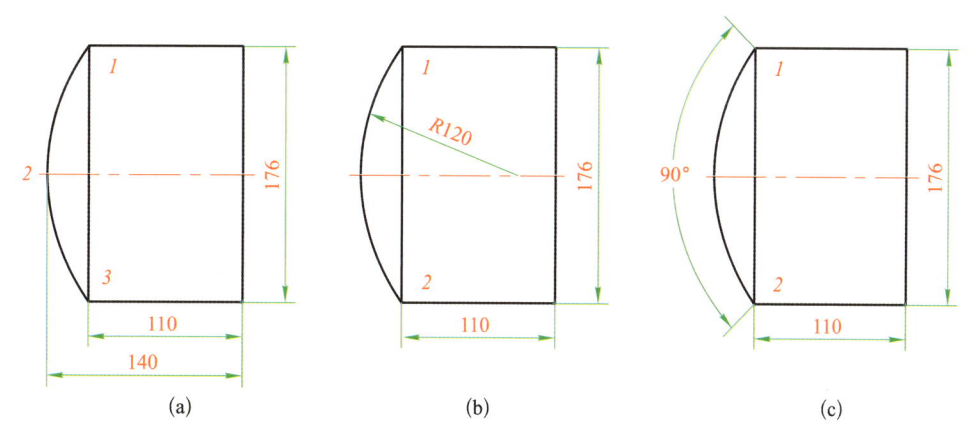

图 2-17　用三种方式画圆弧

> 提示：① 圆弧命令默认方式是按逆时针方向画圆弧。
> ② 若半径为正，则绘制劣弧；若半径为负，则绘制优弧，如图 2-18a 所示。
> ③ 若弦长为正，则绘制劣弧；若弦长为负，则绘制优弧，如图 2-18b 所示。
> ④ 如果角度为负，将顺时针绘制圆弧。

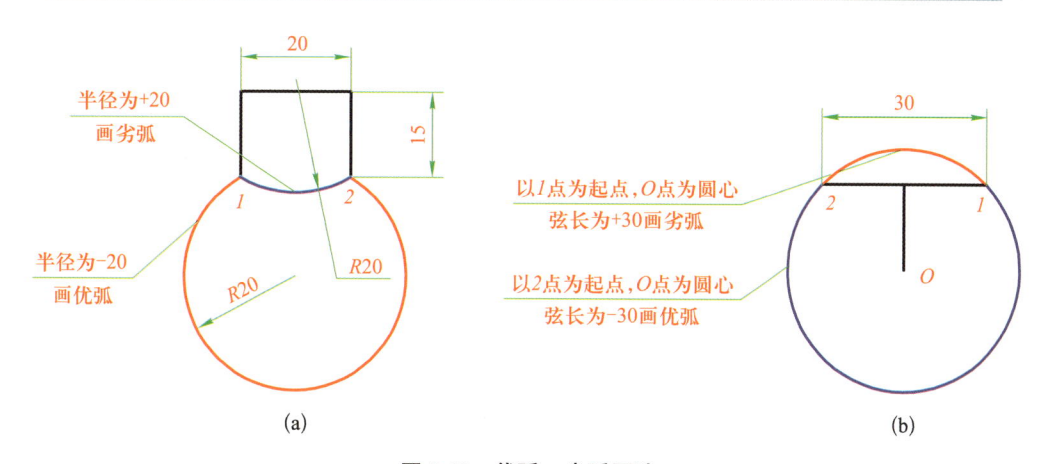

图 2-18　优弧、劣弧画法

2.5 正多边形

1. 功能

正多边形命令可按指定方式绘制正多边形。

2. 命令的输入

在［绘图］工具栏中单击［正多边形］按钮 ⬠。

3. 命令的操作

输入正多边形命令后，系统提示："_polygon 输入侧面数＜4＞："。

输入边数后，系统又提示："指定正多边形的中心点或［边(E)］："。

此时，是"指定正多边形的中心点"还是选择"边(E)"，要根据已知条件而定。下面以绘制图 2-19 所示正三角形为例分别介绍各选项的操作方法。

（1）绘制图 2-19a 所示正三角形

由图可知，正三角形在半径为 50 的圆内，因此，可以直接指定正多边形的中心点，然后在快捷菜单中选择"内接于圆"选项，输入半径 50 即可。

(a) 内接于圆方式　　(b) 外切于圆方式　　(c) 边方式

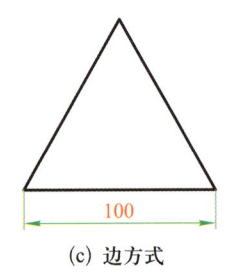

图 2-19　正三角形的绘制

（2）绘制如图 2-19b 所示正三角形

由图可知，正三角形在半径为 30 的圆外，因此，可以直接指定正多边形的中心点，然后在快捷菜单中选择"外切于圆"选项，输入半径 30 即可。

（3）绘制如图 2-19c 所示正三角形

由图可知，正三角形的边长为 100，因此，可以在快捷菜单中选择"边"的方式，然后在屏幕上指定边的第一个端点，用光标导向，再从键盘输入边长 100 即可。

> 提示：① 绘制正多边形时，若已知边长，可选择"边"方式；若不知道边长，则直接输入正多边形的中心。若能确定正多边形的中心到每个顶点的距离，就选择"内接于圆"；若能确定正多边形的中心到各边中点的距离，就选择"外切于圆"。
> ② 要绘制倾斜的正多边形，可通过输入多边形顶点或多边形内切圆切点的相对极坐标来实现，如图 2-20 所示。

(a)　　　　　　　　　　(b)

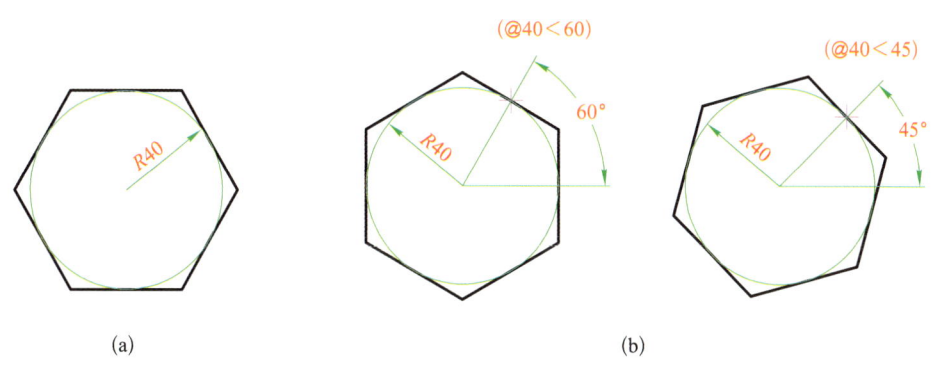

图 2-20　正多边形的绘制

2.6　椭　　圆

1. 功能

画椭圆或椭圆弧。画椭圆有"圆心(C)""轴、端点(E)"两种方式,另一种"圆弧(A)"是画椭圆弧,如图 2-21 所示。

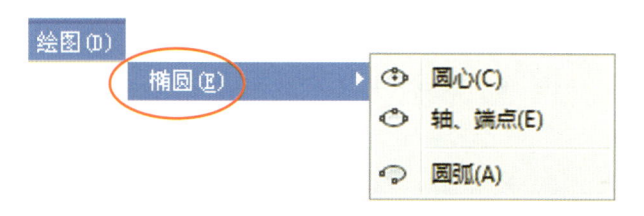

图 2-21　画椭圆的方式

2. 命令的输入

在［绘图］工具栏中单击［椭圆］按钮 或 ［椭圆弧］按钮 。

3. 命令的操作

输入椭圆命令后,系统提示:"_ellipse 指定椭圆的轴端点或［圆弧(A)/中心点(C)］:"。

此时要根据已知条件选择"轴端点""圆弧"或"中心点"方式。

当椭圆的圆心已知时,可选择"中心点"方式。若椭圆的圆心未知,则应选择"轴端点"方式。当要绘制的是椭圆弧时,应选择"圆弧"方式。

选择"轴端点""圆弧"或"中心点"方式后,根据下一步提示输入相应的数据或选项,再进一步输入数据,即可绘制所需要的椭圆或椭圆弧。

【例 2-2】用两种方式绘制一个长轴为 100、短轴为 50 的椭圆,如图 2-22 所示。

操作步骤如下:

(1) 用"轴端点"方式绘制如图 2-22a 所示椭圆。

(a)   (b)

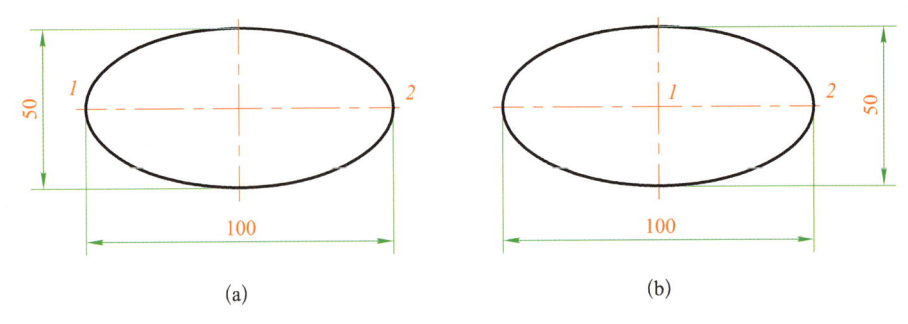

图 2-22 两种方式画椭圆

① 输入椭圆命令，用光标选择 1 点，指定椭圆长轴的端点。

② 右移光标极轴 0°时输入 100，确定长轴的另一个端点 2。

③ 输入 25，即指定另一条半轴长度。

(2) 用"中心点"方式绘制如图 2-22b 所示椭圆。

① 输入椭圆命令，右击，在快捷菜单中选择"中心点"，用光标选择 1 点，确定椭圆的中心点。

② 右移光标极轴 0°时输入 50，即指定长轴的端点 2。

③ 输入 25，即指定另一条半轴长度。

> 提示：① 在绘制倾斜的椭圆时，可使用相对极坐标输入第 2 点来完成。
> ② 在输入另一条半轴长度时，可以选择"旋转"选项，指定绕第一条轴旋转的角度来创建椭圆。

【例 2-3】用两种方式绘制一长轴为 100、短轴为 50、起始角为 90°、终止角为 300°的椭圆弧，如图 2-23 所示。

(1) 用"轴端点"方式绘制如图 2-23a 所示椭圆弧。

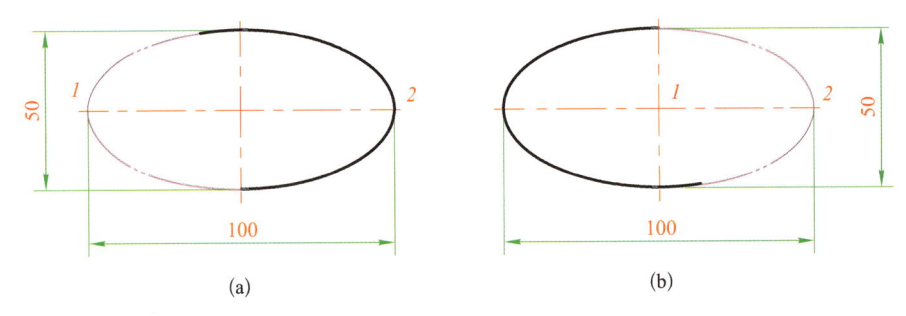

(a)   (b)

图 2-23 两种方式画椭圆弧

操作步骤如下：

① 单击 [椭圆弧] 按钮 后，用光标选择 1 点，指定椭圆的长轴端点。

② 右移光标极轴 0°时输入 100，指定长轴的另一个端点 2。

③ 输入25，指定另一条半轴长度（以上步骤同"轴端点"方式画椭圆），建立一个完整的椭圆。

④ 输入90并确认，再输入300，指定起始角度和终止角度后，系统按逆时针方向绘制椭圆弧。

> **提示**：用此种方式绘制的椭圆弧是以 *1* 点作为起点逆时针计算角度。

（2）用"中心点"方式绘制如图2-23b所示椭圆弧。

操作步骤如下：

① 单击［椭圆弧］按钮 后，右击，在快捷菜单中选择"中心点"，用光标选择 *1* 点，确定椭圆的中心点。

② 右移光标极轴0°时输入50，指定椭圆长轴的端点 *2*。

③ 输入25，指定另一条半轴长度（以上步骤同"中心点"方式画椭圆），建立一个完整的椭圆。

④ 输入90并确认，再输入300，指定了起始角度和终止角度后，系统按逆时针方向绘制椭圆弧。

> **提示**：此种方式绘制的椭圆弧是以 *2* 点作为起点逆时针计算角度。

综合练习二

一、基本题

按尺寸绘制图2-24～图2-48所示图形轮廓线并保存，文件名为"综合练习2-1"（不标注尺寸，不考虑线型和线宽，关于线型和线宽的设置将在单元四中介绍）。

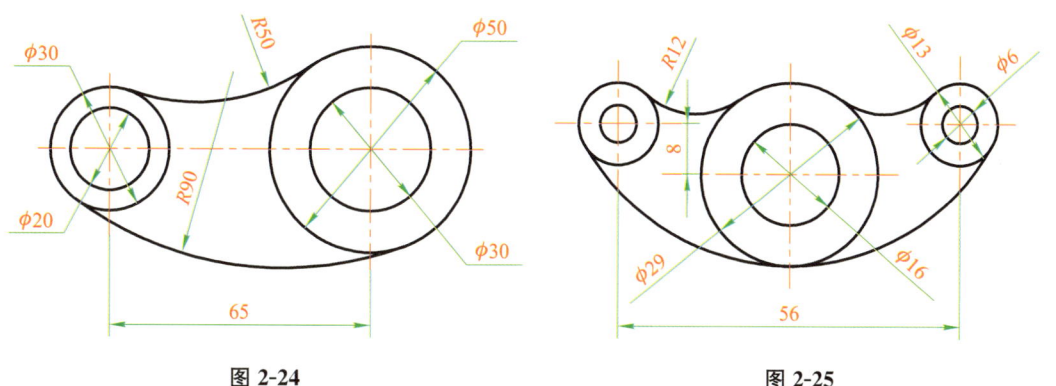

图 2-24

图 2-25

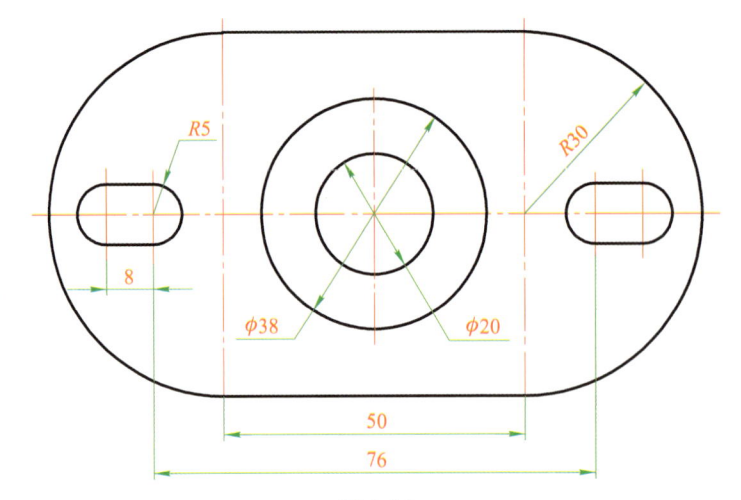

图 2-26

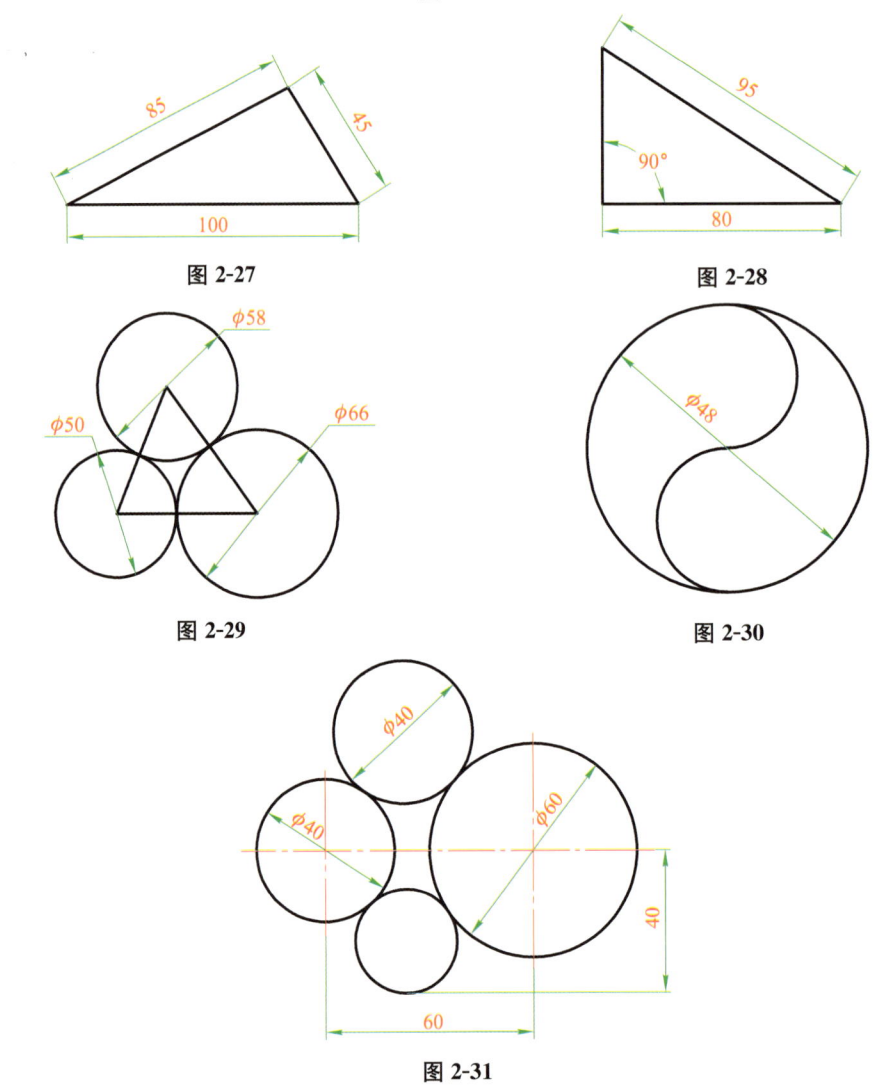

图 2-27

图 2-28

图 2-29

图 2-30

图 2-31

图 2-32

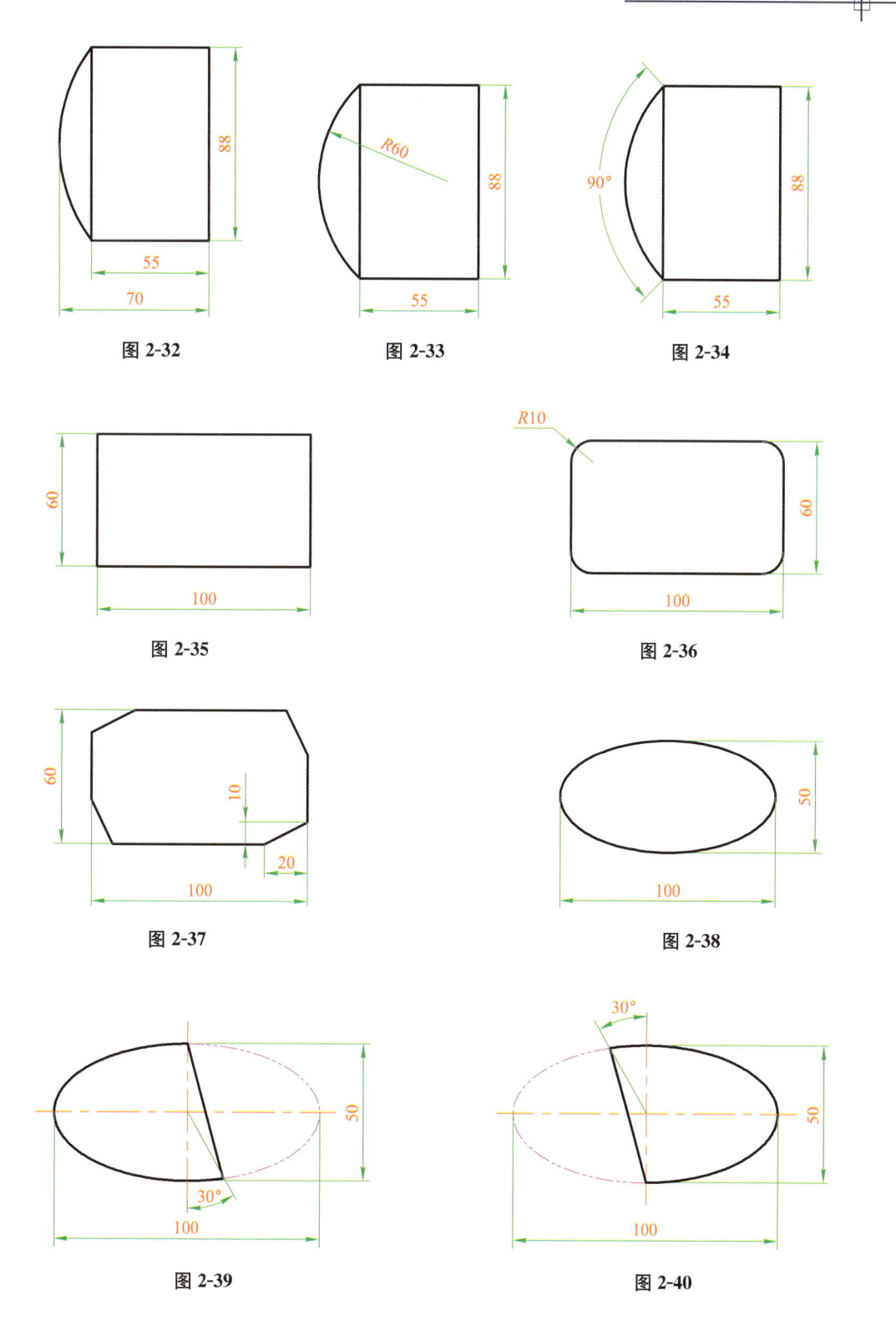

图 2-33

图 2-34

图 2-35

图 2-36

图 2-37

图 2-38

图 2-39

图 2-40

计算机绘图

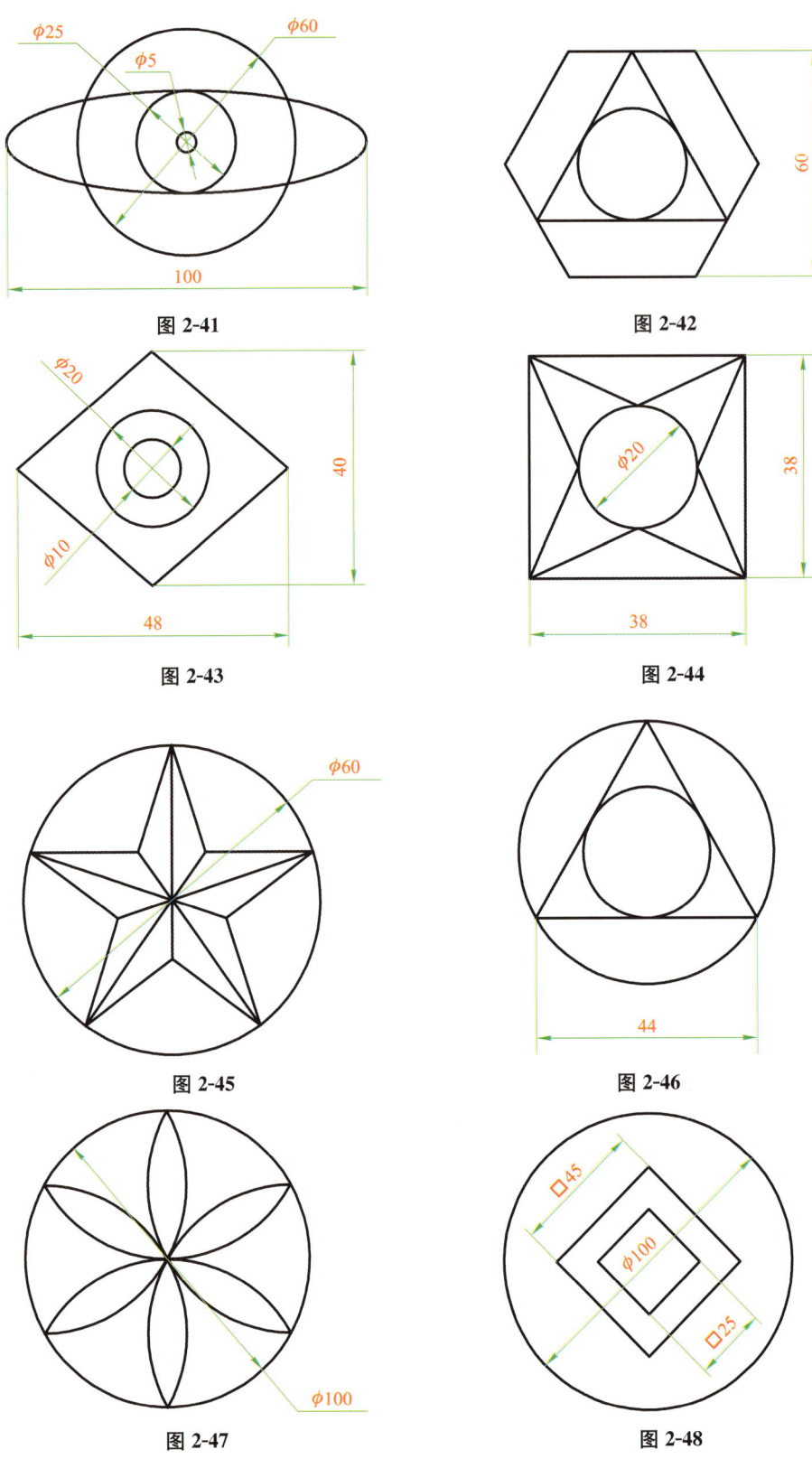

图 2-41

图 2-42

图 2-43

图 2-44

图 2-45

图 2-46

图 2-47

图 2-48

二、进阶题

按尺寸绘制图 2-49～图 2-60 所示图形轮廓线并保存，文件名为"**综合练习 2-2**"（不标注尺寸）。

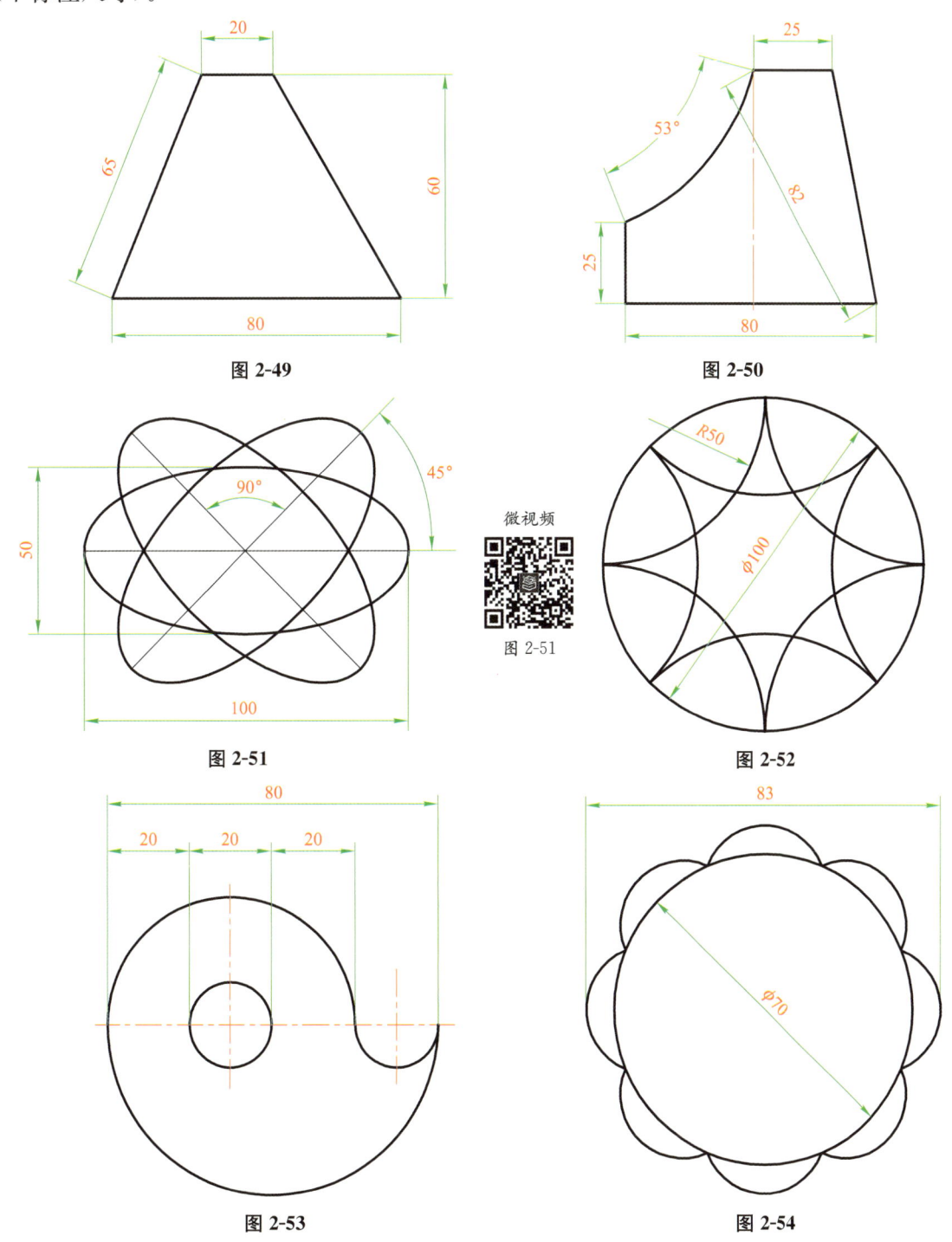

图 2-49

图 2-50

图 2-51

图 2-52

图 2-53

图 2-54

计算机绘图

图 2-55

图 2-56

图 2-57

图 2-58

图 2-59

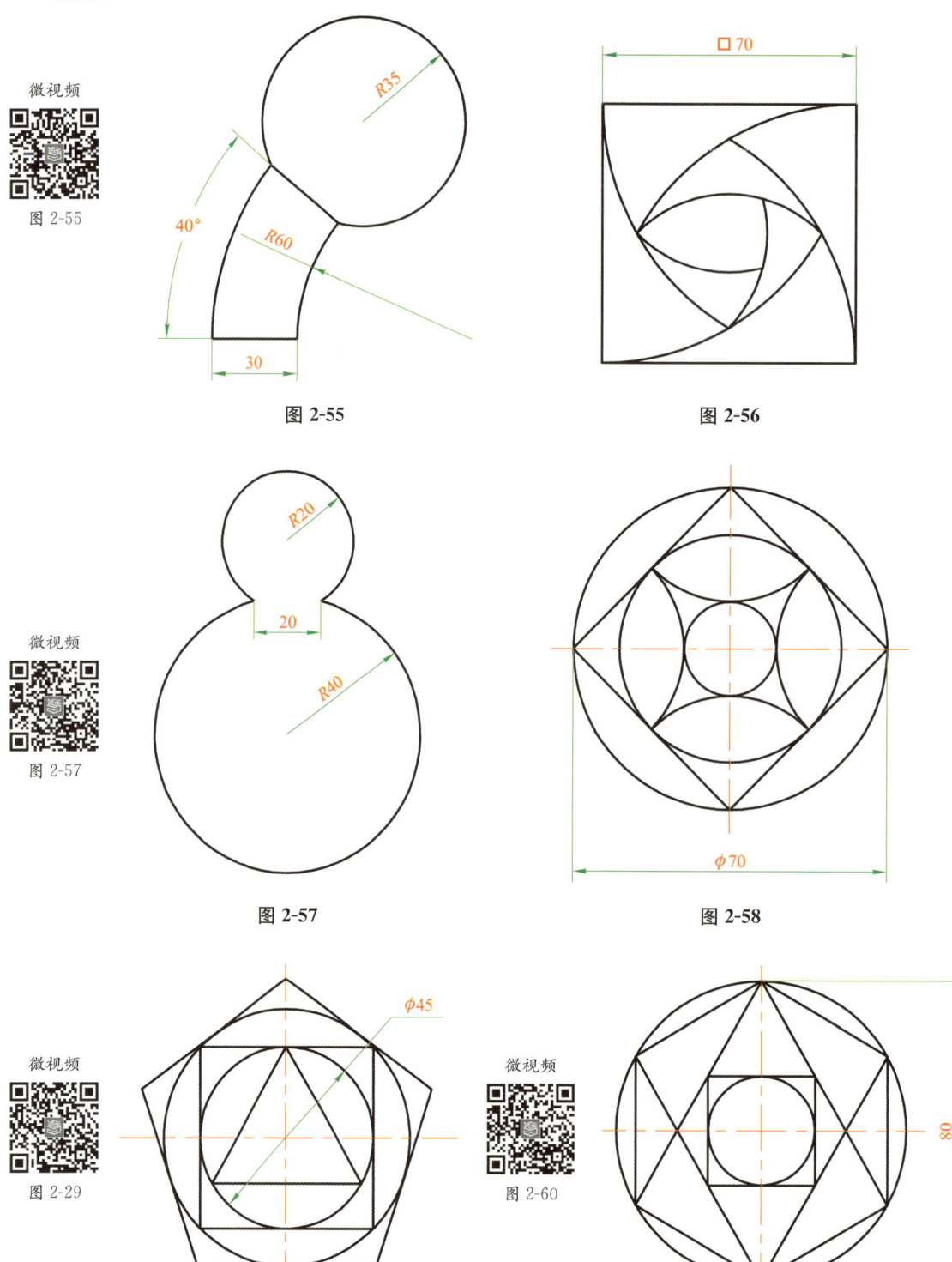

图 2-60

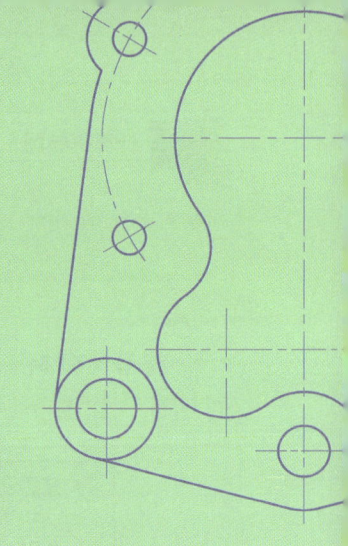

AutoCAD 2012

单元三 绘图辅助工具

3.1 栅格和捕捉

3.2 正交模式

3.3 极轴追踪

3.4 固定对象捕捉

3.5 临时对象捕捉

3.6 对象捕捉追踪

3.7 动态输入

3.8 绘图辅助工具应用举例

综合练习三

3.1 栅格和捕捉

右击［栅格］按钮，在弹出的快捷菜单中选择"设置"选项，打开"草图设置"对话框，如图 3-1 所示。

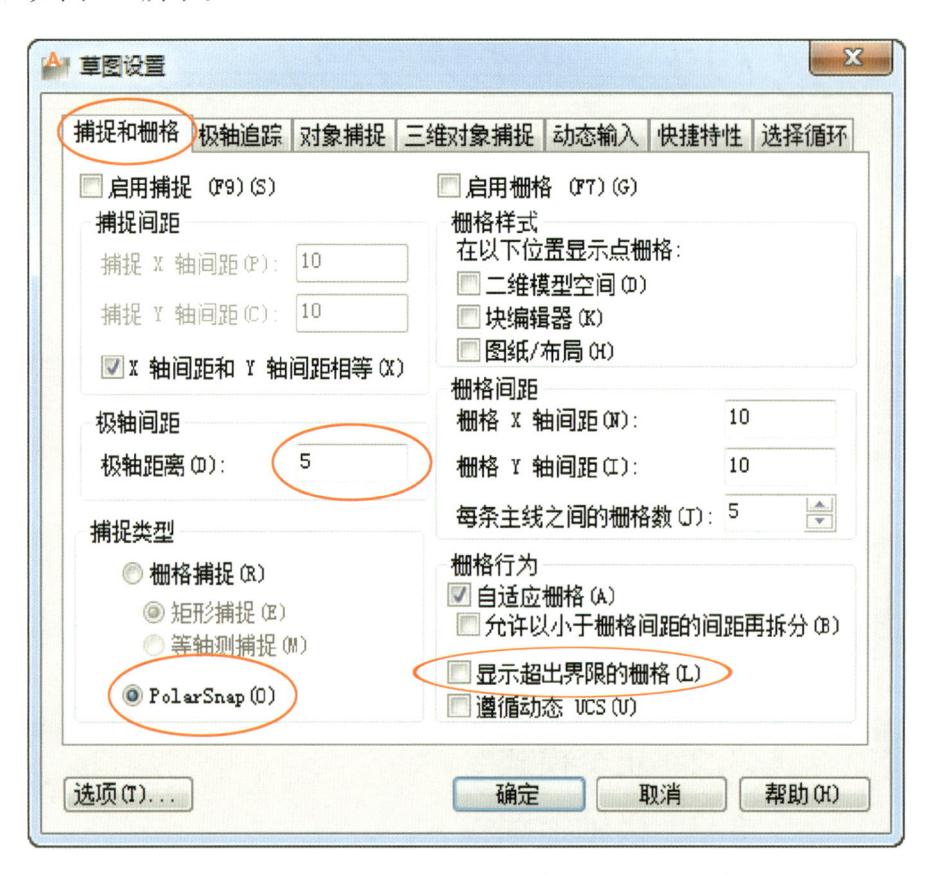

图 3-1 "草图设置"对话框的"捕捉和栅格"选项卡

在对话框中，可对捕捉、栅格的间距和类型等进行设置。主要选项的功能如下：
（1）捕捉间距：设置捕捉 X、Y 轴的间距。
（2）栅格间距：设置栅格 X、Y 轴的间距。
（3）捕捉类型：若选择"栅格捕捉(R)"，则有矩形捕捉和等轴测捕捉两种选择。
矩形捕捉：将捕捉类型设置为"矩形捕捉(E)"模式。当打开"捕捉"模式时，光标将按矩形捕捉栅格。
等轴测捕捉：将捕捉类型设置为"等轴测捕捉(M)"模式。当打开"捕捉"模式时，光标将按等轴测捕捉栅格。
若选择"PolarSnap（极轴捕捉）(O)"，则可设置极轴捕捉间距。
栅格行为：在栅格行为区取消"显示超出界限的栅格(L)"。

> 提示："极轴捕捉"和"栅格捕捉"不能同时选择。若选择"极轴捕捉"，在打开"捕捉"并启用"极轴"追踪模式后，可捕捉极轴上与设定"极轴距离"成倍数的点。通常可将"极轴距离"设为5，以便绘图时，能直接捕捉5的倍数的点。建议绘图时选择"极轴捕捉"类型。

3.2 正交模式

正交模式主要用于绘制水平与竖直线段。当然，在正交模式下，通过键盘输入点的坐标也可以绘制倾斜线段。

使用正交模式画图的方法是：用光标导向，从键盘直接输入相对于前一点的距离（即直接输入该线段长度）绘制图形，也可直接用光标指定点。

例如，绘制如图 3-2 所示的阶梯轴轮廓图形时，可打开［正交］按钮，利用直线命令，通过右手控制鼠标进行导向，左手控制键盘输入数据，从 1 点开始依次绘制到 24 点，然后右击，选择闭合，再右击，重复"直线"命令，连接 3 点和 24 点、5 点和 22 点……

用正交模式绘图时，即使轻微振动鼠标，也不至于绘制出错误的斜线。在移动或复制图形时，打开正交模式，可保证水平或垂直的对应关系。

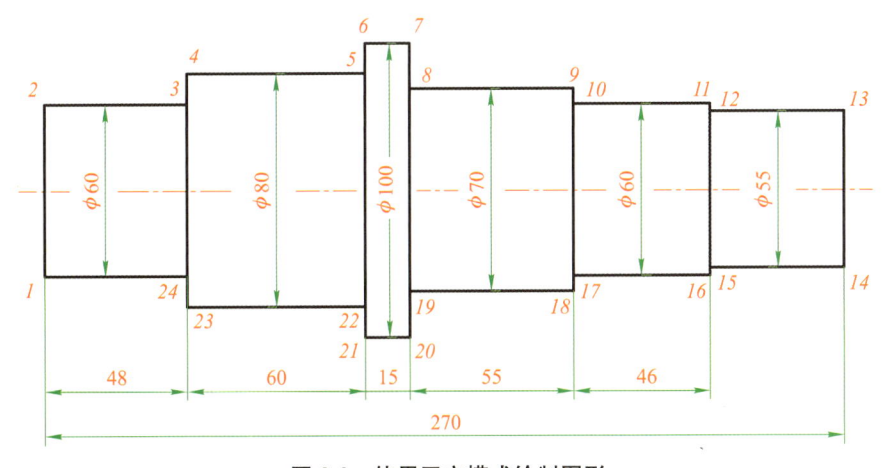

图 3-2 使用正交模式绘制图形

3.3 极轴追踪

应用"极轴追踪"，可方便地捕捉到所设角度线上的任意点。

3.3.1 极轴追踪的设定

右击［极轴］按钮，从弹出的快捷菜单中选择"设置"选项，打开"草图设置"

对话框，如图 3-3 所示。"极轴追踪"选项卡中主要内容及操作如下。

（1）"极轴角设置"区

"极轴角设置"区的"增量角(I)"下拉列表中有 5、10、15、18、22.5、30、45、90 八个固定角度值，可任选一个或输入一个新角度值。所设角度将使 AutoCAD 在此角度线及该角度的倍数线上进行极轴追踪。

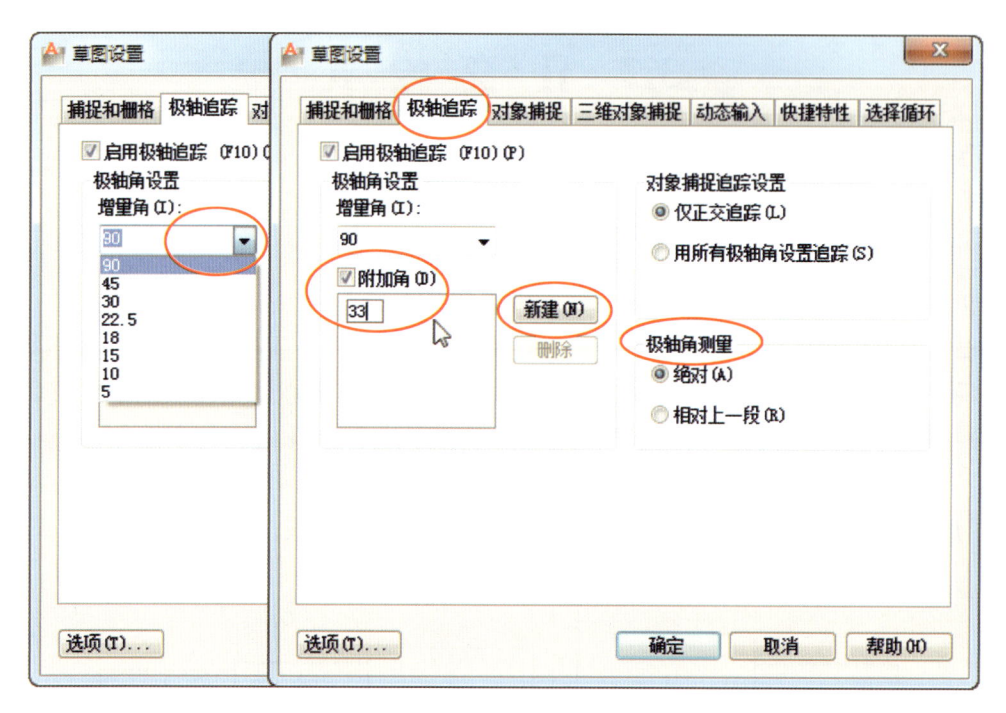

图 3-3 "草图设置"对话框的"极轴追踪"选项卡

选择"附加角(D)"与"新建(N)"，可在"附加角(D)"下方的列表框中设置一些附加角度。附加角度是绝对的，而非增量的，在其倍数角上不会产生极轴追踪。

（2）"极轴角测量"区

用于设置测量极轴追踪角度的参考基准。选择"绝对(A)"选项，使极轴追踪角度以当前用户坐标系为参考基准。选择"相对上一段(R)"选项，使极轴追踪角度以最后绘制的对象为参考基准。

> **提示**："极轴追踪"和"正交模式"是单选按钮，打开一个，则另一个自动关闭。

3.3.2 极轴追踪方式的应用

"极轴追踪"方式可捕捉所设角增量线上的任意点。"极轴追踪"可通过单击状态栏上的［极轴］按钮来打开或关闭。

【例 3-1】绘制图 3-4a 所示矩形平面的正等轴测图 ABCD。

操作步骤如下：

(1) 在"草图设置"对话框中，设置极轴追踪的"增量角(I)"为30，"对象捕捉追踪设置"选择"用所有极轴角设置追踪(S)"，"极轴角测量"选择"绝对(A)"。在"捕捉和栅格"选项卡中选择"PolarSnap(O)""极轴距离(D)"设为5，启用"捕捉"和"极轴"。

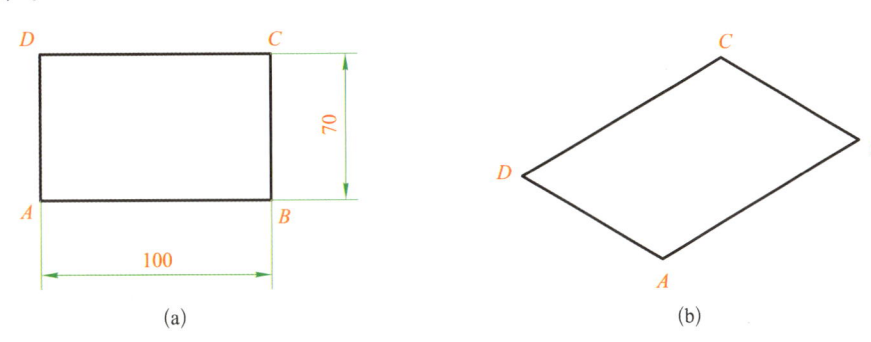

图 3-4 极轴追踪应用实例

(2) 画线。

单击［直线］按钮，用鼠标直接确定起点 A。

向右上方移动光标，寻找 30°极轴追踪线，并沿着追踪线方向移动光标，寻找"100"，确定后画出直线 AB。

向左上方移动光标，寻找 150°极轴追踪线，并沿着追踪线方向移动光标，寻找"70"，确定后画出直线 BC。

向左下方移动光标，寻找 210°极轴追踪线，并沿着追踪线方向移动光标，寻找"100"，确定后画出直线 CD。直接捕捉端点 A，即可完成图形，效果如图 3-4b 所示。

【例 3-2】绘制图 3-5 所示平面图形 ABCDE。

操作步骤如下：

(1) 单击［直线］按钮，确定 A 点，右移光标，在 0°极轴线上寻找 40，确定 B 点。

(2) 在"极轴追踪"选项卡中将"极轴角测量"设为"相对上一段(R)"，在"增量角(I)"中输入 47（180－133）。**向右上方移动光标，寻找相关极轴 47°追踪线，并沿追踪线方向移动光标，寻找 50，确定 C 点，画出直线 BC。**

(3) 在"增量角(I)"中输入 110（180－70）。**向左上方移动光标，寻找相关极轴 110°追踪线，并沿追踪线方向移动光标，寻找 40，确定 D 点，画出直线 CD。**

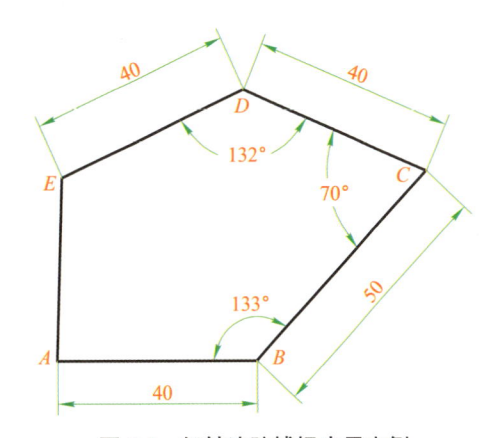

图 3-5 极轴追踪捕捉应用实例

(4) 在"增量角(I)"中输入 48（180－132）。向左下方移动光标，在相关极轴 48°追踪线上寻找 40，确定后画出直线 DE。最后捕捉点 A 即可。

3.4 固定对象捕捉

3.4.1 固定对象捕捉的设定

右击状态栏上的[对象捕捉]按钮，从弹出的快捷菜单中选择"设置"，打开"草图设置"对话框，如图 3-6 所示。在"对象捕捉"选项卡中选择如图所示 8 种常用捕捉模式为固定对象捕捉，单击"确定"完成设置。

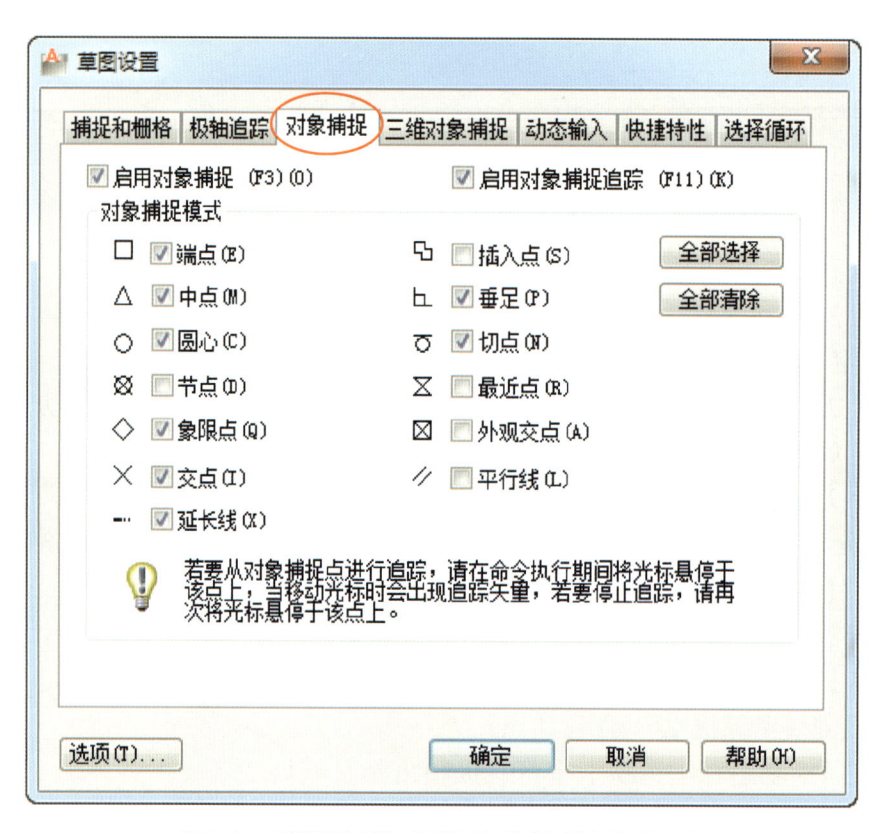

图 3-6 "草图设置"对话框的"对象捕捉"选项卡

本节介绍的"对象捕捉"与 3.1 节介绍的"捕捉"功能不同。"捕捉"只能捕捉栅格或极轴上的点，而打开"对象捕捉"功能，在绘图过程中可以随时、准确地捕捉设定的这些特征点。

绘图时，一般将常用的这 8 种对象捕捉模式设为固定对象捕捉，对不常用的对象捕捉模式可通过"临时对象捕捉"来完成。"临时对象捕捉"将在 3.5 节中介绍。

3.4.2 固定对象捕捉方式的应用

【例 3-3】用固定对象捕捉方式将图 3-7a 所示图形绘制成图 3-7b 所示图形。

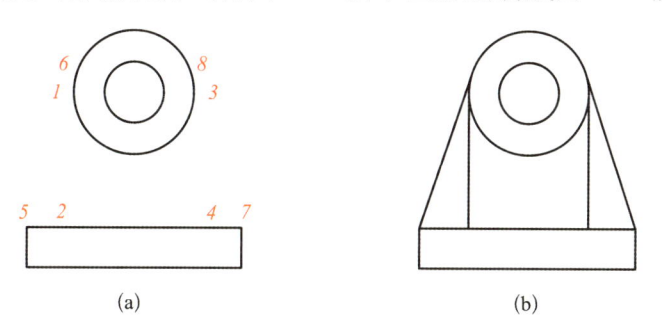

图 3-7 固定对象捕捉应用实例

操作步骤如下：
(1) 设置固定对象捕捉模式并启用。
(2) 输入直线命令后，拾取外圆左边象限点 1，然后下移光标沿 270°极轴方向捕捉垂足 2。用同样的方法绘制线段 34。
(3) 输入直线命令后，拾取端点 5，然后移动光标捕捉切点 6，使其显示"切点"标记，单击拾取。用同样的方法绘制线段 78。结果如图 3-7b 所示。

3.5 临时对象捕捉

临时对象捕捉方式是一种临时性的捕捉，选择临时捕捉方式只能捕捉一个点；而固定对象捕捉方式是固定在一种或数种捕捉模式下，打开它可自动执行捕捉，直至关闭。

3.5.1 临时对象捕捉方式的激活

临时对象捕捉方式常用以下两种方式来激活：
(1) 将光标移到窗口的任意工具栏上右击，从快捷菜单中选择"对象捕捉"选项，弹出［对象捕捉］工具栏，如图 3-8 所示。

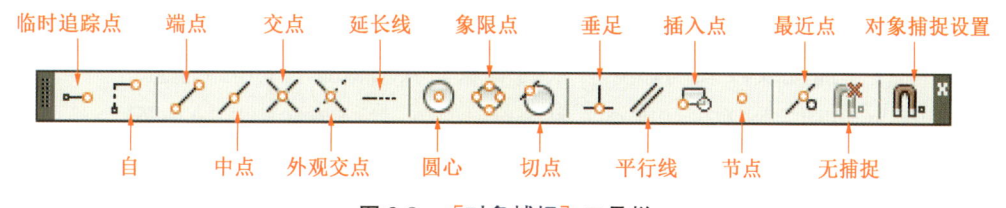

图 3-8 ［对象捕捉］工具栏

绘图时，应将该工具栏弹出，放在绘图区旁。从［对象捕捉］工具栏中单击相应捕捉模式，即可激活相应的捕捉方式。切记：这些捕捉命令只能激活一次用一次。

（2）在绘图区任意位置，按住［Shift］键并右击，弹出快捷菜单，如图3-9所示，可从该菜单中单击相应的捕捉模式。

3.5.2 临时对象捕捉方式的种类

临时对象捕捉方式有下列几种模式：

⊸：临时追踪点。指定临时的追踪点。

如图3-10所示，要在直径为40的圆之左上方绘制直径为30的圆。

图3-9 快捷菜单

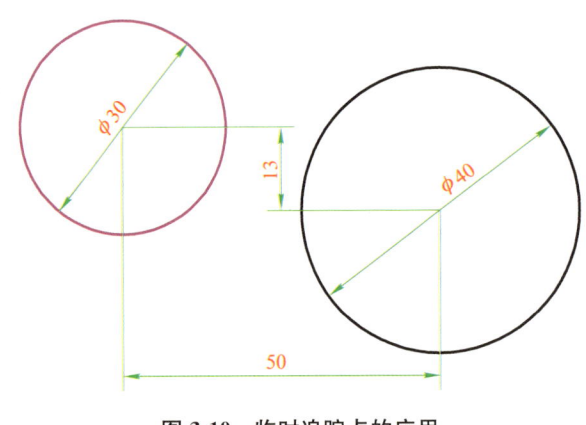

图3-10 临时追踪点的应用

绘图步骤如下：

输入圆命令，单击［临时追踪点］按钮 ⊸，用光标捕捉已知圆的圆心（不要单击），然后左移光标，在180°极轴线上寻找（或输入）50，确定后上移光标，当出现90°追踪线时输入13，确定后即找到直径为30的圆心。输入半径15，即可完成作图。

⌐：自。用于先指定一个基点，然后输入相对坐标来确定其他点。

绘制图3-10所示直径为30的圆，也可用"捕捉自"命令来确定圆心。

绘图步骤如下：

输入"圆"命令后，单击［捕捉自］按钮 ⌐，用光标捕捉已知圆的圆心（单击），然后输入（@－50,13），找到直径为30的圆心。输入半径15，即可完成作图。

╱：端点。捕捉线段或圆弧等对象的端点。其对象捕捉标记为 ▢。

╱：中点。捕捉直线段或圆弧等对象的中点。其对象捕捉标记为 △。

╳：交点。捕捉直线段、圆弧、圆等对象之间的交点。其对象捕捉标记为 ⊠。

╳：外观交点。用于捕捉直线段、圆弧、圆、椭圆等对象之间的外观交点。即对象本身之间没有相交，而是假想地将对象延长之后捕捉其交点。

如图3-11所示，捕捉外观交点前，先输入直线或圆等绘图命令，再单击捕捉到

[外观交点] 按钮 ╳，然后用光标捕捉直线上的端点并单击，如图 3-11a 所示。再将光标移到圆上，即可显示外观交点，单击即可捕捉到该点，如图 3-11b 所示。其对象捕捉标记为 ⊠，如图 3-11a 所示。

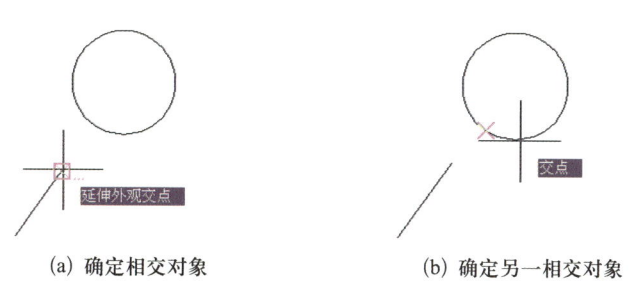

(a) 确定相交对象　　　　　(b) 确定另一相交对象

图 3-11　捕捉到外观交点

---：延长线。用于捕捉已有直线段、圆弧延长一定距离后的对应点。

捕捉此点前，应先输入直线或圆等绘图命令，再单击 [延长线] 按钮 ---，然后用光标捕捉该实体上的某端点（不要单击）并向切线方向移动，即可产生一条虚延长线，输入数据并按 [Enter] 键，即可捕捉到符合条件的点。其对象捕捉标记如图 3-12 所示。

图 3-12　捕捉到延长线上的点

◎：圆心。捕捉圆、椭圆或圆弧的圆心。其对象捕捉标记为 ◎。

◇：象限点。捕捉圆、椭圆或圆弧上 0°、90°、180°、270°位置上的点。其对象捕捉标记为 ◇。

○：切点。捕捉所画直线段与某圆或圆弧的切点。其对象捕捉标记为 ○。

⊥：垂足。捕捉所画直线段与某直线段、圆、圆弧或其延长线垂直的点。其对象捕捉标记为 ⊥。

∥：平行线。用于确定与已有直线平行的线，但不能捕捉绘制对象的起点。其对象捕捉标记为 ∥。

⊡：插入点。捕捉文字、属性、图块等对象的插入点。其对象捕捉标记为 ⊡。

○：节点。捕捉由 POINT 等命令绘制的点。其对象捕捉标记为 ⊠。

⋏：最近点。捕捉直线、圆、圆弧等对象上最靠近光标的点。其对象捕捉标记为 ⊠。

⋂：对象捕捉设置。设置固定对象捕捉模式。

3.5.3 临时对象捕捉方式的应用

绘制以下各例时,均打开状态栏中的"极轴""对象捕捉""对象追踪"模式。

【例 3-4】如图 3-13 所示,按尺寸绘制矩形中的两个圆。

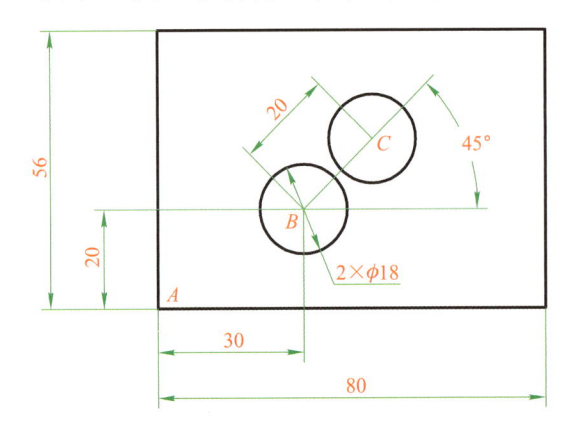

图 3-13 单一对象捕捉应用实例

操作步骤如下:

(1) 输入圆命令后,单击[对象捕捉]工具栏中的[临时追踪点]按钮 ⊶,移动光标捕捉 A 点(不要单击),当出现端点标记后向右移动光标,出现一条追踪线,此时,输入 30 并确认,即可捕捉到一个临时追踪点。

(2) 向上移动光标,当出现垂直追踪线时,输入 20,找到圆心 B 点。

(3) 输入半径 9,绘制左下方的圆。

(4) 右击,重复画圆命令,单击[对象捕捉]工具栏中的[捕捉自]按钮 。

(5) 捕捉 B 点作为基点(此时要单击),输入(@20<45)并确认,找到圆心 C 点。

(6) 输入半径 9 并确认,即可绘制右上方的圆。

> **提示**:上述圆心 B 点也可用"捕捉自"方式来确定。

【例 3-5】绘制图 3-14a 所示图形。

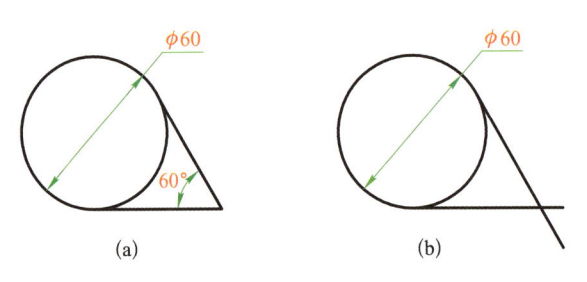

(a)　　(b)

图 3-14 单一对象捕捉应用实例

操作步骤如下：

（1）输入直线命令，然后单击［对象捕捉］工具栏中的［切点］按钮 ⊙。

（2）在圆的右上方拾取圆，输入（@70＜－60）并确认（数据 70 可以大一些，不必精确），绘制斜线。

（3）重复直线命令，捕捉圆上 270°象限点绘制水平线段，如图 3-14b 所示。

（4）单击［修剪］按钮进行修剪，结果如图 3-14a 所示。

【例 3-6】如图 3-15 所示，已知线段 A 长为 100 mm，过 a 点画一长 220 mm 的水平直线 B，然后绘制一条与 A 平行的直线 C，长度为 50 mm。

图 3-15　单一对象捕捉应用实例

操作步骤如下：

（1）输入直线命令，捕捉直线 A 的下部端点（不单击）后，沿直线 A 向上移动光标，输入 20，确定 a 点。右移光标，在 0°极轴线上寻找 220 或输入 220，绘制线段 B。

（2）从［对象捕捉］工具栏中单击［平行线］按钮 ∥。

（3）将光标左移到线段 A 上，出现平行线标记后再向右上方移动光标，当出现一条追踪线并提示"平行"时，输入 50，即可绘制线 C。

3.6　对象捕捉追踪

3.6.1　对象捕捉追踪的设定

对象捕捉追踪的设定通过"草图设置"对话框的"极轴追踪"选项卡来完成，如图 3-16 所示。

（1）"对象捕捉追踪设置"区

该区有两个单选项。选择"仅正交追踪(L)"选项，将使对象捕捉追踪通过指定点时，仅显示水平和竖直追踪方向。选择"用所有极轴角设置追踪(S)"选项，将使对象追踪通过指定点时可显示极轴追踪所设的所有追踪方向。

（2）［选项(T)...］按钮

单击［选项(T)...］按钮，打开"选项"对话框的"绘图"选项卡，如图 3-17 所示。该对话框左侧为"自动捕捉设置"区，右侧为"AutoTrack 设置"区，可在此作所需的设置。

应用"对象捕捉追踪"方式，可方便地捕捉通过指定点的极轴方向上任意点。

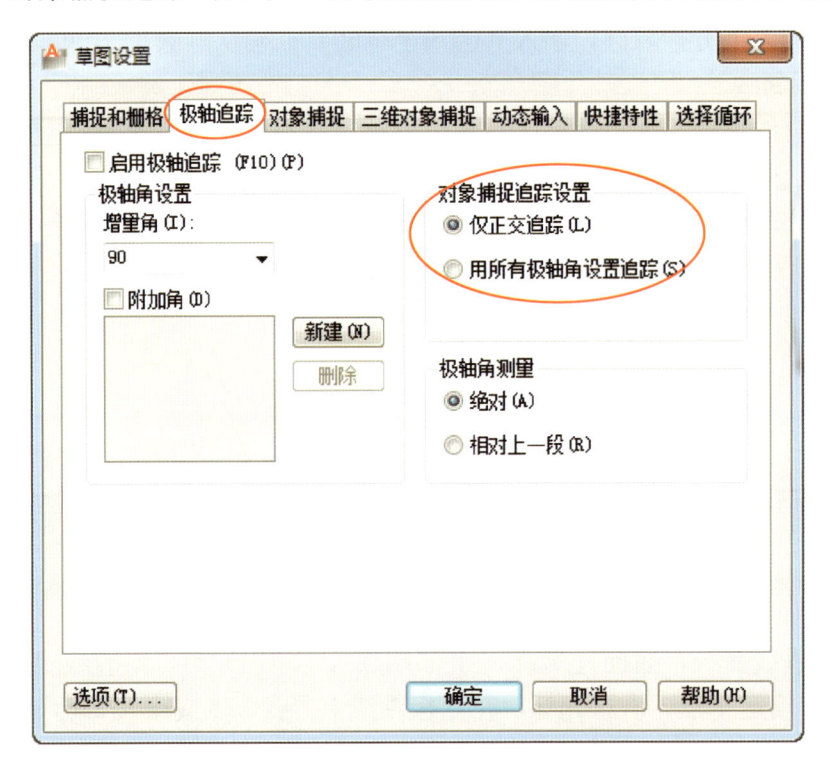

图 3-16 "草图设置"对话框的"极轴追踪"选项卡

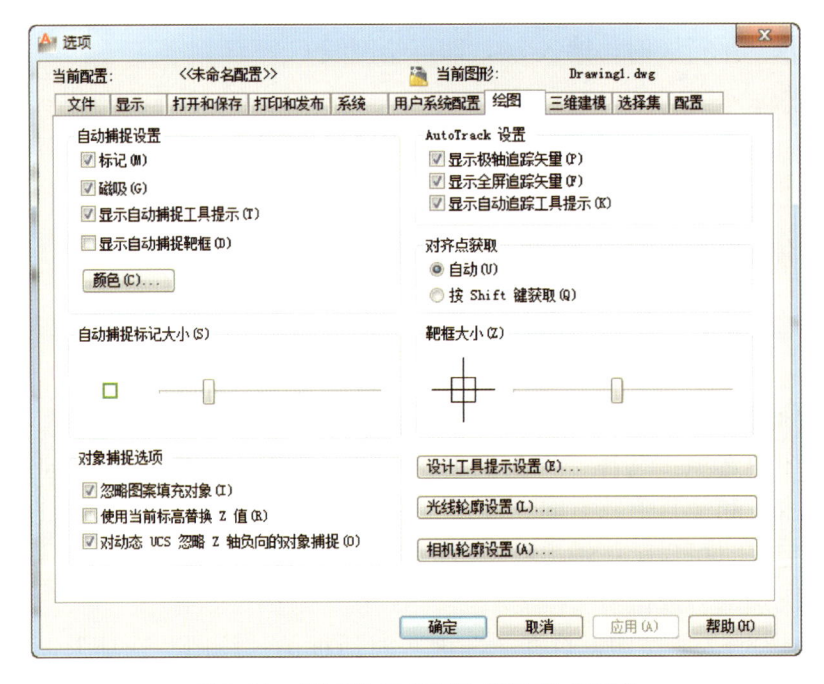

图 3-17 "选项"对话框的"绘图"选项卡

3.6.2 对象捕捉追踪方式的应用

对象捕捉追踪方式的应用必须与固定对象捕捉配合，捕捉通过某点的极轴角上任意点。对象捕捉追踪也可通过单击状态栏上[对象追踪]按钮来打开或关闭。

【例3-7】绘制图3-18所示的直线 CD，要求 D 点在已知直线 AB 的 A 端点正右方10 mm 处。

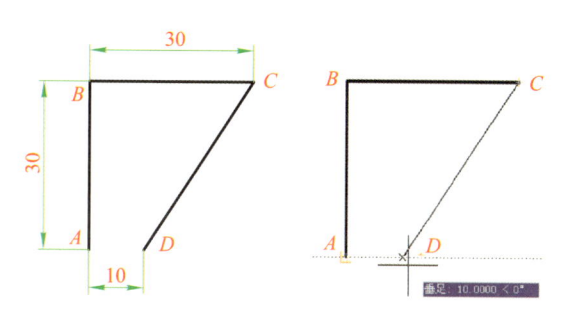

图 3-18　对象追踪方式应用实例

操作步骤如下：

(1) 设置对象捕捉追踪的模式

打开"草图设置"对话框的"极轴追踪"选项卡，如图3-16所示。选择"启用极轴追踪(F10)(P)"，并在"对象捕捉追踪设置"区选择"用所有极轴角设置追踪(S)"选项，单击"确定"按钮退出对话框。单击状态栏上的[对象追踪]按钮，即打开对象追踪。

(2) 设置固定对象捕捉模式

打开"草图设置"对话框中的"对象捕捉"选项卡，选中"端点(E)""中点(M)""圆心(C)""象限点(Q)""交点(I)""延长线(X)""垂足(P)""切点(N)"8个捕捉模式为固定模式，单击"确定"按钮退出对话框。单击状态栏上的"对象捕捉"按钮，即打开固定对象捕捉。

(3) 画线

输入直线命令后，用光标捕捉起点 C。

系统提示："指定下一点或 [放弃(U)]:"，移动光标执行固定对象捕捉，捕捉到 A 点后（不要单击），向右移动光标，AutoCAD 在通过 A 点处自动出现一条点状无限长水平直线（0°极轴线），然后输入 10 并确认，即可画出直线 CD。

3.7　动　态　输　入

在状态栏中单击[动态输入]按钮 **DYN**，启动动态输入功能。

下面以绘制直线为例，说明"动态输入"的使用方法。

启动"动态输入"功能。单击[直线]命令，系统提示："_line 指定第一点:"，同时在光标附近显示一个提示框（称为"工具栏提示"），工具栏提示中显示"指定第一点："和光标的当前坐标值，如图 3-19 所示。

图 3-19 动态显示工具栏提示

用户可直接通过工具栏输入点的坐标值，不需要切换到命令行输入。在工具栏提示中输入的点，除了第一点，其余的点默认设置是以相对坐标形式输入，即不用输入@符号。例如：输入（10，10）确认后，再输入（100，100）确认，即绘制一条起点在（10，10）、终点在（110，110）的直线。也可以用光标进行导向，直接输入距离确定下一点。

3.8 绘图辅助工具应用举例

下面以绘制图 3-20 所示三视图为例，介绍绘图辅助工具的应用。

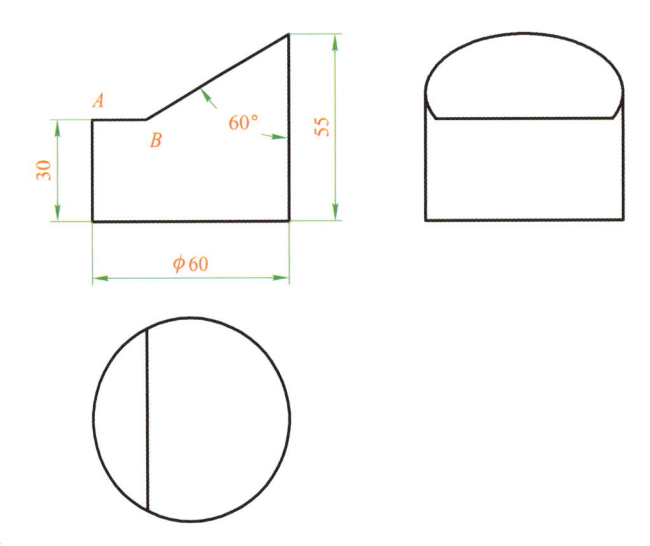

图 3-20 利用绘图辅助工具绘图举例

绘图步骤如下：

(1) 单击 [圆] 按钮后，指定圆心。输入半径 30 后确认（绘制俯视图的圆）。

(2) 打开极轴追踪、对象捕捉和对象追踪，设"增量角(I)"为"30"，选择"用所有极轴角设置追踪(S)"，选择"PolarSnap(O)"，设置"极轴距离(D)"为"5"，并打开"捕捉"。

(3) 单击 [直线] 按钮后，移动光标捕捉圆的左边象限点（不要单击），当象限点标记亮显后，向上移动光标，同时出现一条垂直追踪线，在 A 点处单击确定，只要满足长对正，上下位置不必精确。

（4）向下移动光标，寻找 30 后确定。

（5）右移光标，寻找 60 后确定，向上移动光标寻找 55 后确定。

（6）移动光标捕捉 A 点（不要单击），端点标记亮显后，水平向右移动光标，当水平追踪线和 210°极轴追踪线同时出现时，单击确定 B 点。

（7）移动光标捕捉 A 点并单击，结束主视图的绘制。

（8）单击［矩形］按钮，移动光标捕捉主视图右下角点（不要单击），当端点标记亮显后水平右移光标，在适当的位置单击，确定左视图左下角点。

（9）输入（@60，55）后确认，绘制出圆柱左视图（一矩形）。

（10）单击［构造线］按钮，右击，选择"水平"菜单，移动光标捕捉 B 点（不要单击），然后沿 210°追踪线方向移动光标，当追踪线与左边的轮廓线交点处出现交点标记时，按下左键，绘制第一条辅助线。继续单击 A 点，绘制第二条辅助线，右击结束"构造线"命令。

（11）单击［椭圆］按钮，移动光标捕捉左视图矩形上方中点并单击，然后向下移动光标，捕捉垂直追踪线与第一条辅助线的交点并单击，向右移动光标，捕捉水平追踪线与矩形右侧直线的交点，即可绘制完整的椭圆，如图 3-21 所示。

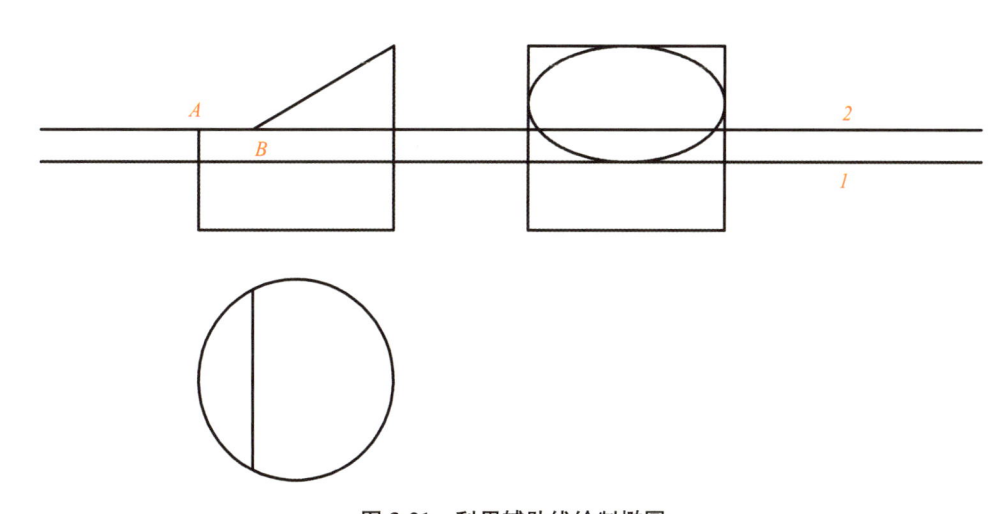

图 3-21 利用辅助线绘制椭圆

（12）单击［修剪］按钮，选择椭圆和第 2 条辅助线作为修剪边，修剪椭圆和第 2 条辅助线以及矩形两边多余部分，用"删除"命令删除第 1 条辅助线和矩形上边多余直线。

（13）单击［直线］按钮，移动光标捕捉 B 点（不要单击），然后向下移动光标，捕捉垂直追踪线与圆的交点，绘制俯视图中的直线，完成整个图形的绘制。

综合练习三

一、基本题

1. 绘制图 3-22～图 3-35 所示图形的轮廓线并保存，文件名为"**综合练习 3-1-1**"（不标注尺寸）。

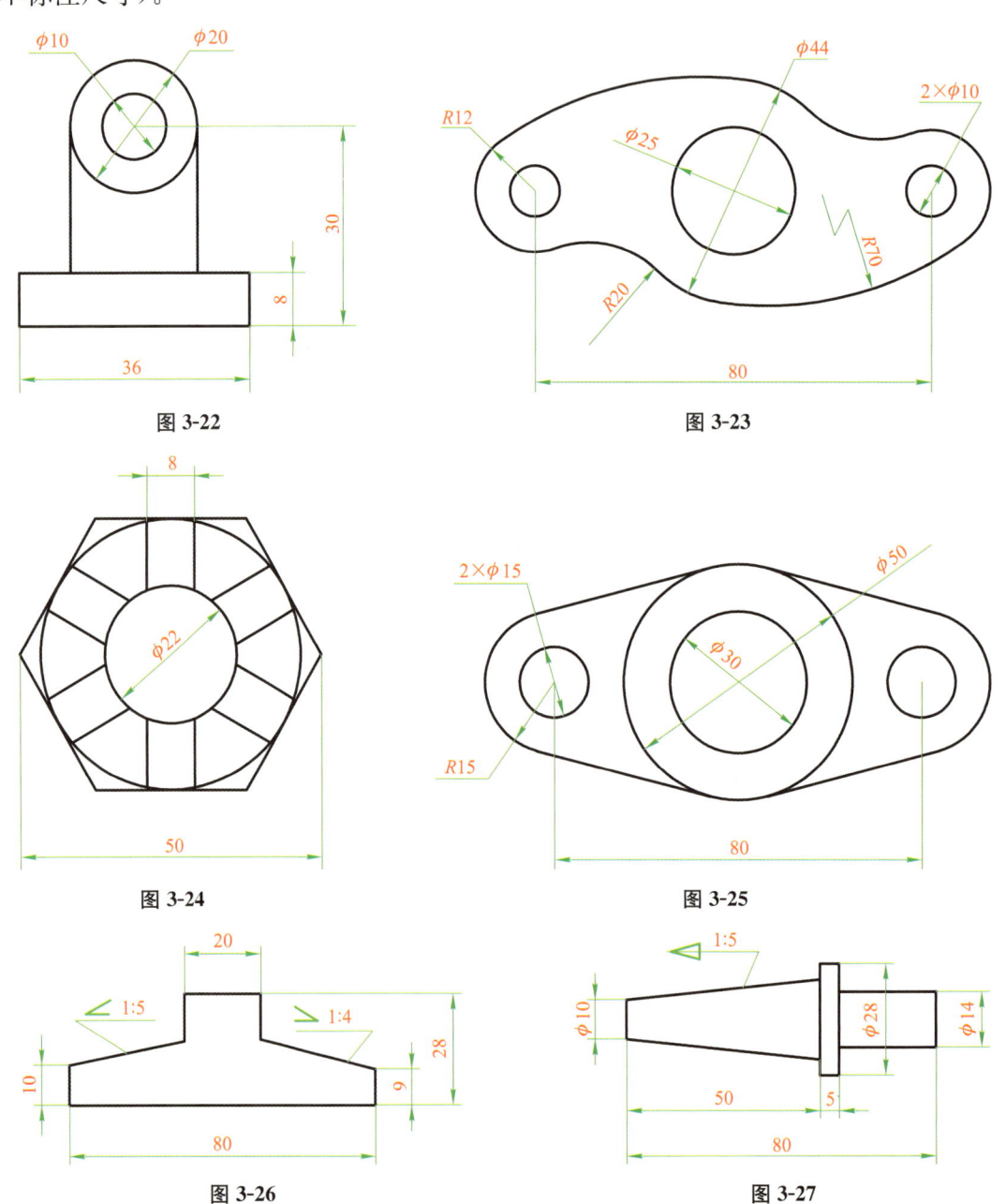

图 3-22

图 3-23

图 3-24

图 3-25

图 3-26

图 3-27

图 3-28

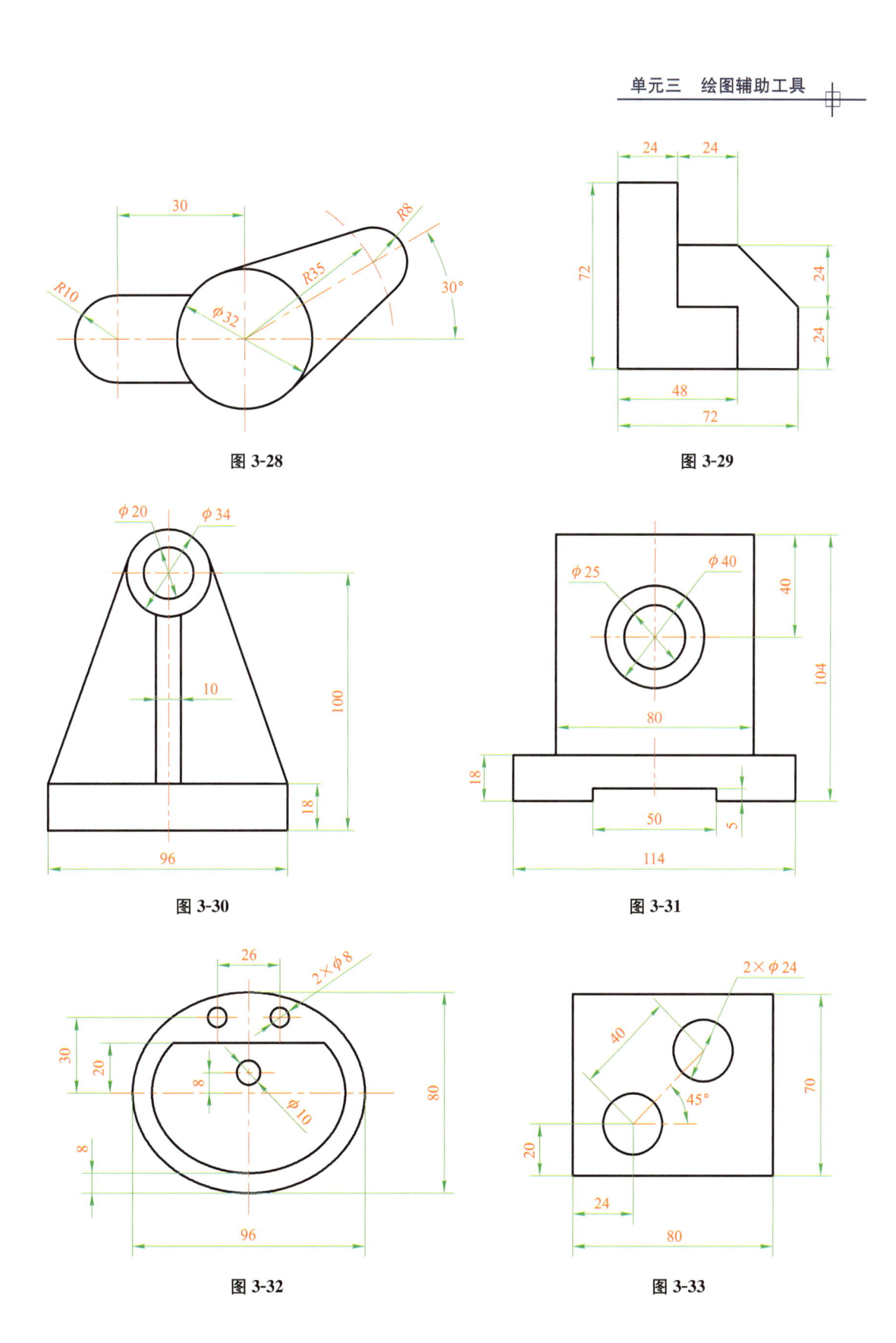

图 3-29

图 3-30

图 3-31

图 3-32

图 3-33

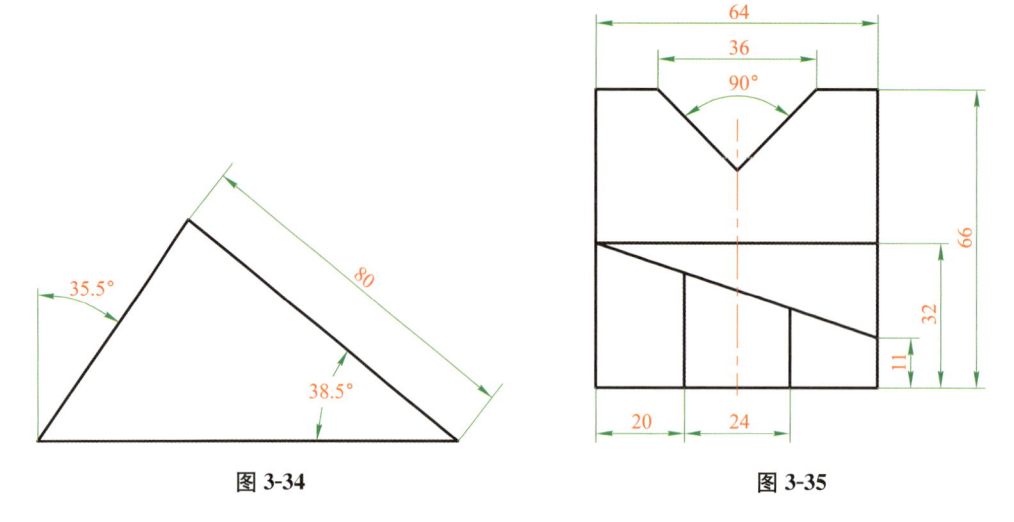

图 3-34

图 3-35

2. 绘制图 3-36～图 3-39 所示三视图（只画轮廓线）并保存，文件名为"**综合练习 3-1-2**"（不标注尺寸）。

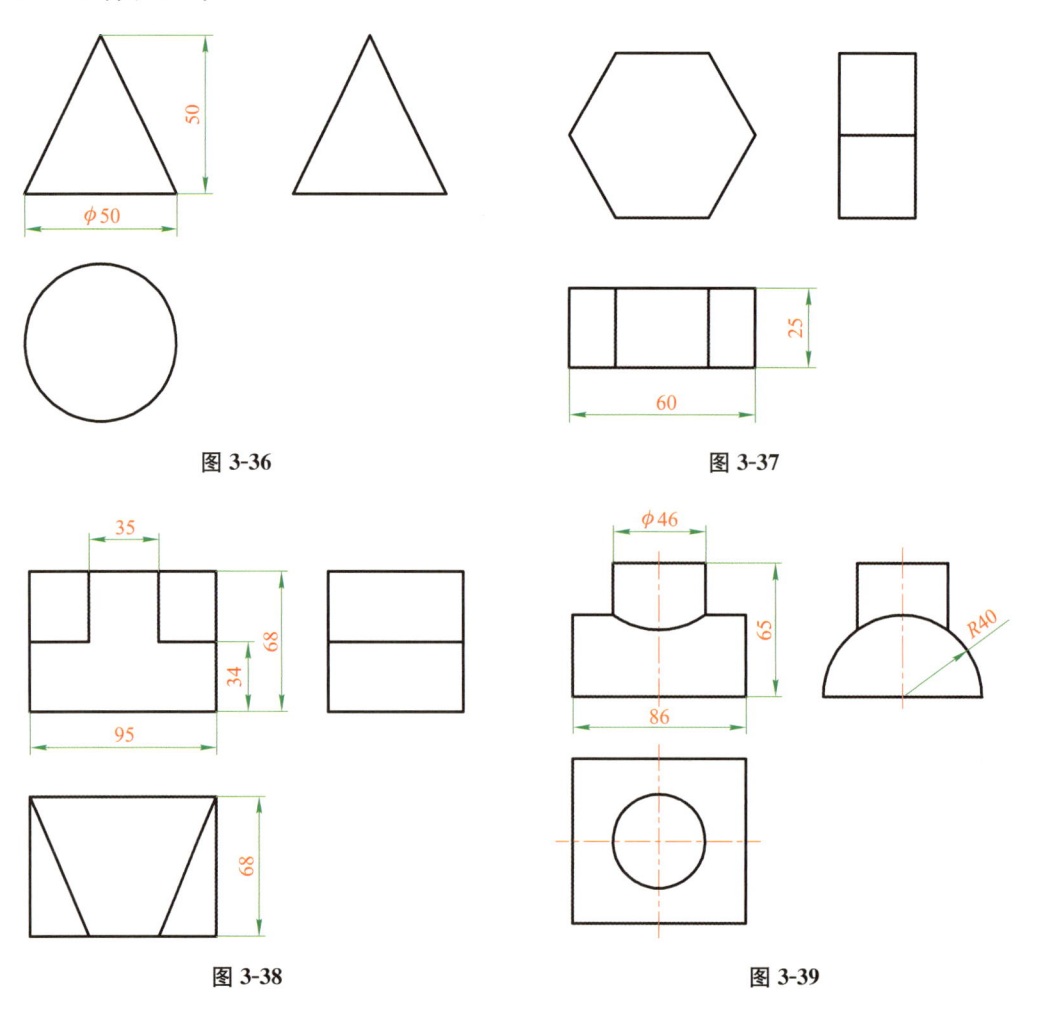

图 3-36

图 3-37

图 3-38

图 3-39

二、进阶题

1. 绘制图 3-40~图 3-48 所示图形的轮廓线并保存，文件名为"综合练习 3-2-1"（不标注尺寸）。

图 3-40

图 3-41

图 3-42

图 3-43

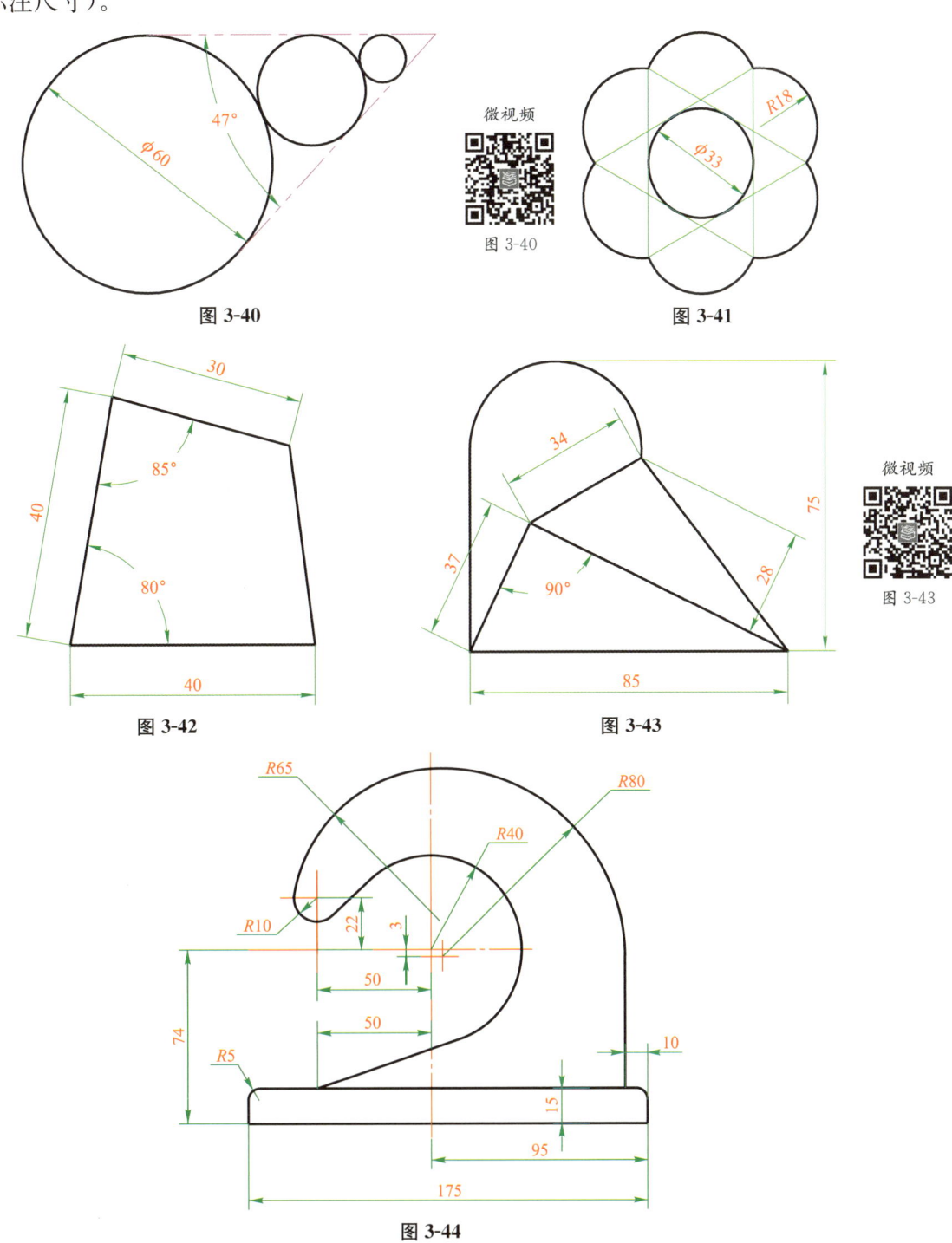

图 3-44

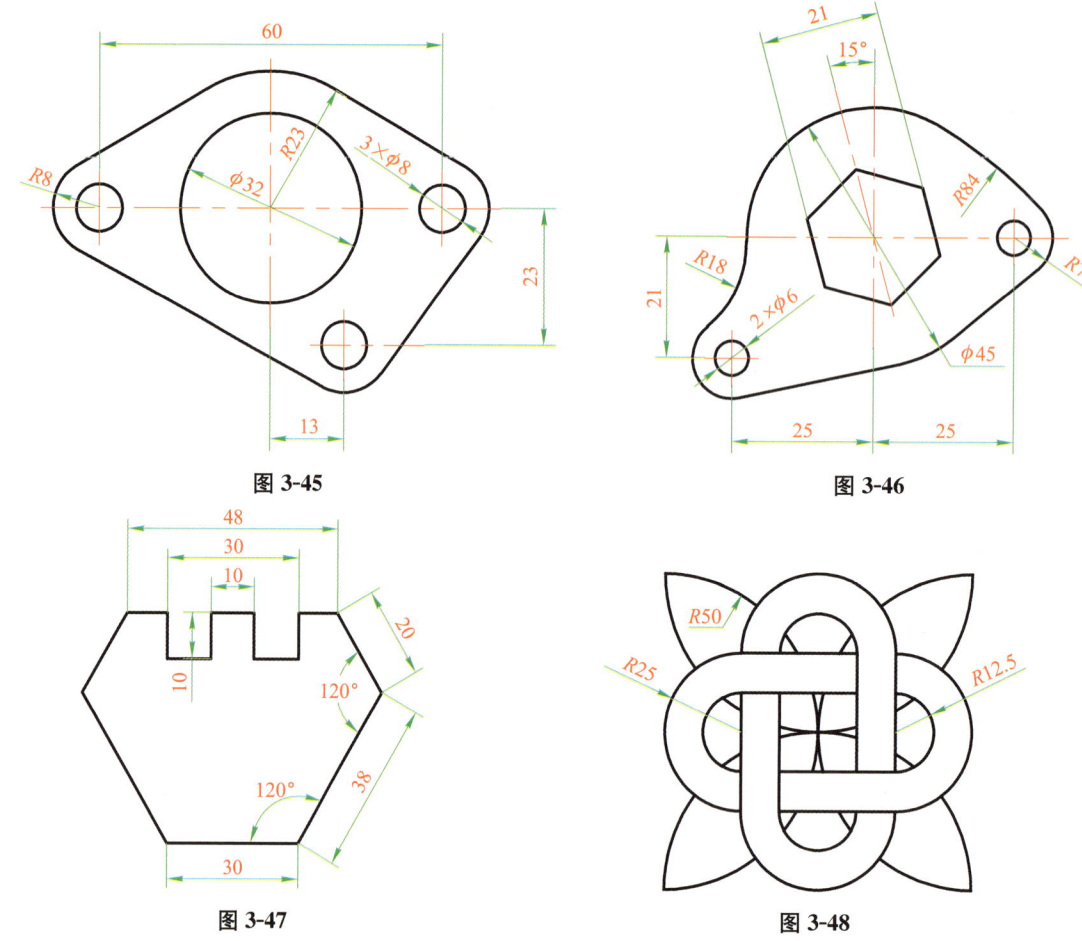

图 3-45　　　　　　　　　　　　　　　　图 3-46

图 3-47　　　　　　　　　　　　　　　　图 3-48

2. 根据图 3-49 所示三视图绘制轴测图并保存，文件名为"**综合练习 3-2-2**"（不标注尺寸）。

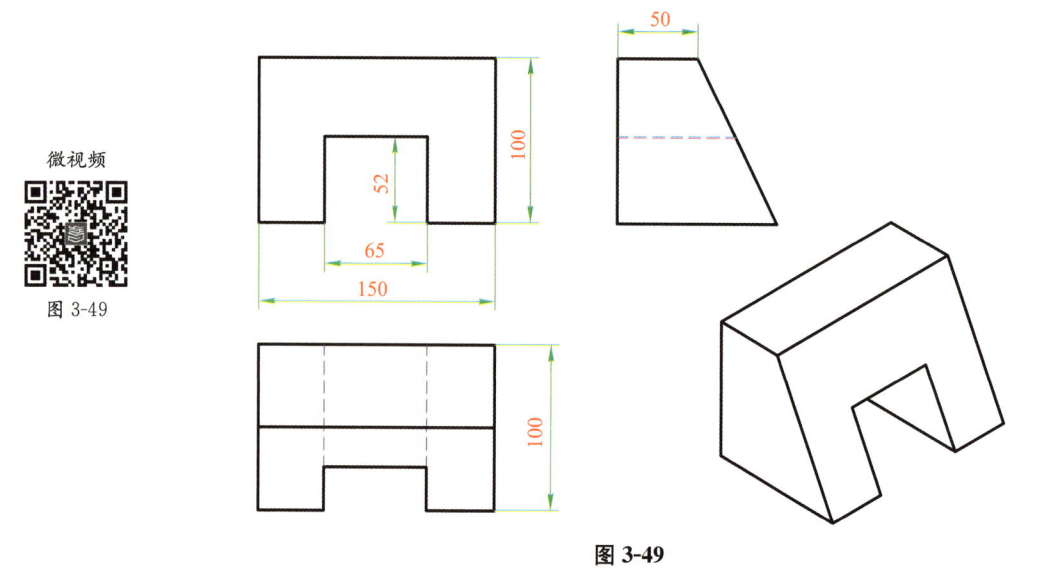

图 3-49

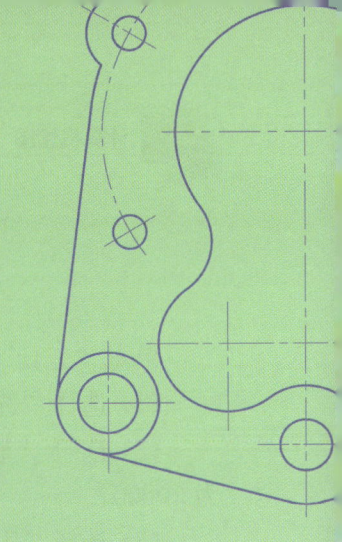

AutoCAD 2012

单元四
绘图环境的设置

4.1　修改系统配置

4.2　确定图形单位

4.3　确定图形界限

4.4　设置辅助绘图模式

4.5　创建与管理图层

4.6　画图框、标题栏

4.7　文字标注

综合练习四

4.1 修改系统配置

单击"工具"→"选项"命令，在弹出的对话框中修改二项默认的系统配置。

(1) 选择"选择集"选项卡，设置拾取框的大小。

(2) 选择"显示"选项卡，修改绘图区背景颜色为白色或黑色，显示精度设为 20000。

(3) 选择"用户系统配置"选项卡，自定义鼠标右键功能。

是否修改其他选项的默认配置，根据具体情况自定。

4.2 确定图形单位

选择"格式"→"单位"命令，打开"图形单位"对话框，如图 4-1 所示。

在该对话框中，设置长度类型为"小数"（即十进制），其精度为"0"；设置用于缩放插入内容的单位为"毫米"；设置角度类型为"十进制度数"，其精度为"0"。

图 4-1　"图形单位"对话框　　　　图 4-2　"方向控制"对话框

单击"方向(D)..."，打开"方向控制"对话框，如图 4-2 所示，一般设置为默认状态，即"东(E)"，方向为 0。

4.3 确定图形界限

以选取横 A3 图幅为例：

(1) 选择菜单栏中的"格式"→"图形界限"命令。系统提示："指定左下角点或[开(ON)/关(OFF)]＜0,0＞:"。

按空格键确认，即接受默认值，确定图幅左下角图界坐标。

（2）当系统提示："指定右上角点＜420，297＞:"时，再按空格键，即确定图纸幅面为横A3。如果要设置竖A3，则此时应输入＜297，420＞。

若在选项中选择"开（ON）"时，则打开图形界限校核，即只能在图形界限内绘图，超出界限将不能画图，默认状态是"关（OFF）"。

常用图幅尺寸如下：

A0	A1	A2	A3	A4
1189×841	841×594	594×420	420×297	297×210

4.4　设置辅助绘图模式

（1）打开［栅格］显示。双击滚轮，使栅格充满屏幕，如图4-3所示。

（2）打开［捕捉］模式。"捕捉模式"设为"极轴捕捉"，极轴间距设为5。

（3）打开［极轴］追踪模式。

（4）打开固定［对象捕捉］模式。

（5）打开［对象追踪］模式。

（6）打开［线宽］显示。

（7）关闭状态栏上其他按钮。

（8）打开［对象捕捉］工具栏。

在工具栏菜单上右击，打开［对象捕捉］工具栏，将其置于屏幕右侧。

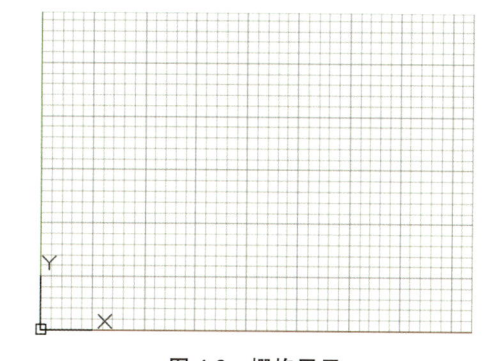

图4-3　栅格显示

4.5　创建与管理图层

1. 图层的概念

图层相当于没有厚度的透明胶片，可将图形画在上面，一幅图样中的所有图层都是用同一个坐标系定位的，如图4-4所示。

一个图层可以设置一种线型和赋予一种颜色，所以要画多种线型就要设多个图层。画哪一种线，就把哪一图层设为当前图层。另外，各层都可以设定线宽，还可根据需要进行打开、关闭、冻结、解冻、加锁或解锁等。

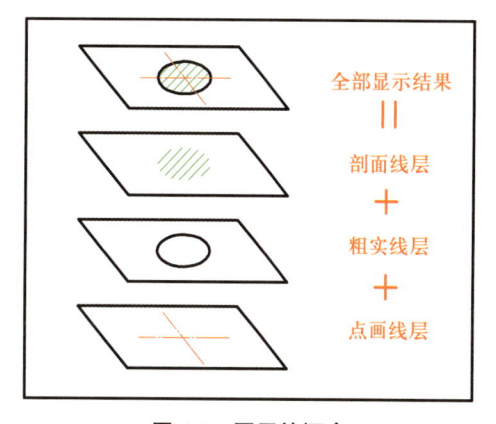

图4-4　图层的概念

图 4-4 中最上面的图是将各图层打开后的显示结果。

图层分为当前层和非当前层，用户的操作都是在当前层上进行的，当前层只有一个，如果想在非当前层上进行操作，必须将其置为当前层。用户也可以创建新图层，每一个图层都有一个唯一的层名。

2. 创建图层

单击［图层］工具栏的按钮 ，打开"图层特性管理器"对话框，如图 4-5 所示。

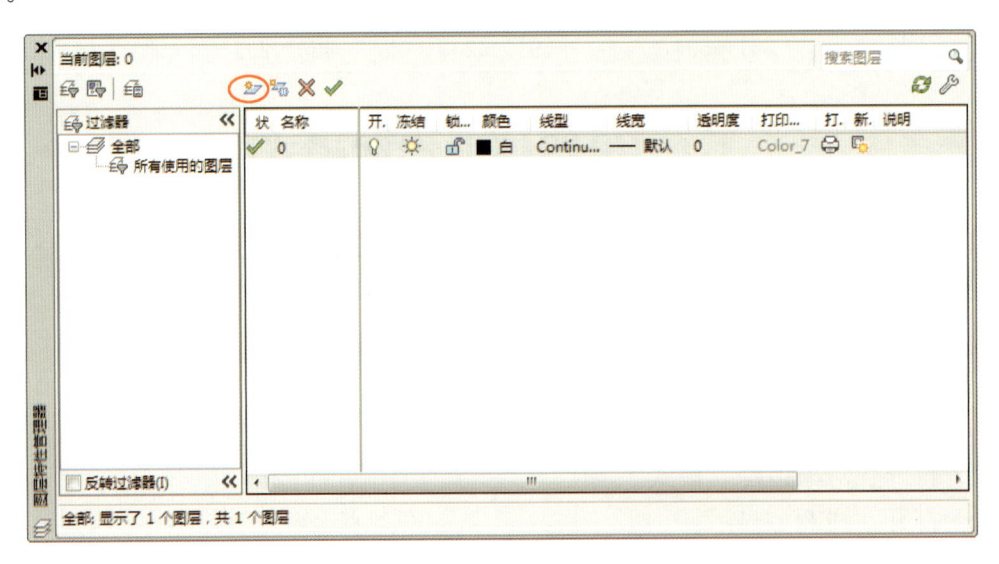

图 4-5 "图层特性管理器"对话框

默认情况下，AutoCAD 提供一个"0"图层，颜色为"白色"，线型为"实线"，线宽为"默认"值 0.25。

单击对话框中的新建图层按钮 ，AutoCAD 会创建一个名称为"图层 1"的新图层。此时，用户可以为其输入新的图层名，一般用汉字并根据功能来命名，如"粗实线""细实线""中心线""虚线""尺寸线""剖面线""文字"等。

3. 设置图层状态

打开与关闭开关 ，用于控制图层的打开与关闭。灯泡为黄色，表示打开状态。若单击灯泡则变成灰色，图层被关闭，该层上的实体将被隐藏。

解冻与冻结开关 ，用于控制图层的解冻与冻结。图标为太阳，表示该图层没有被冻结。若单击图标则变成雪花，表示该图层被冻结，该层上的实体被隐藏。

解锁与加锁开关 ，用于控制图层的解锁与加锁。加锁图层上的实体是可以看见的，也可以绘图，但无法编辑。

4. 设置图层颜色

单击某图层的颜色名称，打开"选择颜色"对话框，如图 4-6 所示。

单元四　绘图环境的设置

选择所需颜色的图标后单击"确定"按钮，并返回"图层特性管理器"对话框。

图 4-6　"选择颜色"对话框

5. 设置图层线型

单击"0"层的线型名称，打开"选择线型"对话框，如图 4-7 所示。

图 4-7　"选择线型"对话框

在该对话框中单击所需的线型名称并单击"确定"按钮，返回"图层特性管理器"对话框。如果"选择线型"对话框中没有所需的线型，可单击"加载(L)..."，打开"加载或重载线型"对话框来装入线型，如图 4-8 所示。

计算机绘图

图 4-8 "加载或重载线型"对话框

AutoCAD 提供了标准线型库，相应库的文件名为"ACADISO.LIN"，标准线型库提供了多种线型。其中包含多个长短、间隔不同的虚线和点画线，只有进行适当的搭配，在同一线型比例下，才能绘制出符合机械制图国家标准的图线。

下面推荐一组绘制工程图时常用的线型：

实线	点画线	虚线	双点画线
CONTINUOUS	CENTER	HIDDENX2	PHANTOM

选择以上线型，并不能满足我国机械制图国家标准的要求，还需设置线型比例，后面将叙述。为了方便文件交换，国家标准 GB/T 18229—2000 规定了下列线型的颜色，应认真遵守。

图线类型		屏幕上的颜色
粗实线		白色
细实线		绿色
波浪线		
双折线		
虚线		黄色
细点画线		红色
粗点画线		棕色
双点画线		粉红色

HINT 提示：若屏幕底色为白色，或彩色线条出图时，建议将黄色的虚线改为蓝色。

由于 AutoCAD 是美国 Autodesk 公司设计的软件，系统内部设置的线型并不能完全满足我国机械制图国家标准的规定，因此，建议用户自己建立一组线型，用记事本建档，存储为线型文件（.lin），放入 C:\Autodesk\AutoCAD 2012\R18.2\chs\Support 之中，以便加载。具体路径可单击"加载或重载线型"对话框中的"文件(F)"来查找。

例如，建立一组线型，文件名为 GB。GB-记事本如图 4-9 所示。

注：记事本中输入的所有标点符号均为英文标点。

图 4-9　GB-记事本

记事本中线型设定的含义如下。

*.HIDD，-----：表示虚线。

A，3，-1：表示画 3 mm、空 1 mm 的循环线。

*.CENT12，--.--.--：表示长画为 12 mm 的点画线。

A，5，-1，0.5，-1，7：表示画 5 mm，空 1 mm，再画 0.5 mm（短画），空 1 mm，再画 7 mm 的循环线。

将点画线的长画 12 改为（5+7），这样可以满足圆的中心线相交时，必须是长画相交的规定。其他线型采用推荐线型。

6. 设置图层线宽

单击"0"层的线宽，打开"线宽"列表框，如图 4-10 所示。

在"线宽"列表框中选择 0.50 mm，单击"确定"按钮，即可设置"0"层的线宽为 0.50 mm。绘制工程图时，应根据制图标准为不同的图层赋予相应的线宽。

为了能按实际情况显示线宽，应在状态栏上的"线宽"右键快捷菜单中选择"设置"，打开"线宽设置"对话框，如图 4-11 所示。

图 4-10　"线宽"列表框

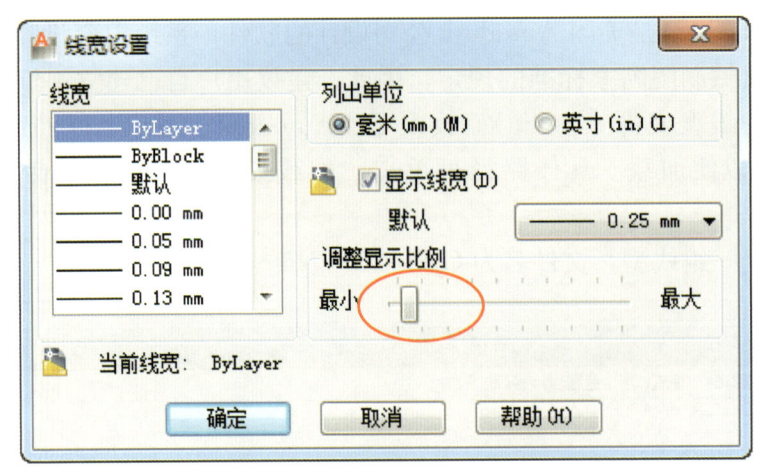

图 4-11 "线宽设置"对话框

拖动"调整显示比例"滑块于左边一格处（否则显示的线宽与实际情况不符）。其他选项可接受默认配置。

7. 设置线型比例

在绘制工程图时，要使线型符合机械制图国家标准，可通过线型比例来控制虚线和点画线的间隔与线段的长度。线型比例值若设定不合理，就会造成虚线和点画线长度、间隔过大或过小，有时还会出现虚线和点画线画出来是实线的情况。

选用上面所推荐的一组线型时，可将"全局比例因子(G)"设在"0.2～0.4"之间。

线型比例值的设定可从菜单栏中选择"格式"→"线型"命令，打开"线型管理器"对话框，如图 4-12 所示。

图 4-12 "线型管理器"对话框

将对话框右下方的"全局比例因子(G)"设为 0.3。如果下方没有详细信息，可单

单元四　绘图环境的设置

击右上方的"显示细节(D)"(单击后变为"隐藏细节(D)")。

8. 图层工具栏的使用

为了简便、快捷地使用图层，AutoCAD 提供了［图层］工具栏，如图 4-13 所示。

图 4-13　"图层"工具栏

(1) 设置当前图层

用［图层］工具栏设置当前图层有两种方法。

① 从［图层］工具栏下拉列表中选择一个图层名，该图层将被设置为当前图层。

② 单击［图层］工具栏右边的按钮 ![btn]，然后选择对象，AutoCAD 将所选对象的图层设为当前图层。也可先单击对象，后单击按钮 ![btn]。

(2) 控制图层开关

如图 4-13 所示，在［图层］工具栏下拉列表中，单击某图层控制开关，可改变该图层的开关状态。

4.6　画图框、标题栏

用矩形和直线命令，根据机械制图国家标准画出图框、标题栏，并在标题栏中输入文字，如图 4-14 所示。文字的输入方法参见 4.7 节。

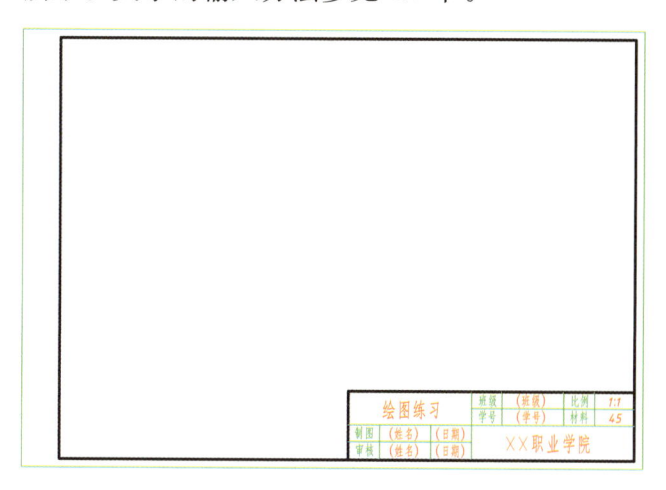

图 4-14　图框、标题栏

71

4.7 文字标注

使用 AutoCAD 绘制机械图样时，要使图中的文字符合机械制图国家标准，应首先设置文字样式。

4.7.1 创建文字样式

在 AutoCAD 中，文字样式控制着图中所使用的文字字体、字号、方向以及其他文字特性。在一幅图中可以定义多种文字样式，以适应不同对象的需要。

【例 4-1】创建机械制图所需的文字样式。

单击［样式］工具栏中的［文字样式］按钮 ，打开"文字样式"对话框，如图 4-15 所示。

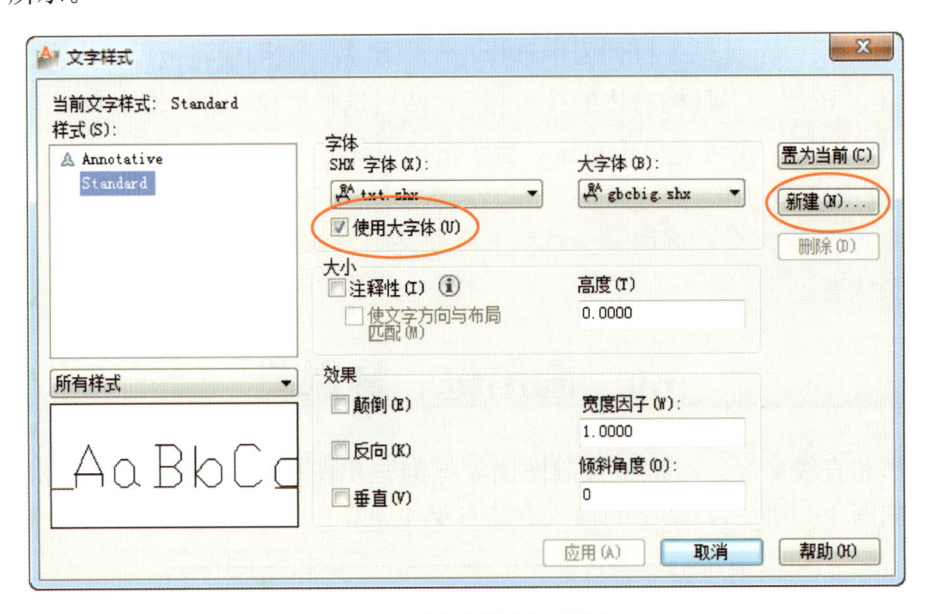

图 4-15 "文字样式"对话框

（1）在"样式(S)"列表框中选中"Standard"后，单击"新建(N)..."，打开"新建文字样式"对话框，如图 4-16 所示。

图 4-16 "新建文字样式"对话框

(2) 在对话框中输入新建文字样式名"汉字"，单击"确定"，返回"文字样式"对话框。"样式(S)"列表框中将添加一"汉字"样式，如图 4-17 所示。

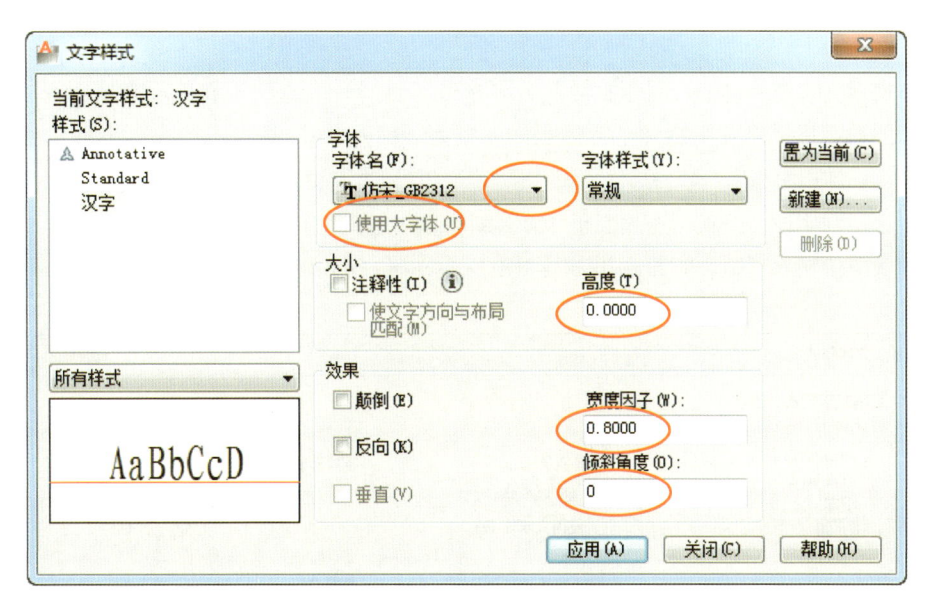

图 4-17 "文字样式"对话框

(3) 取消"使用大字体"，在"字体名(F)"下拉列表中选择"仿宋_GB2312"字体（注意：不要选择"@仿宋_GB2312"字体，两种字体输入文字的排列方式不同）。

(4) 指定文字的高度。如果所绘图形中的文字都是统一字高，那么可以输入具体高度，否则，应输入 0。

(5) 将"宽度因子(W)"设为 0.7~0.8（相当于长仿宋体），并将"倾斜角度(O)"设为 0。

(6) 单击"应用(A)"确认。

右击某样式可进行"置为当前""重命名"和"删除"的操作，但不能删除正在使用的文字样式和当前样式。

【例 4-2】在上述"汉字"样式基础上，创建"数字"文字样式。

"数字"文字样式用于控制工程图的尺寸数字和注写其他数字、字母。要求该文字样式所注尺寸中的数字符合机械制图国家标准。

其创建过程如下：

(1) 单击［文字样式］按钮 A，弹出"文字样式"对话框。

(2) 选中"汉字"样式后单击"新建(N)..."，弹出"新建文字样式"对话框，输入"数字"样式名，单击"确定"按钮，返回"文字样式"对话框。

(3) 在"高度(T)"编辑框中设置高度值为"0"。

(4) 在"宽度因子(W)"编辑框中输入"1"，在"倾斜角度(O)"编辑框中输入

73

"15",其他使用默认值。

(5) 单击"应用(A)",完成创建。

(6) 单击"关闭(C)",退出"文字样式"对话框,结束命令。

> 提示:选择字体时,可根据需要或要求进行选择,考虑印刷和美观需要,本书的数字采用新罗马字体。字体列表中" gbeitc.shx"相当于国家标准斜体数字、字母样式;" gbenor.shx"相当于国家标准直体数字、字母样式。若采用这两种字体,应在"宽度因子(W)"编辑框中输入"1";在"倾斜角度(O)"编辑框中输入"0",如图4-18所示。有些企业采用txt.shx和gbcbig.shx。

图4-18 "文字样式"对话框

4.7.2 文字的输入

AutoCAD 2012 有很强的文字处理功能,它提供了单行文字和多行文字两种注写文字的方式。本书只介绍常用的多行文字。

操作步骤如下:

(1) 在[文字样式]工具栏中,将"汉字"样式置为当前。

(2) 在[绘图]工具栏中单击[多行文字]按钮 A。

系统提示:"_mtext 当前文字样式:"汉字" 文字高度:2.5   注释性:否 指定第一角点:"。

指定多行文字框的第一角点后,系统提示:"指定对角点或[高度(H)/对正(J)/行距(L)/旋转(R)/样式(S)/宽度(W)/栏(C)]:"。

若要输入的汉字字高不是2.5,则右击,从快捷菜单中选择"高度",用键盘输入新的高度。

系统再次提示：

"指定对角点或［高度(H)/对正(J)/行距(L)/旋转(R)/样式(S)/宽度(W)/栏(C)］："。

右击，选择"对正(J)"。

系统提示：

"输入对正方式［左上(TL)/中上(TC)/右上(TR)/左中(ML)/正中(MC)/右中(MR)/左下(BL)/中下(BC)/右下(BR)］<左上(TL)>："。

再右击，选择"正中(MC)"。

系统提示：

"指定对角点或［高度(H)/对正(J)/行距(L)/旋转(R)/样式(S)/宽度(W)/栏(C)］："。

指定矩形框第二角点后，AutoCAD将弹出"在位文本编辑器"，如图 4-19 所示。

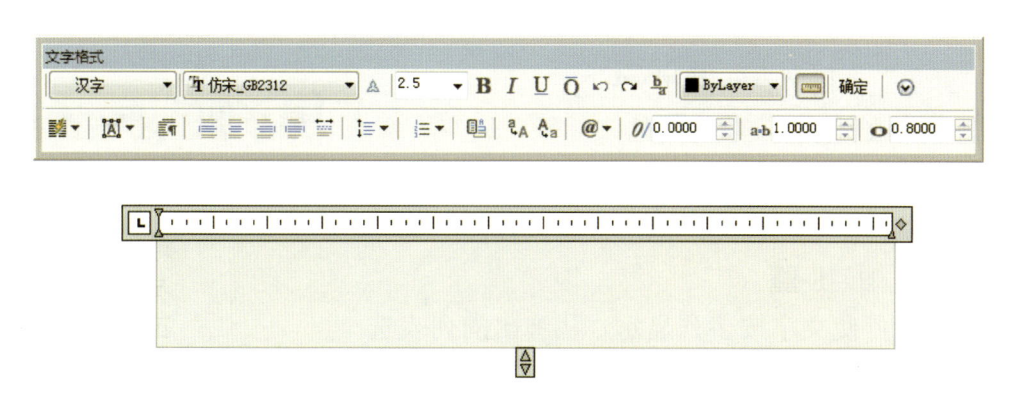

图 4-19　在位文本编辑器

(3) 在位文本编辑器的操作

在位文本编辑器由［文字格式］工具栏和带标尺的文字编辑窗组成。主要选项功能如下：

① "样式"下拉列表框

该列表框中列有当前已定义的文字样式，用户可以通过列表选用文字样式，或全部更改已有文字样式。

② "字体"下拉列表框

利用该下拉列表，可随时改变所输文字的字体，也可用来更改已有部分或全部文字的字体。

③ "文字高度"组合框

用于选择当前行文字的字高。也可以在文本框内输入高度值。多行文字各行的字高可以不同。

④ ［粗体］、　［斜体］、　［下画线］、　［上画线］、　［放弃］、　［重做］等按

钮 **B** *I* U ō ↶ ↷

这些命令与 Word 使用方法相同。

⑤ ［堆叠］按钮

实现堆叠与非堆叠的切换。用于标注堆叠字符，如分数、尺寸公差与配合符号等。

例如：要标注 $\frac{1}{2}$，可先输入 1/2，然后选中 1/2，再单击 ，即可生成 $\frac{1}{2}$。

要标注 $\phi 30 \frac{H7}{f6}$，可先输入 $\phi 30H7/f6$，然后选中 H7/f6，再单击 ，即可生成 $\phi 30 \frac{H7}{f6}$。对有些字体，应先用［斜体］按钮将其变为斜体，再进行堆叠。

要标注 $\phi 32^{+0.025}_{-0.050}$，可先输入 $\phi 32+0.025\textasciicircum-0.050$，然后选中 +0.025^-0.050，再单击 ，即可生成 $\phi 32^{+0.025}_{-0.050}$。如果选中的文字为 b♯a，堆叠后的效果为 b/a。

⑥ "颜色"下拉列表框

设置或更改所标注文字的颜色。

⑦ ［标尺］按钮

控制在编辑器中是否显示水平标尺的切换。

⑧ ［栏数］按钮

分栏设置可使文字按多列显示，从弹出的列表选择或设置即可。

⑨ ［多行文字对正］按钮

设置文字的对齐方式。从弹出的列表中选择即可，默认为"左上"，如图 4-20 所示。

⑩ ［段落］、［左对齐］、［居中］、［右对齐］、［对正］、［分布］、［行距］、［编号］、［插入字段］、［全部大写］、［小写］按钮

图 4-20 多行文字对正列表

这些命令与 Word 使用方法相同。

⑪ ［符号］按钮

［符号］按钮用于在光标位置插入符号，单击该按钮，弹出对应的列表，如图 4-21 所示。用户可以根据需要从中选择。如果选择"其他(O)..."选项，则会弹出"字符映射表"对话框，如图 4-22 所示。从对话框中双击一个符号，即可将其放到"复制字符(A)"文本框内，单击"复制(C)"将其复制到剪贴板，关闭"字符映射表"对话框。在文字编辑器中，右击，选择"粘贴"项，即可在当前光标位置插入对应的符号。

⑫ "倾斜角度"框 $0/$ 0.0000

使输入或选定的字符倾斜一定角度。其中倾斜角度值为正时字符向右倾斜。

度数(D)	%%d
正/负(P)	%%p
直径(I)	%%c
几乎相等	\U+2248
角度	\U+2220
边界线	\U+E100
中心线	\U+2104
差值	\U+0394
电相角	\U+0278
流线	\U+E101
恒等于	\U+2261
初始长度	\U+E200
界碑线	\U+E102
不相等	\U+2260
欧姆	\U+2126
欧米伽	\U+03A9
地界线	\U+214A
下标 2	\U+2082
平方	\U+00B2
立方	\U+00B3
不间断空格(S)	Ctrl+Shift+Space
其他(O)...	

图 4-21　符号列表　　　　　图 4-22　"字符映射表"对话框

⑬ "追踪"框 a·b 1.0000

用于增大或减小所输入或选定字符之间的距离。

⑭ "宽度因子"框 o 0.8000

用于增大或减小所输入或选定字符的宽度。

⑮ 标尺

编辑器中的标尺可以显示、设置文本框的大小。水平标尺可控制文字缩进和制表位，在标尺区右击打开快捷菜单，如图 4-23 所示，选择"段落""设置多行文字宽度"和"设置多行文字高度"选项，弹出相应的对话框，可在对话框中进行相应的设置；如在窗口区右击，则弹出另一快捷菜单，如图 4-24 所示，此快捷菜单与 Word 功能和使用方法类似，此处不再赘述。通过编辑器输入要标注的文字，并进行各种设置后，单击编辑器中的"确定"，即可标注相应的文字。

⑯ ［选项］按钮 ⊙

单击［选项］按钮，弹出如图 4-25 所示的选项菜单，该菜单内容与图 4-24 所示快捷菜单的内容基本相同。

提示：① 当提示行出现"输入文字："提示时，常有一些特殊字符在键盘上找不到。AutoCAD 2012 提供了一些特殊字符的注写方法。常用的有：

X：注写"×"符号。

%%C：注写"φ"直径符号。

%%D：注写"°"角度符号。

%%P：注写"±"上、下极限偏差符号。

%%O：打开或关闭文字上画线。

%%U：打开或关闭文字下画线。

② 直径符号"φ"、乘号"×"也可用软键盘输入。

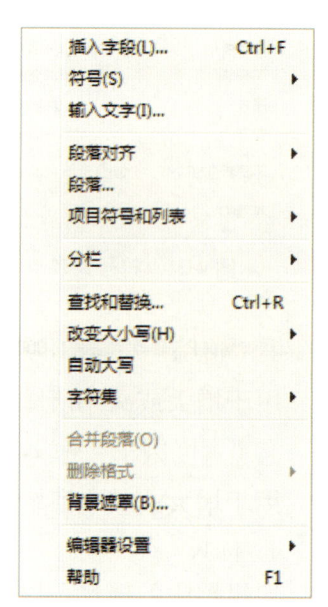

图 4-23　标尺快捷菜单　　　图 4-24　窗口快捷菜单　　　图 4-25　选项菜单

【例 4-3】用多行文字命令标注图 4-26 所示的文字。要求："技术要求"用 5 号字，其余用 3.5 号字；字体样式用前面创建的"汉字"样式。

技术要求

1. 未注圆角R3
2. 未注倒角C2

图 4-26　多行文字标注实例

操作步骤如下：

（1）在［绘图］工具栏中单击［多行文字］按钮 A。

（2）在绘图区指定矩形输入框的两角点。

（3）在弹出的"在位文本编辑器"中输入相应的文字（此时不用考虑字体和字高）。

（4）选中"技术要求"后，在"文字高度"组合框内选择或输入 5。然后在文本编辑器内单击即可将其字高改为 5。

（5）选中"1.未注圆角 R3""2.未注倒角 C2"后，在"文字高度"组合框内选择或输入 3.5，在文字编辑器内单击，将其字高改为 3.5。

（6）进行对齐设置后，在"在位文本编辑器"外部单击即可完成文字的输入。

4.7.3 文字的编辑

双击要修改的多行文字，弹出"在位文本编辑器"，选择的文字将显示在编辑器内，在此可直接进行文字内容的编辑。

（1）要编辑多行文字的样式、字体和字高，应先选中编辑器中的文字，然后通过上方的［文字格式］工具栏进行编辑。

（2）要编辑对正方式，应先选中文字后，在"多行文字对正"下拉列表中选择对正方式。修改完成后，在编辑器外单击，即可退出"在位文本编辑器"。

（3）同时修改多个同种类型文字串的比例。

操作方法如下：

① 单击菜单栏中"修改"→"对象"→"文字"→" A 比例(S)"命令。

② 选择多个同种类型文字串后按［Enter］键，系统提示：

"输入缩放的基点选项

［现有(E)/左对齐(L)/居中(C)/中间(M)/右对齐(R)/左上(TL)/中上(TC)/右上(TR)/左中(ML)/正中(MC)/右中(MR)/左下(BL)/中下(BC)/右下(BR)］<现有>："。

③ 按［Enter］键（默认以现有基点为基点）后，系统提示："指定新模型高度或［图纸高度(P)/匹配对象(M)/比例因子(S)］< 2.5 >："。

④ 输入新的文字高度值后按［Enter］键，即可将该多个文字串的高度同时更改为所需高度。

> 提示：① 在编辑文字时，更快捷的方法是：直接在文字上双击，即可进入文字编辑框。
>
> ② 先选择要编辑的文字（可以同时选择多组文字），然后从［标准］工具栏中单击［特性］按钮，弹出"特性"对话框。在"特性"对话框中也可以进行相应的编辑。

综合练习四

一、基本题

建立一个横A3模板文件，进行绘图环境的初步设置，并以图形样板文件格式存入个人的文件夹中，以备以后调用。文件名为"横A3模板"。

上机练习指导：

1. 用"选项"对话框修改3项默认的系统配置（参见4.1节）。

2. 用"图形单位"对话框确定绘图单位（参见4.2节）。

要求：长度类型为"小数"，精度为"0"，角度类型为"十进制度数"，精度为"0"，单位为"毫米"。

3. 用"图形界限"命令设置横A3图幅（参见4.3节）。

横A3图幅：X方向长度为"420"，Y方向长度为"297"。

4. 打开栅格和捕捉，"捕捉类型"设为"极轴捕捉"，"极轴距离"设为5。双击滚轮或左键按住［标准］工具栏中的［窗口缩放］按钮，在下拉菜单中点击［全部缩放］按钮 或用ZOOM命令使图幅全屏显示。

键盘操作提示：输入"Z"后按空格键，再输入"A"后按空格键，使整张图全屏显示，栅格区域表示图纸的大小和位置（空格键距离［Z］键和［A］键更近，更快捷，操作时用右手控制鼠标，左手控制键盘，以提高绘图速度）。

5. 建图层，设置颜色、线型、线宽（参见4.5节）。

各层的名称、颜色、线型、线宽要求如下：

0层	白色	实线（CONTINUOUS）	0.5
细实线	绿色	实线（CONTINUOUS）	默认
中心线	红色	点画线（CENTER）	默认
虚线	黄色（或蓝色）	虚线（HIDDENX2）	默认
剖面线	绿色	实线（CONTINUOUS）	默认
尺寸线	绿色	实线（CONTINUOUS）	默认

若屏幕底色为白色，或彩色线条出图时，则建议将黄色的虚线改为蓝色。

6. 用"线型管理器"对话框设置"全局比例因子"为"0.3"。

提示："格式"→"线型"（若"详细信息"被隐藏，可单击"显示细节"）。

7. 用"草图设置"对话框，设置常用的绘图工具模式。

设"端点""中点""圆心""象限点""交点""延伸""垂足""切点"8个特征点为固定捕捉模式。

设置对象捕捉追踪：在"对象捕捉追踪设置"区选择"仅正交追踪"选项，在"极轴角设置"区选择增量角为90。

8. 打开状态栏中的［捕捉］、［栅格］、［极轴］、［对象捕捉］、［对象追踪］、［线宽］

按钮，关闭其他按钮。打开临时［对象捕捉］和［标注］工具栏，关闭［特性］和［工作空间］工具栏。

9. 按图 4-27 所示，用"矩形"命令绘制图框。

该图框为机械制图国家标准规定的装订格式。绘制时，图幅线在细实线层绘制，图框线在 0 层绘制。周边离图幅线为：左边 25 mm，其余均为 5 mm。

绘制图幅图框提示：

（1）将细实线层设为当前层，单击"矩形"命令。

（2）输入（0，0）并确认，再输入（420，297），即可绘制出横 A3 图幅边框。

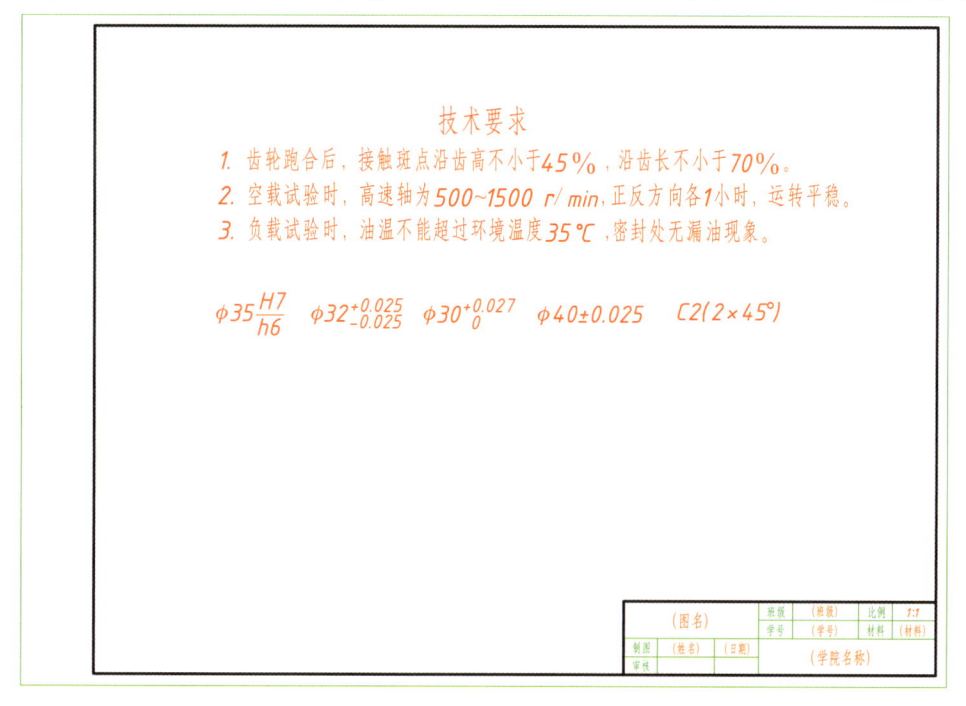

图 4-27

（3）将 0 层设为当前层，右击重复矩形命令，输入（25，5），确定图框左下角点，再输入（415，292），即可绘制出标准横 A3 图框（若绘制的图框超出图幅边框，则说明输入的坐标是相对坐标，应关闭［动态输入］按钮），关闭［栅格］按钮。

10. 按图 4-28 所示，用直线命令分层绘制"学生练习用标题栏"。

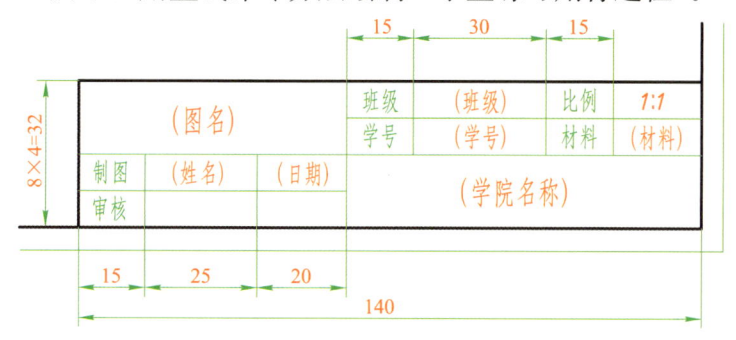

图 4-28

11. 设置文字样式，填写标题栏。

(1) 参照【例 4-1】和【例 4-2】创建"汉字"和"数字"两种文字样式。

(2) 用"汉字"样式在尺寸线层填写标题栏，内容如图 4-28 所示。

字高要求："绘图练习"用 10 号字，"学院名称"用 7 号字；"制图""审核""班级""学号""比例""材料"用 5 号字。

12. 存盘。

填写好标题栏后，双击滚轮使图框充满屏幕，将 0 层设为当前层，将"数字"样式置为当前。然后按以下步骤存为模板文件：

(1) 从［标准］工具栏中单击［保存］按钮 ，弹出"图形另存为"对话框。

(2) 在"文件类型(T)"下拉列表中选择"AutoCAD 图形样板(＊.dwt)"。

(3) 在"保存于(I)"下拉列表中选择文件存放的磁盘目录，打开自己的文件夹。

(4) 在"文件名(N)"编辑框中输入文件名"横 A3 模板"。

(5) 单击"保存(S)"按钮，弹出"样板选项"对话框，单击"确定"，即可以图形样板文件格式保存当前绘图环境。

13. 退出 AutoCAD 后，再从自己的文件夹中打开"横 A3 模板"文件。

14. 再单击［保存］按钮 ，将文件以（＊.dwg）格式保存在自己的文件夹中，文件名为"多行文字练习"。

15. 在图框中输入图 4-27 所示文字和符号（"技术要求"用 10 号字，其余内容用 7 号字），单击［保存］按钮 完成练习。

二、进阶题

建立一个竖 A4 模板文件，并以图形样板文件格式存入个人的文件夹中，以备以后调用，文件名为"竖 A4 模板"。标题栏采用图 4-29 所示国家标准标题栏。

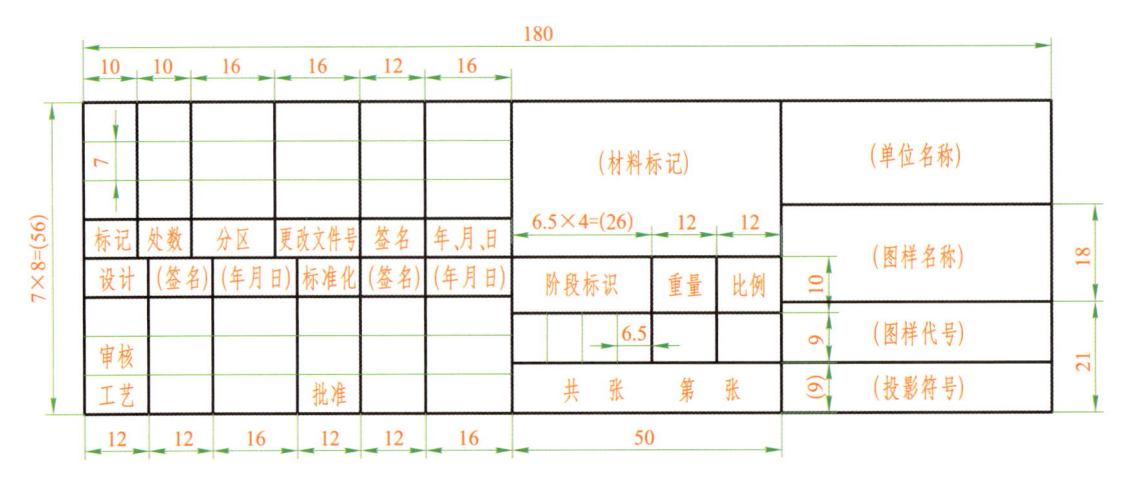

图 4-29

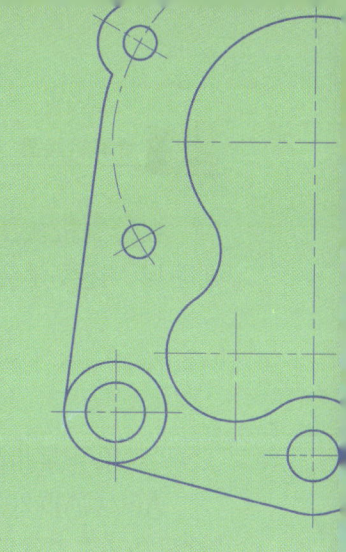

AutoCAD 2012

单元五 图形编辑

5.1 选择对象的方式
5.2 复制
5.3 镜像
5.4 偏移
5.5 阵列
5.6 移动
5.7 旋转
5.8 缩放
5.9 拉伸
5.10 拉长
5.11 修剪
5.12 延伸
5.13 打断
5.14 合并
5.15 倒角
5.16 圆角
5.17 分解
5.18 夹点
5.19 特性
5.20 编辑命令在绘图中的应用示例

综合练习五

在绘制机械图样时，仅掌握基本的绘图命令是不够的，要想快速、有效地绘制二维图形，还要学会灵活运用 AutoCAD 的编辑命令来快速编辑图形。

5.1 选择对象的方式

"对象"是指所绘工程图中的图线、图形、文字、尺寸、剖面线等。

AutoCAD 2012 提供了多种选择对象的方法，在 1.4.1 节中已介绍了"点取方式""交叉方式""窗口方式"三种默认方式，下面再介绍几种常用的选择对象方式。

1. 栏选方式

在出现"选择对象："提示时，输入"F"，然后输入第一点，再输入第二点、第三点等，画出一条折线，确认后与该折线相交的对象均被选中。

2. 全部方式

在出现"选择对象："提示时，输入"ALL"，确定后即可选中图形中所有对象。

3. 删除方式

删除方式可撤销同一个命令中选中的任意一个或多个对象。如单击"删除"命令，选中一些对象后，输入"R"，将转入取消选择的状态，选择对象的提示变为"删除对象："。此时用对象捕捉框选择已被选中的对象，对该对象的选择将被取消。

> **提示**：实际操作中有时会出现这样一种情况：当绘图完成后，双击滚轮充满屏幕时，发现刚刚绘制好的图形全部消失。实际上是由于绘图过程中不经意在图纸外很远处绘制了一些图线，全屏显示后，全部图线都压缩到窗口内显示，所以绘制的图形被压缩为一点。此时可以单击"删除"命令，输入"ALL"，确定后即选中图形中所有对象，然后输入"R"，转入取消选择的状态，用"交叉方式"选中坐标系原点附件区域，确认后即可将外部图线删除，再双击滚轮，之前画好的图形将重现于窗口内。

4. 返回方式

返回方式是从"删除方式"返回到选择方式。在"删除对象："提示下输入"A"，确定后即返回"选择对象："提示状态，可继续选择对象加入选择集。

5. 放弃方式

放弃方式是放弃同一个命令中最后选中的那个对象。在出现"选择对象："提示时，输入"U"，按空格键即可放弃最后选中的对象，并且继续提示"选择对象："。

> **提示**：对几条重叠线段的选择可采用以下方法。例如，依次绘制重叠且等长的红、绿、黑三条线段。将光标移到直线上，然后按住 [Shift] 键不动，再按几下空格键，待要选中的线段亮显后，松开 [Shift] 键，然后单击，即可选中所要的线段。也可选中最上面的直线，右击，从绘图次序中选择后置，直至能选中所需对象为止。

5.2 复　　制

在 AutoCAD 绘图中，对于无规律分布的相同部分，一般只画出一个或一组，其他相同部分用复制命令复制绘出。

1. 功能

该命令可将选中的对象复制到指定的位置。

2. 命令的输入

在［修改］工具栏中单击［复制］按钮 。

3. 命令的操作

如图 5-1 所示，先在适当位置绘制圆 1，中心线可最后绘制。

输入复制命令后，系统提示"选择对象："。选择圆 1，右击确定。

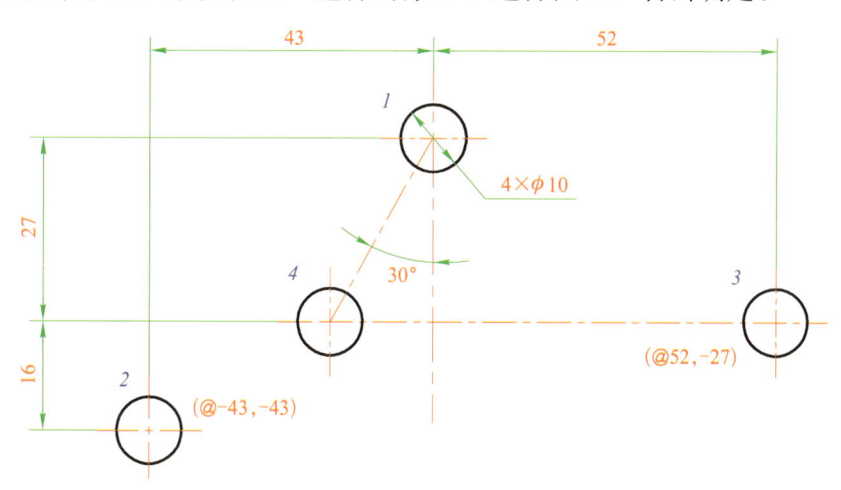

图 5-1　复制示例

系统提示：

"当前设置：复制模式＝多个

指定基点或［位移(D)/模式(O)］<位移>："。

指定圆 1 的圆心为"基点"后，系统提示：

"指定第二个点或［阵列(A)］<使用第一个点作为位移>："。

输入（@－43，－43），复制出圆 2；再输入（@52，－27），复制出圆 3。

打开［对象捕捉］、［对象追踪］和［极轴］，极轴增量角设为 30。

捕捉圆 3 的圆心或左象限点，向左追踪，与 240°极轴交于一点，单击即可复制出圆 4。按空格键结束，最后绘制中心线。

> **提示**：提示中的"指定基点"是确定新复制对象位置的参考点。精确绘图时，必须按图中所给尺寸合理地选择基点。

5.3 镜　　像

对于对称的图形，一般只画一半，然后用镜像命令复制另一半。

1. 功能

将选中的对象按指定的镜像线作镜像。镜像是指以相反的方向生成所选对象的复制，如图 5-2 所示。

2. 命令的输入

在［修改］工具栏中单击［镜像］按钮 。

3. 命令的操作

输入命令后，系统提示："选择对象："。

选择要镜像的对象后，右击结束对象选择，系统提示："指定镜像线上的第一点："。

给定镜像线上任意一点，系统提示："指定镜像线上第二点："。

再给出镜像线上任意一点，系统提示："要删除源对象吗？［是（Y）/否（N）］＜N＞："。

选择"否（N）"选项后，系统保留原来的对象，同时以镜像的方式复制出另一对象，结果如图 5-2b 所示。

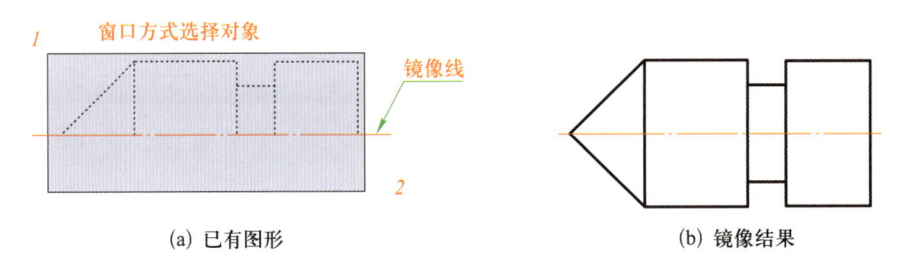

(a) 已有图形　　(b) 镜像结果

图 5-2　镜像示例

文字也可按照轴对称规则进行镜像，但它们有可能将被反转或倒置。在制作印刷版时，需要文字与图形一起镜像，可将 MIRRTEXT 系统变量设置为 1（打开）。在默认状态下，该变量设置为 0（关闭），如图 5-3 所示。

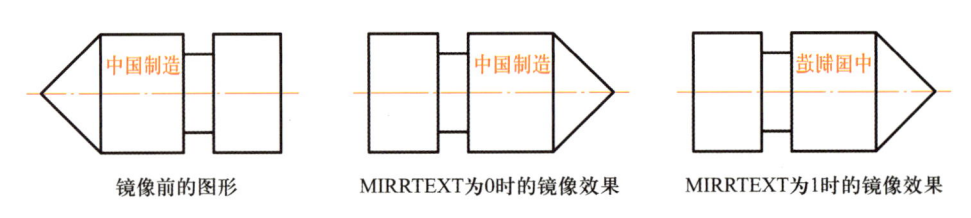

镜像前的图形　　MIRRTEXT为0时的镜像效果　　MIRRTEXT为1时的镜像效果

图 5-3　MIRRTEXT 系统变量对文字镜像的影响

5.4 偏　　移

对于已知间距的平行直线或较复杂的类似形结构，可只画一个或一组，其他的用偏移命令复制绘出。

1. 功能

偏移命令将选中的直线、圆弧、圆及二维多段线等按指定的偏移量或通过点生成一个与原对象形状类似的新对象（单根直线是生成相同的新对象），如图 5-4 所示。

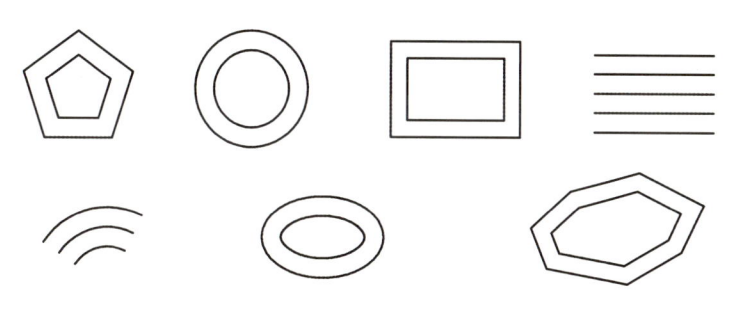

图 5-4　偏移示例

2. 命令的输入

在［修改］工具栏中单击［偏移］按钮 。

3. 命令的操作

(1) 指定偏移距离方式（默认项）

输入命令后，系统提示：

"指定偏移距离或［通过(T)/删除(E)/图层(L)］<通过>："。

输入偏移距离后，系统提示：

"选择要偏移的对象，或［退出(E)/放弃(U)］<退出>："。

选择要偏移的对象后，系统提示：

"指定要偏移的那一侧上的点，或［退出(E)/多个(M)/放弃(U)］<退出>："。

用鼠标指定偏移的方位后，系统继续提示：

"选择要偏移的对象，或［退出(E)/放弃(U)］<退出>："。

可以再选择要偏移的对象或右击结束命令。

若再选择对象将重复以上操作。

(2) 指定通过点方式

输入命令后，系统提示：

"指定偏移距离或［通过(T)/删除(E)/图层(L)］<通过>："。

选择"通过"后，系统提示：

"选择要偏移的对象，或［退出(E)/放弃(U)］<退出>："。

选择要偏移的对象，对象变虚，系统提示：

"指定通过点或［退出(E)/多个(M)/放弃(U)］<退出>:"。
给出新对象的通过点即可偏移出新对象，系统仍在提示：
"选择要偏移的对象，或［退出(E)/放弃(U)］<退出>:"。
可以再选择要偏移的对象或右击结束命令。

> 提示：① 偏移命令在选择对象时，只能用"直接点取"方式选择对象，并且一次只能选择一个对象。
> ② 输入命令后系统提示中的"删除(E)"选项用来确定是否删除源对象。
> ③ 输入命令后系统提示中的"图层(L)"选项用来确定新偏移出来的对象是放到源对象所在的图层还是放在当前的图层。

5.5 阵 列

对于成行成列或在圆周上均匀分布的结构，一般只画出一个或一组，其他的用阵列命令复制绘出。

1. 功能

阵列命令是一个高效的复制命令。它可以按指定的行数、列数及行间距、列间距进行矩形阵列；也可以按指定的阵列中心、阵列个数及包含角度进行环形阵列；还可以按指定路径进行阵列。

2. 命令的输入

在［修改］工具栏中单击［阵列］按钮，其中包括矩形阵列、路径阵列、环形阵列。

3. 命令的操作

（1）矩形阵列

例如，行间距为20，列间距为30，以左下角为阵列源对象，行数为3，列数为4，阵列效果如图5-5所示。

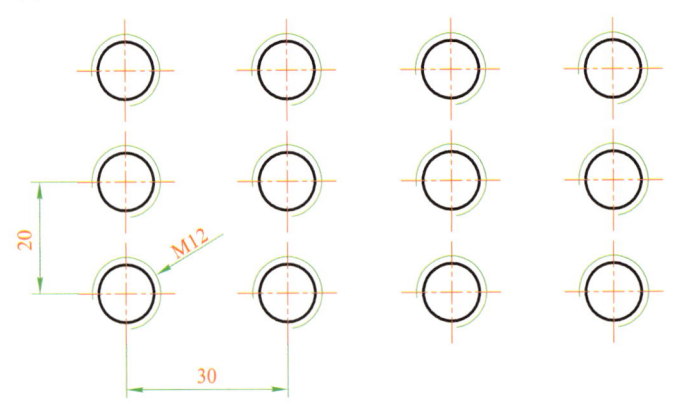

图5-5 矩形阵列示例

矩形阵列的操作步骤：

① 输入矩形阵列命令后，系统提示："选择对象："。选择要阵列的对象后系统提示："为项目数指定对角点或[基点(B)/角度(A)/计数(C)]<计数>:"。

② 确认后，系统提示："输入行数或[表达式(E)]<4>:"。

③ 输入 3 并确认，系统提示："输入列数或[表达式(E)]<4>:"。

④ 确认默认值 4 后，系统提示："指定对角点以间隔项目或[间距(S)]<间距>:"。

⑤ 确认后，系统提示："指定行之间的距离或[表达式(E)]:"。

⑥ 输入 20 并确认，系统提示："指定列之间的距离或[表达式(E)]:"。

⑦ 输入 30 并确认，系统提示："按 Enter 键接受或[关联(AS)/基点(B)/行(R)/列(C)/层(L)/退出(X)]<退出>:"。

⑧ 确认后完成矩形阵列，且阵列出来的图形成为一体。

双击图形，弹出"阵列（矩形）"对话框，如图 5-6 所示，可在对话框中进行图层、列数、列间距、行数、行间距的编辑。

图 5-6 "阵列（矩形）"对话框

> 提示：如果行间距为正，则由源对象向上阵列，列间距为正，则由源对象向右阵列；反之，向下、向左阵列。

（2）环形阵列

例如，以正上方螺母为阵列源对象，项目数为 5，填充角度为 360，旋转对象阵列效果如图 5-7 所示，不旋转对象阵列效果如图 5-8 所示。

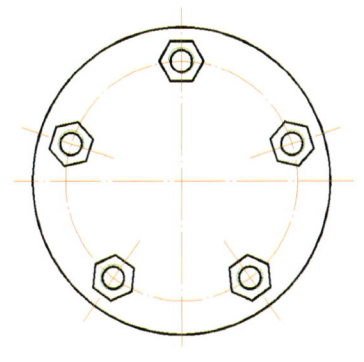

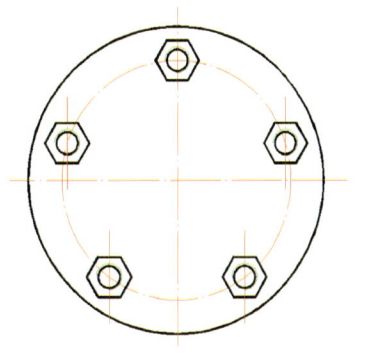

图 5-7 环形阵列时旋转对象　　　　图 5-8 环形阵列时不旋转对象

环形阵列的操作步骤如下：

① 输入环形阵列命令后，系统提示："选择对象:"。选择要阵列的对象后系统提示："指定阵列的中心点或[基点(B)/旋转轴(A)]:"。

② 选择"基点(B)"选项后指定螺母中心为基点，系统提示："指定阵列的中心点或[基点(B)/旋转轴(A)]:"。

③ 指定圆心为阵列中心，系统提示："输入项目数或[项目间角度(A)/表达式(E)]＜4＞:"。

④ 输入项目数 5 后，系统提示："指定填充角度(＋＝逆时针、－＝顺时针)或[表达式(EX)]＜360＞:"。

⑤ 确认默认值 360 后，系统提示："按 Enter 键接受或[关联(AS)/基点(B)/项目(I)/项目间角度(A)/填充角度(F)/行(ROW)/层(L)/旋转项目(ROT)/退出(X)]:"。

⑥ 确认后完成环形阵列，且阵列出的图形成为一体。

双击图形，弹出"阵列（环形）"对话框，如图 5-9 所示，可在对话框中对图层、方向、项目、项目间的夹角、填充角度、旋转项目进行编辑。若"旋转项目"选择"否"，则效果如图 5-8 所示。

图 5-9　"阵列（环形）"对话框

> 提示：若阵列时不旋转对象，也可在第⑤步骤中选择"旋转项目（ROT）"，然后，在弹出的提示选项中选择"否"。要编辑单个阵列出的图形，可用"分解"命令先分解再编辑。

5.6　移　　动

用 AutoCAD 绘图，不必像手工绘图那样精确计算每个视图在图纸上的位置，若某部分图形定位不准确，也不必将其删掉，只需用移动命令将它们平移到所需的位置。

1. 功能

移动命令可将选中的对象平行移动到指定的位置。

2. 命令的输入

在［修改］工具栏中单击［移动］按钮 ✥。

3. 命令的操作

平移示例如图 5-10 所示。

输入移动命令后，系统提示："选择对象："。

选择要移动的螺母后，系统还提示："选择对象："。

右击，系统提示："指定基点或［位移(D)］<位移>："。

指定螺母的中心为基点后，系统提示："指定第二个点或<使用第一点作位移>："。

指定螺母新位置点，即可完成对象的移动。

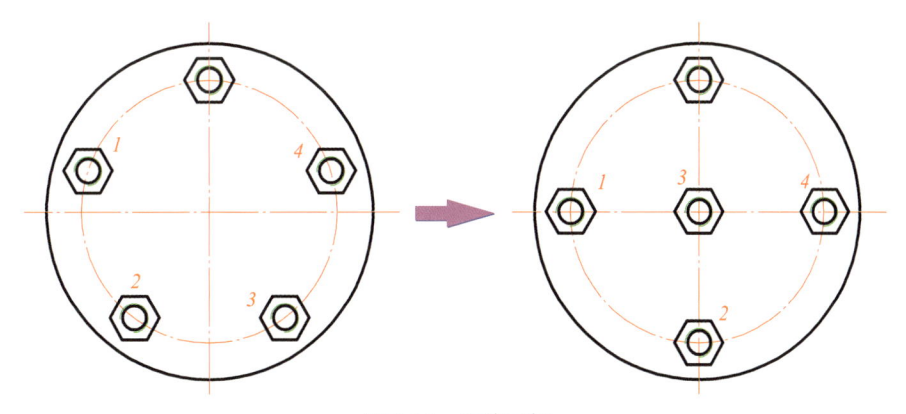

图 5-10 平移示例

> 提示：① 当输入基点后，系统提示："指定第二个点或<使用第一点作位移>："，可以用相对坐标输入第 2 点的位置。若直接右击，则系统自动以基点（第 1 点）的绝对坐标值作为相对坐标值移动对象。给定基点后，可通过对象捕捉确定移动的目标位置。因此，选择基点时尽量选择特殊点。
> ② 在对三视图作平移时，应打开"正交"或"极轴"，以保证三视图的对应关系。

5.7 旋 转

1. 功能

旋转命令可将选中的对象绕指定的基点进行旋转，有指定旋转角度方式或参照方式。

2. 命令的输入

在［修改］工具栏中单击［旋转］按钮 ↻。

3. 命令的操作

(1) 指定旋转角度方式（默认项）

以图 5-11 为例。

输入命令后，系统提示："选择对象："。

选择对象并确认，系统提示："指定基点："。

捕捉大圆圆心为基点，系统提示："指定旋转角度或[复制(C)/参照(R)]："。

输入"45"并按［Enter］键，选中的对象将绕基点按指定旋转角度旋转（即逆时针旋转 45°）。

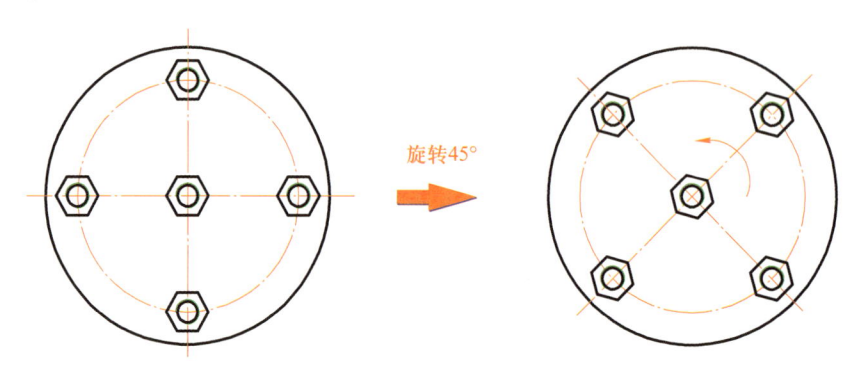

图 5-11　指定旋转角度方式旋转示例

(2) 参照方式

以图 5-12 为例。

输入命令后，系统提示："选择对象："。

选择对象并确认，系统提示："指定基点："。

捕捉大圆圆心 B 为基点，系统提示："指定旋转角度或[复制(C)/参照(R)]："。

右击选择"参照(R)"方式，系统提示："指定参考角＜0＞："。

单击捕捉 B 点，系统提示："指定第二点"。

单击捕捉 C 点，系统提示："指定新角度或［点(P)］＜0＞："。

单击捕捉 D 点，选中的对象将绕基点 B 按指定的直线 BC 与 BD 之间的夹角旋转。

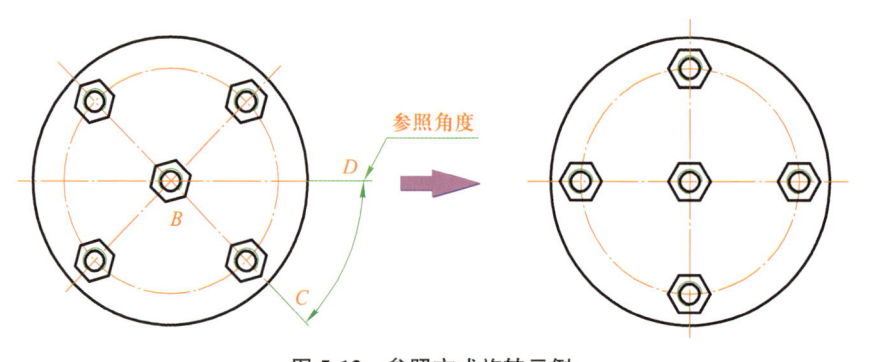

图 5-12　参照方式旋转示例

HINT 提示：利用提示中的"复制(C)"选项可以在保留原对象的基础上创建一个旋转对象。

5.8 缩　　放

在 AutoCAD 中绘制和修改图形时，若图样中的图形或某些对象的比例不符合要求，可用缩放命令来编辑，而不必重新绘制。

1. 功能

缩放命令可将选中的对象按指定比例因子方式或参照方式相对于基点进行放大或缩小。当比例因子大于 1 时，为放大对象；当比例因子小于 1 时，为缩小对象。

2. 命令的输入

在 ［修改］ 工具栏中单击 ［缩放］ 按钮 🗆。

3. 命令的操作

(1) 指定比例因子方式

① 输入命令后，拾取要缩放的对象，即如图 5-13a 所示的图形（螺栓）。
② 指定缩放的基点 A，系统提示："指定比例因子或［复制(C)/参照(R)］："。
③ 输入要缩放的比例"2"并确认，结果如图 5-13b 所示。

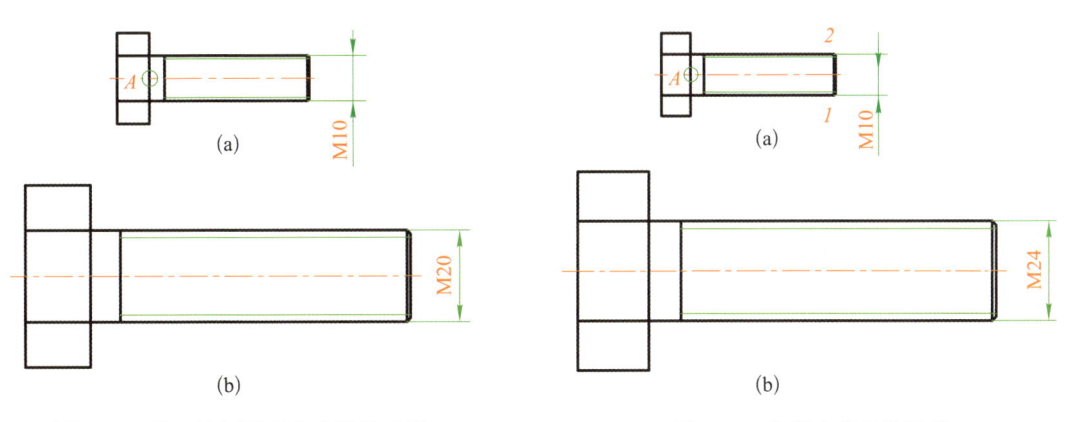

图 5-13　指定比例因子方式缩放示例

图 5-14　参照方式缩放示例

(2) 参照方式

① 输入命令后，拾取要缩放的对象，即如图 5-14a 所示的图形（螺栓）。
② 指定缩放的基点 A，系统提示："指定比例因子或［复制(C)/参照(R)］："。
③ 右击，选择"参照(R)"选项。
④ 用选择两点方式输入参照长度，如图 5-14a 中 M10 线段的两端点 1、2。
⑤ 输入新长度 24，结果如图 5-14b 所示。

> 提示：① 用参照方式进行比例缩放，所给出的新长度与原长度之比即为缩放的比例值。缩放一组对象时，只要知道其中任意一个尺寸的原长度和缩放后的长度，就可用参照方式，计算机会自动计算出缩放比例，该方式在绘图时非常实用。
> 　　　② 利用提示中的"复制(C)"选项可在保留原对象的基础上创建一个缩放对象。

5.9 拉 伸

1. 功能

拉伸命令可将选中的对象拉伸或压缩到指定的位置。在操作该命令时,必须用交叉方式来选择对象。

一般情况:与选取窗口相交的对象会被拉长或压缩,完全在选取窗口外的对象不会有任何改变,完全在选取窗口内的对象将发生移动。

2. 命令的输入

在［修改］工具栏中单击［拉伸］按钮。

3. 命令的操作

拉伸示例如图 5-15 所示。

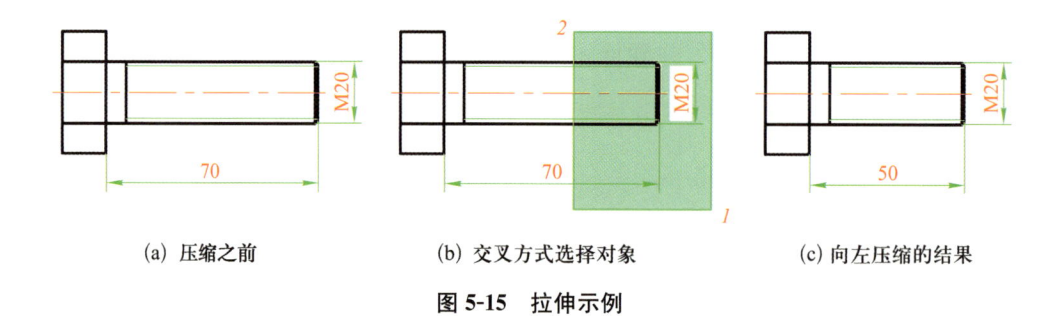

(a) 压缩之前　　(b) 交叉方式选择对象　　(c) 向左压缩的结果

图 5-15　拉伸示例

操作步骤如下:

(1) 输入拉伸命令,系统提示:"选择对象:"。

(2) 用交叉方式选择对象后,右击确定。系统提示:"指定基点或［位移(D)］<位移>:"。

(3) 指定"基点"后,左移光标导向。

(4) 输入 20 并确认,即可将螺栓杆部压缩 20,如图 5-15c 所示。

> 提示:① 在给出第 2 点时,可用光标导向直接给出距离,也可输入相对坐标或应用捕捉来确定。
>
> ② 用交叉方式选择圆对象,若圆心不在窗口内,则圆保持不变,若圆心在窗口内,则圆只作平移;用交叉方式选择文字对象,若文字行的起点不在窗口内,则文字行保持不变,若文字行的起点在窗口内,则文字行只作平移。
>
> ③ 应用"复制""缩放"命令,再结合"拉伸"命令,可将一原有螺栓编辑成多个不同直径与长度的螺栓。

5.10 拉　　长

1. 功能

拉长命令可查看选中对象的长度，并可将选中的对象按指定的长度延长。

2. 命令的输入

在菜单栏中选择"修改"→"拉长"命令。

3. 命令的操作

输入命令后系统提示："选择对象或[增量(DE)/百分数(P)/全部(T)/动态(DY)]:"。

若选择对象，则提示当前对象长度并再次出现同样的提示。

若选择"增量(DE)"方式，则要输入长度增量值（如 3），然后单击线段要延长的一端，即可按指定的增量延长对象，如图 5-16c 所示。其他选项应用较少，在此不做介绍。

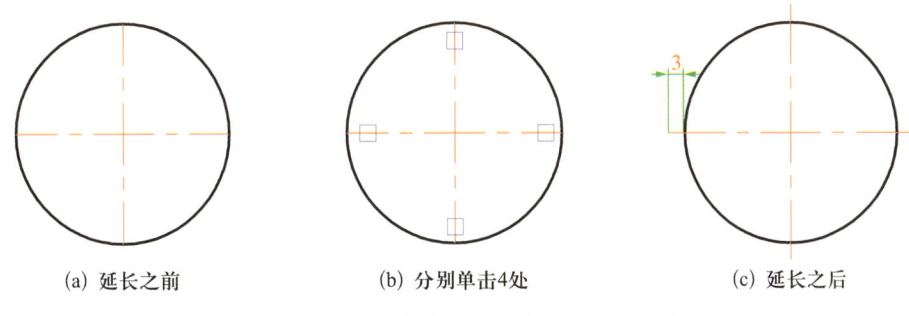

(a) 延长之前　　　　(b) 分别单击4处　　　　(c) 延长之后

图 5-16　使用"增量(DE)"方式延长示例

5.11 修　　剪

修剪命令已经在 1.4.4 节中做过简单介绍，下面以图 5-17 为例介绍选择边界的技巧。将图 5-17 所示 a 图修剪成 d 图的操作步骤如下：

（1）单击修剪命令后，拾取大圆作为边界，右击确认。

（2）用交叉方式选择 4 条直线位于大圆内的部分，如图 5-17b 所示。右击确认，即可一次剪掉内部多余线段，结果如图 5-17c 所示。

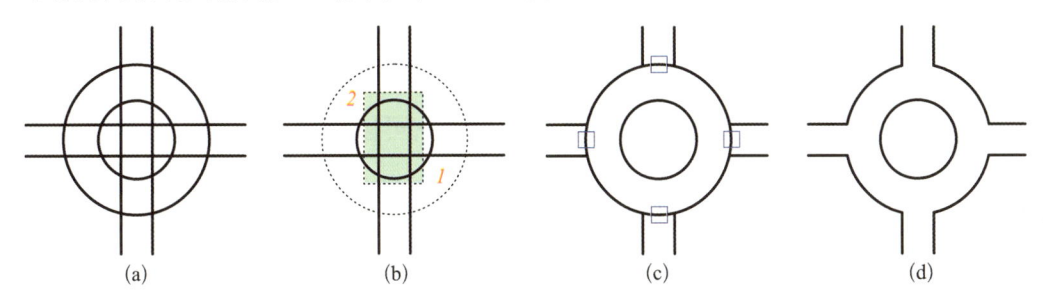

(a)　　　　(b)　　　　(c)　　　　(d)

图 5-17　修剪示例

(3) 重新输入修剪命令，右击或按空格键确认（即选择所有对象作为修剪边界）。

(4) 单击大圆位于 4 对平行线内的部分，如图 5-17c 所示。结果如图 5-17d 所示。

5.12 延　　伸

1. 功能

延伸命令可将选中的对象延伸到指定的边界，如图 5-18 所示。

2. 命令的输入

在［修改］工具栏中单击［延伸］按钮 。

3. 命令的操作

(1) 输入命令后，系统提示："选择对象或<全部选择>："。

(2) 选择对象作为边界后，右击确定，系统提示：

"选择要延伸的对象，或按住［Shift］键选择要修剪的对象，或［栏选(F)/窗交(C)/投影(P)/边(E)/放弃(U)］："。

(3) 选择要延伸的对象，即可将其延伸至边界。

> 提示：若选择"边(E)"选项，其中又分"延伸"与"不延伸"两种方式。"不延伸"是指边界不能假想延伸。"延伸"是指边界能假想延伸。若按住［Shift］键选择对象，则可修剪对象。边界延伸与修剪示例如图 5-19 所示。

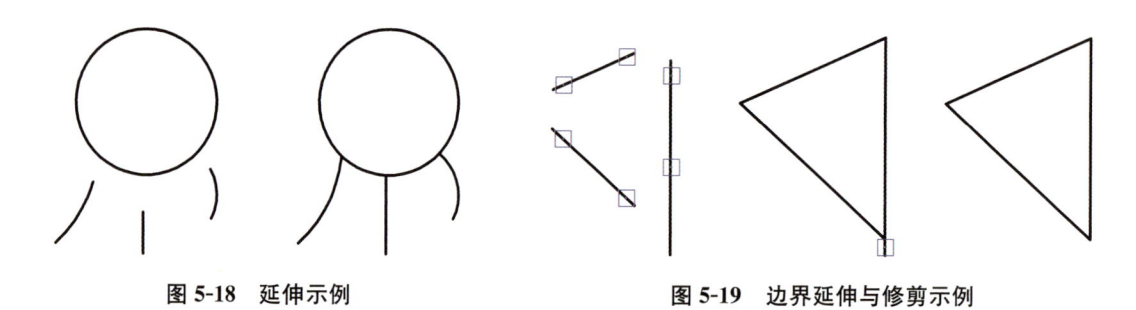

图 5-18　延伸示例　　　　　　　　图 5-19　边界延伸与修剪示例

5.13 打　　断

1. 功能

打断命令用于删除对象上不需要的某一部分。它可以直接给出两断开点打断对象，也可以先选择要打断的对象，然后再给出两断开点打断对象，后者常用于第一个打断点定位不准确、需要重新指定的情况。

2. 命令的输入

在［修改］工具栏中单击［打断］按钮 。

3. 命令的操作

(1) 直接给出两断点

① 输入命令 ▢，选择对象，拾取位置即为打断点 1。

② 给出打断点 2，即可删除 1、2 点之间的部分，如图 5-20 所示。

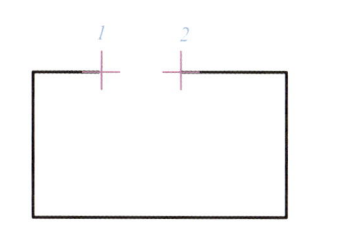

图 5-20 打断示例

(2) 先选对象，再给出两打断点（选择对象时，同时给出打断点 1，若点 1 位置不准确，则采用此方式）

① 输入命令 ▢，选择对象。

② 右击，选择"第一点"选项。

③ 依次指定第一个、第二个打断点，即可删除两点之间的部分。

> 提示：① 在提示"指定第二个打断点："时，若在对象一端的外面点取一点，则把点 1 与此点之间的那段对象删除。
>
> ② 在打断圆上的一段圆弧时，删除的部分是按逆时针方向打断的。
>
> ③ 若将一个对象分为两个对象，可选择"打断于点"命令 ▢，按提示操作，即可将一个对象分成两部分。但该命令不能将圆和椭圆分为两个对象。

5.14 合　并

1. 功能

合并命令可将直线或圆弧合并成一个对象，但这些直线必须共线，圆弧必须同心。

2. 命令的输入

在［修改］工具栏中单击［合并］按钮 ⊷。

3. 命令的操作

输入命令后，系统提示："_join 选择源对象或要一次合并的多个对象："。

选择作为源的对象后，系统提示："选择要合并的对象："。

选择要合并的对象后右击，即可按源对象的属性合并，如图 5-21 所示。

(a) 源对象　　　(b) 要合并的对象　　　(c) 合并的结果

图 5-21 合并示例

5.15 倒　　角

1. 功能

倒角命令可按指定的距离或角度在一对相交直线上倒斜角，也可对封闭的多段线（如多边形、矩形等）各直线交点处同时进行倒角。

2. 命令的输入

在［修改］工具栏中单击［倒角］按钮。

3. 命令的操作

输入命令后，系统提示："('修剪'模式)当前倒角距离1＝0.0000，距离2＝0.0000 选择第一条直线或［放弃(U)/多段线(P)/距离(D)/角度(A)/修剪(T)/方式(E)/多个(M)］："。

首先要注意查看信息行中当前的"修剪"模式和当前的倒角距离。

默认为"修剪"模式。如果要采用"不修剪"模式，应先选择"修剪(T)"，然后再选择"不修剪"。

默认的倒角距离是上次设置的数据。如不是所需要的，则应选择"距离(D)"或"角度(A)"选项进行设置。"距离"方式是用X、Y方向的倒角距离确定倒角的大小，"角度"方式是用第一条直线的倒角距离和倒角角度确定倒角的大小，如图5-22所示。

设置好"修剪"模式和倒角距离后，按提示选择第一条、第二条直线即可完成倒角。

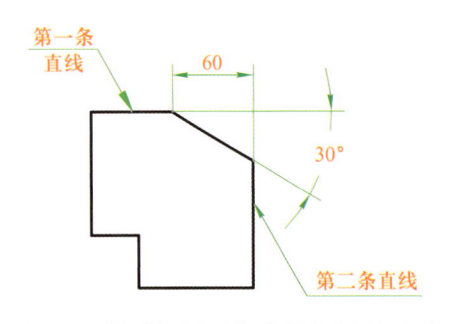

图5-22　用"角度(A)"选项确定倒角大小　　　　图5-23　多段线倒角示例

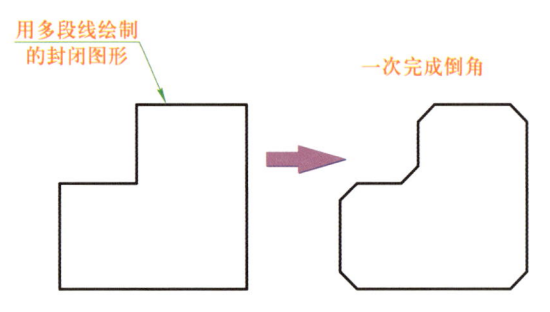

> **提示：** ① 有多处相同的倒角时，可选择"多个(M)"选项，这样可避免重复输入命令而直接拾取下一倒角的两条边。
>
> ② 如果要进行倒角的对象是多段线、矩形、正多边形，在选择对象时，可先选择"多段线(P)"选项，然后选择对象，将一次完成倒角，如图5-23所示。
>
> ③ 当选择的两个倒角距离都是0时，可将两对象进行"尖角"处理，如图5-24所示。

单元五　图形编辑

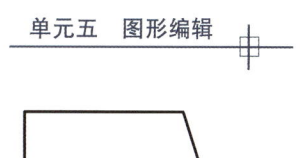

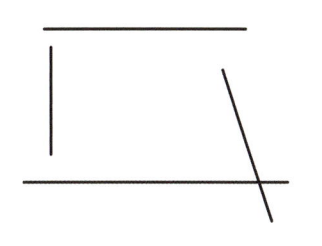

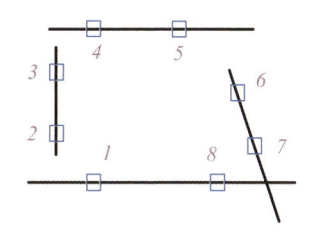

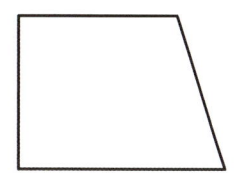

图 5-24　倒角应用示例

5.16　圆　　角

1. 功能

圆角命令可用一条指定半径的圆弧光滑连接两条直线、两段圆弧或圆等对象，还可用该圆弧对封闭的二维多段线中的各线段交点倒圆角。

2. 命令的输入

在［修改］工具栏中单击［圆角］按钮。

3. 命令的操作

输入命令后，系统提示："当前设置：模式 ＝ 修剪,半径 ＝ 0.0000 选择第一个对象或［放弃(U)/多段线(P)/半径(R)/修剪(T)/多个(M)］:"。

首先要查看信息行中当前的"修剪"模式和当前的"半径"。默认为"修剪"模式。若要采用"不修剪"模式，应先选择"修剪(T)"选项进行设置。

默认的半径是上次设置的数据。如不是所需要的，则应选择"半径(R)"选项进行设置。

设置好"修剪"模式和"半径"后，按提示选择第一个对象、第二个对象即可完成圆角过渡。

有多处相同的圆角时，可以选择"多个(M)"选项，这样可不用重复输入命令而直接拾取下一圆角的两个对象。修剪与不修剪的圆角示例如图 5-25 所示。

如果要修剪的圆角对象是多段线、矩形、正多边形，在选择对象时，可先选择"多段线(P)"选项，然后选择对象，一次完成多个圆角，如图 5-26 所示。

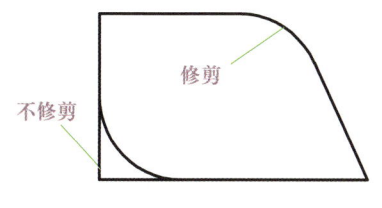

图 5-25　修剪与不修剪圆角示例　　　　图 5-26　多段线圆角示例

5.17 分　　解

1. 功能

分解命令可将矩形、正多边形、图块、剖面线、尺寸等含多项内容的一个对象分解成若干个独立的对象。当只需编辑这些对象中的一部分时，可先执行该命令分解对象。

2. 命令的输入

在［修改］工具栏中单击［分解］按钮 。

3. 命令的操作

（1）输入命令后，选择要分解的对象。

（2）右击确定即可完成分解。

5.18 夹　　点

对象的夹点是对象本身的一些特殊点。当选择对象时，在对象上将显示若干小方框，这些小方框就是用来标记被选中对象的夹点，如图 5-27 所示。

图 5-27　不同图形夹点示例

1. 利用夹点快速编辑对象

（1）利用夹点移动对象：先选择对象，使其夹点显示出来，然后单击某个夹点，使其成为"热点"（该点即为控制命令中的"基点"），再从快捷菜单中选择"移动"，最后用鼠标拖动对象到指定位置。

（2）利用夹点拉伸对象：先选择对象，使其夹点显示出来，然后选择夹点，通过拖动可以将夹点移到一个新位置，从而拉伸对象。但是，对于某些夹点，移动夹点时只能移动对象而不能拉伸对象，如文字、块、直线中点、圆心、椭圆中心等的夹点。

（3）利用夹点对对象进行其他操作：首先选择对象，使其夹点显示出来，然后激活其中一个夹点成为"热点"，再从快捷菜单中选择编辑选项，然后根据提示，对所有选取的图形同时进行操作。要取消夹点显示，只需按一次［Esc］键或直接输入其他命令即可。

2. 利用夹点编辑对象应用示例

【例 5-1】如图 5-28 所示，使用夹点编辑方法将 a 图和 b 图合并编辑成 c 图。

操作步骤如下：

（1）打开"对象捕捉""对象追踪"模式。

（2）选择椭圆，使其夹点亮显。

（3）单击椭圆中心夹点，拖动至矩形下边中点附近，当中心符号显亮后再拖动至矩形左侧中点附近，当中心符号亮显后再拖动至矩形中心附近，当两条追踪线（0°和90°追踪线）形成交叉后单击，将椭圆移到矩形中心上。

（4）分别单击椭圆其余四个夹点，将其拖到矩形四个边的中点即可。

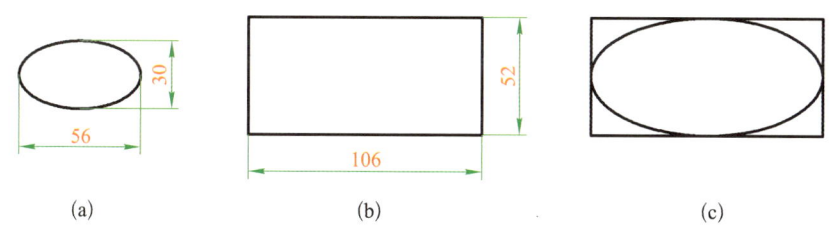

图 5-28 用夹点移动拉伸示例

【例 5-2】利用夹点模式完成图 5-29 所示平面图形。

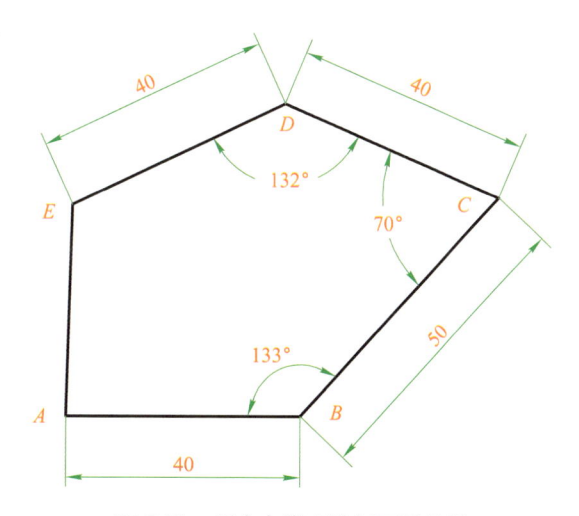

图 5-29 用夹点模式绘制图形示例

操作步骤如下：

（1）单击 [直线] 命令按钮，绘制长度为 40 的水平线 AB。

（2）选择直线 AB，使其夹点亮显，再单击点 B，使其成为"热点"，右击，选择"旋转"。再右击，选择"复制"，输入－133，初步完成直线 BC。

（3）选择直线 BC，使其夹点亮显，再单击点 C，将其沿 BC 方向拉伸 10。

(4)选择夹点 C，右击，选择"旋转"。再右击，选择"复制"，输入－70，初步完成直线 CD。

(5)选择夹点 D，将其沿 DC 方向压缩 10。

(6)选择夹点 D，右击，选择"旋转"。再右击，选择"复制"，输入－132，完成直线 DE。

(7)用直线命令完成直线 EA。

5.19 特　　性

1. 功能

特性命令可修改单个对象的几何特性，也可以同时修改多个对象共有的特性。

2. 命令的输入

特性命令一般用下列方法之一输入：

(1)在［标准］工具栏中单击［特性］按钮。

(2)选择对象后，从快捷菜单中选择"特性"。

(3)双击某一对象。

3. 命令的操作

输入命令后，弹出"特性"对话框，如图 5-30 所示。

图 5-30　"特性"对话框

弹出对话框后，在"命令"状态下，选择所要修改的对象，"特性"对话框中立即显示所选中对象的有关特性。

用"特性"对话框修改对象特性的方式包括：

(1) 双击"对象特性管理器"的特性栏，输入一个新值。

(2) 双击"对象特性管理器"的特性栏，从下拉列表中选择一个新值。

(3) 双击"对象特性管理器"的特性栏，用弹出的拾取按钮改变点的坐标。

关闭"特性"对话框，结束命令。

4. 应用举例

【例 5-3】修改图 5-31a 所示小圆中心线的线型比例。

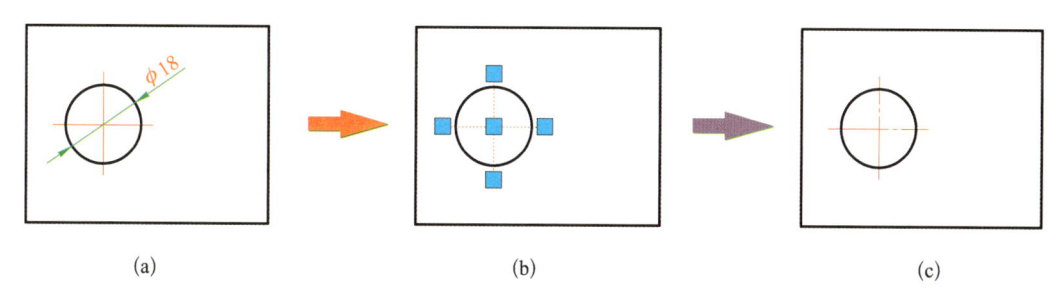

(a)　　　　　　　　　　(b)　　　　　　　　　　(c)

图 5-31　利用特性对话框修改对象特性

操作步骤如下：

拾取小圆中心线，如图 5-31b 所示。单击[特性]按钮，在"特性"对话框中将线型比例改为 0.5，即可得到如图 5-31c 所示中心线。此操作不会改变其他图形的线型比例，即不会改变全局比例因子。

5.20　编辑命令在绘图中的应用示例

1. 平面图形的绘制举例

【例 5-4】根据尺寸绘制图 5-32 所示平面图形。

操作步骤如下：

(1) 调用"横 A3 模板"。

(2) 用矩形命令绘制 94×84 的矩形（94＝106－76＋64）。

(3) 用圆命令绘制中部的 $\phi 16$、$\phi 28$ 和 R30 的圆（通过对象捕捉追踪，从矩形右边中点向左追踪 64 确定同心圆圆心

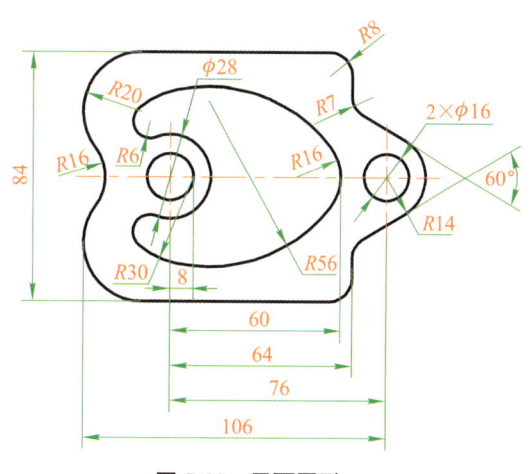

图 5-32　平面图形

的位置，R30 的圆心在 ϕ16 的象限点上）。

（4）以 ϕ16 的圆心为起点向右追踪 44（60－16）和 76 绘制 R16、ϕ16、R14 的圆，如图 5-33 所示。

（5）用 [相切、相切、半径] 方式绘制两个 R56 的圆。

（6）以 R30 和 R16 的圆为边界修剪两个 R56 的圆，再以修剪后的 R56 圆弧为边界修剪 R30 和 R16 的圆。

（7）用圆角命令以不修剪方式绘制两个 R6 圆弧。

（8）修剪后如图 5-34 所示。

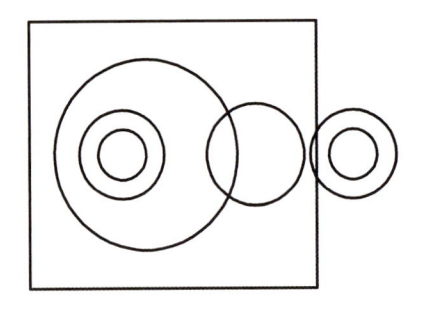

图 5-33　用圆命令画圆

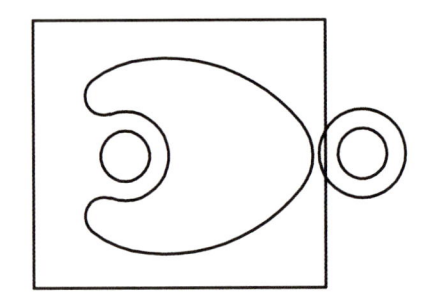

图 5-34　修剪后的结果

（9）输入直线命令，单击 [对象捕捉] 工具栏中的 [切点] 按钮，捕捉右端 R14 的圆，然后输入（@30＜150）并按 [Enter] 键（距离 30 可长一点，不必精确），绘制右上方 150°斜线，用同样的方法绘制右下方－150°斜线。

（10）用圆角命令（不修剪模式）绘制右边两个 R7 圆弧。

（11）用分解命令将矩形分解。

（12）用圆角命令（修剪模式）将矩形四角倒圆角。

（13）继续用圆角命令（修剪模式）将两个 R20 的圆弧倒圆角，即完成 R16 的圆弧（此时要注意选择上面圆弧的下部和下面圆弧的上部），结果如图 5-35 所示。

（14）用修剪和删除命令对多余的线条进行修剪和删除。

（15）利用对象捕捉追踪，在中心线层绘制中心线。绘制结果如图 5-36 所示。

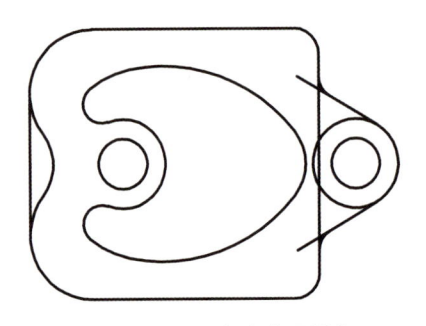

图 5-35　用圆角命令画圆角

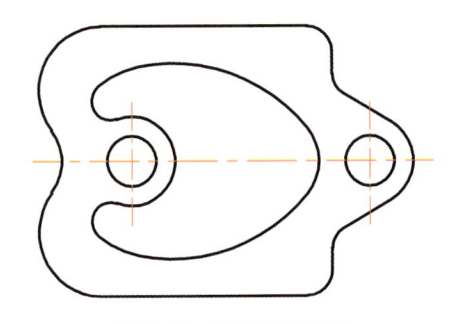

图 5-36　修剪后的结果

2. 三视图的绘制示例

绘制三视图时要求保持一定的投影关系,即主、俯视图"长对正",主、左视图"高平齐",俯、左视图"宽相等"。下面通过示例介绍三视图的绘制方法。

【例 5-5】绘制图 5-37 所示三视图。

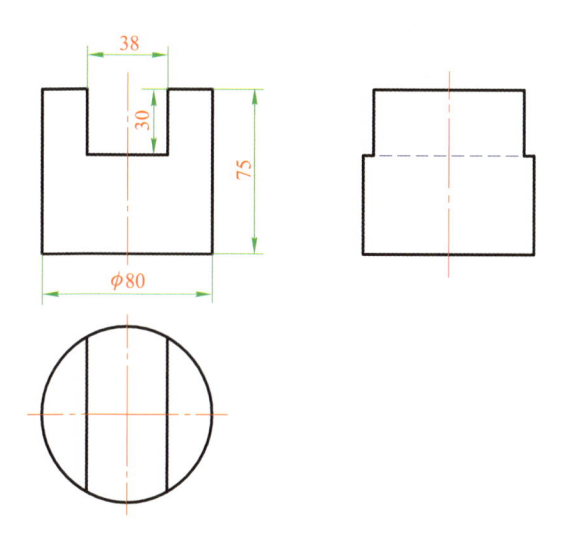

图 5-37 三视图

绘图步骤如下:

(1) 调用"横 A3 模板"文件,打开状态栏中的 [正交]、[对象捕捉] 和 [对象追踪],利用圆、直线、复制命令完成直径 φ80、高 75 完整圆柱的主、俯、左视图,如图 5-38a 所示。

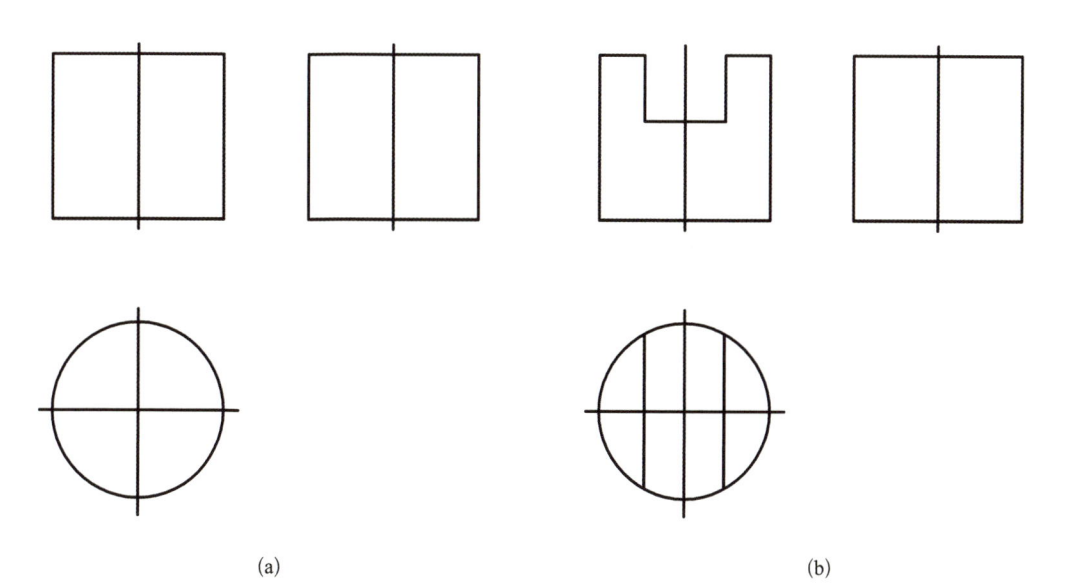

(a)　　　　(b)

图 5-38 利用辅助线绘制三视图

> 提示：在绘制主视图的过程中，要利用"对象捕捉"和"对象追踪"来保持"长对正""高平齐"的对应关系，利用正交模式、直接给距离方式绘制已知线段。
> 　　绘图时，可以先在粗实线层绘制所有对象，最后再进行编辑，从而提高绘图速度。

（2）利用直线、修剪命令绘制主、俯视图的缺口，如图5-38b所示。

（3）为了满足俯、左视图"宽相等"这一对应关系，可以将俯视图复制到左视图正下方，并将其旋转90°，作为绘图辅助图形，如图5-39所示。然后利用"对象捕捉"和"对象追踪"来保持俯、左视图宽相等的对应关系，绘制左视图各线段。

（4）删除多余图线，将中心线转换为中心线层，虚线转换为虚线层。

> 提示：在绘制三视图时，为了保持三视图的对应关系，也可以利用"构造线"命令绘制一些辅助线进行作图。如图5-40所示，利用辅助线交点求出左视图相贯线上的一般点和特殊点，然后用样条曲线将其光滑连接。

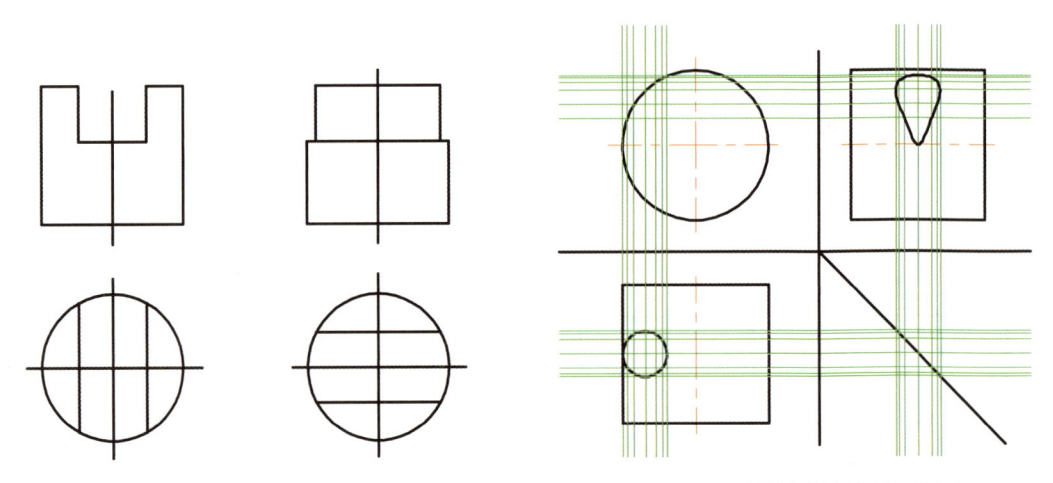

图5-39　利用辅助图形绘制三视图　　　　图5-40　利用辅助线绘制三视图

从上面示例中可看出，用计算机绘制图形时，中心线可以最后绘制，这与手工绘图顺序不同，原则是：怎样快就怎样画。对有些图形，先绘制中心线，确定定位基准可能更快，那就应先绘制中心线，再绘制轮廓线。有些圆弧可以用修剪模式的圆角命令一次完成，就不要用绘制圆然后进行修剪的方法来完成。节省时间，提高速度，是计算机绘图追求的目标。

综合练习五

一、基本题

1. 绘制图 5-41～图 5-52 所示图形并保存，文件名为"综合练习 5-1-1"（不标注尺寸）。

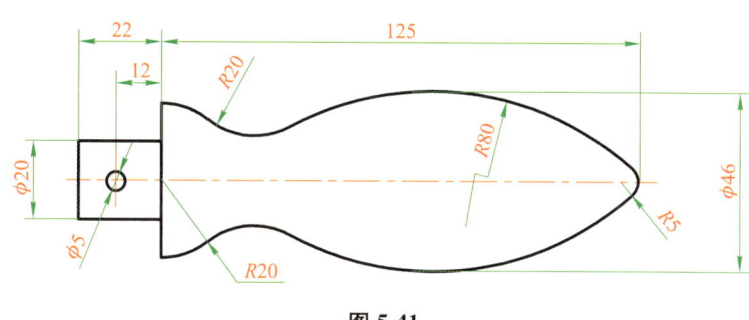

图 5-41

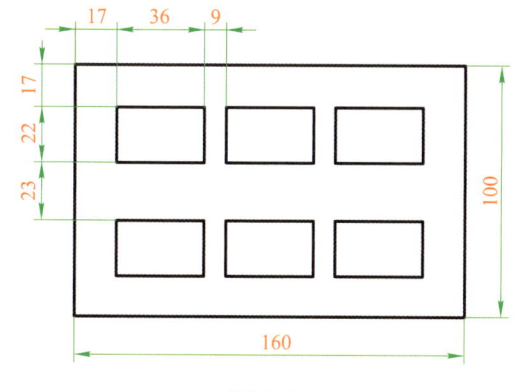

图 5-42

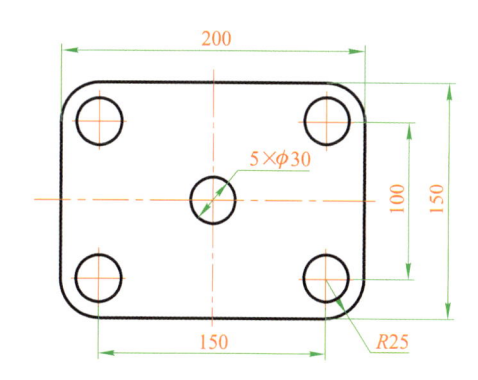

图 5-43

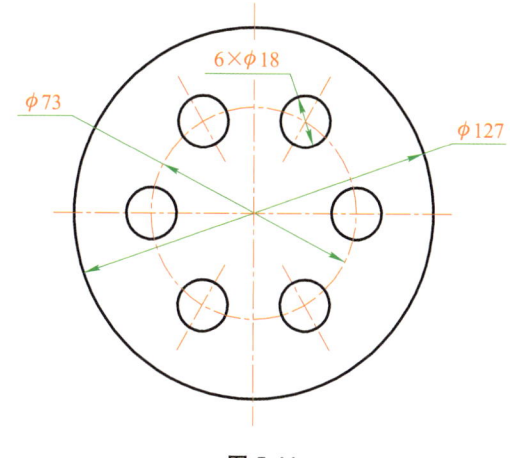

图 5-44

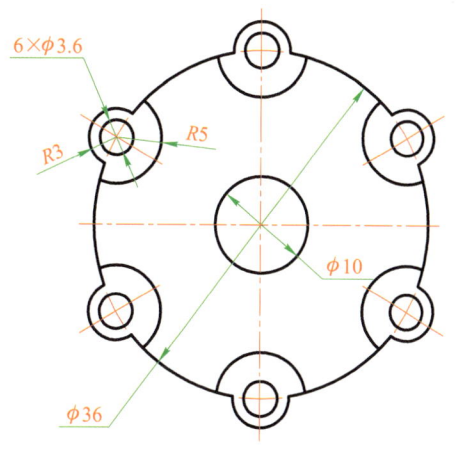

图 5-45

计算机绘图

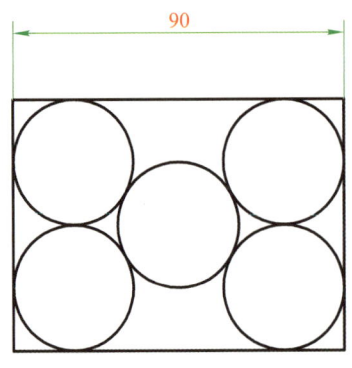

图 5-46

图 5-47

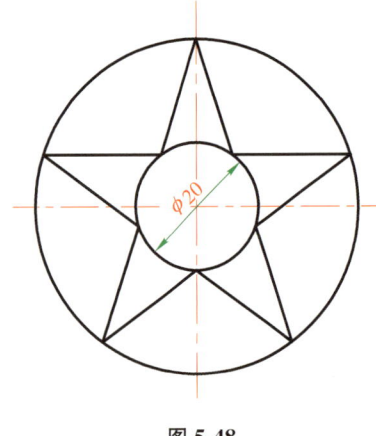

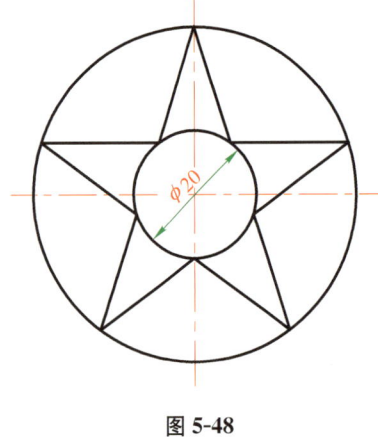

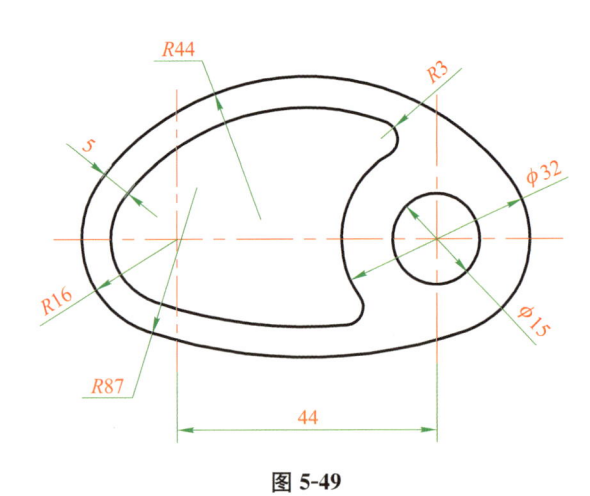

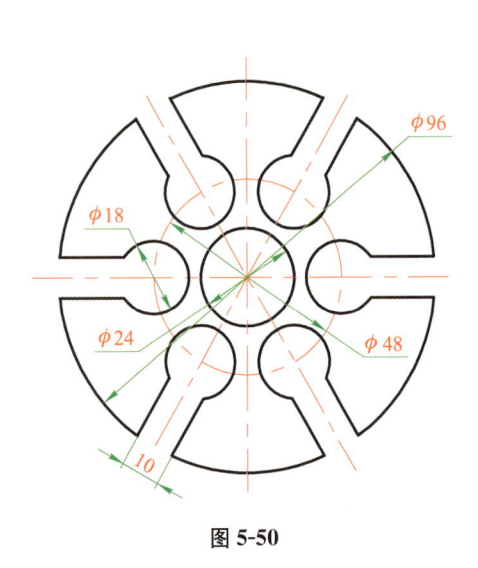

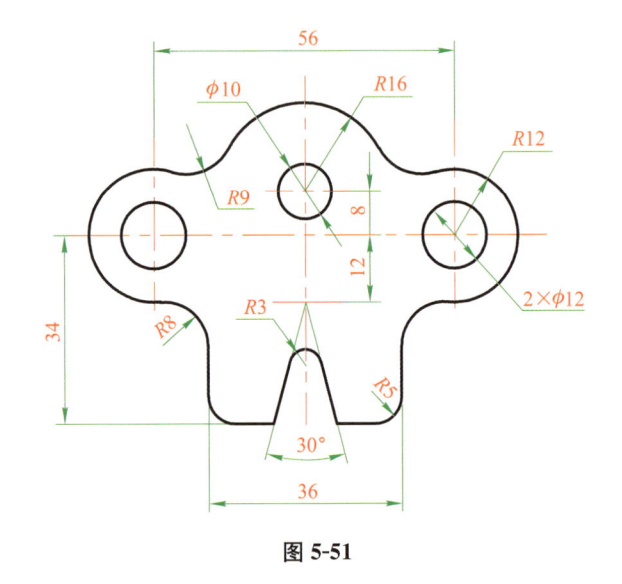

图 5-48

图 5-49

图 5-50

图 5-51

图 5-52

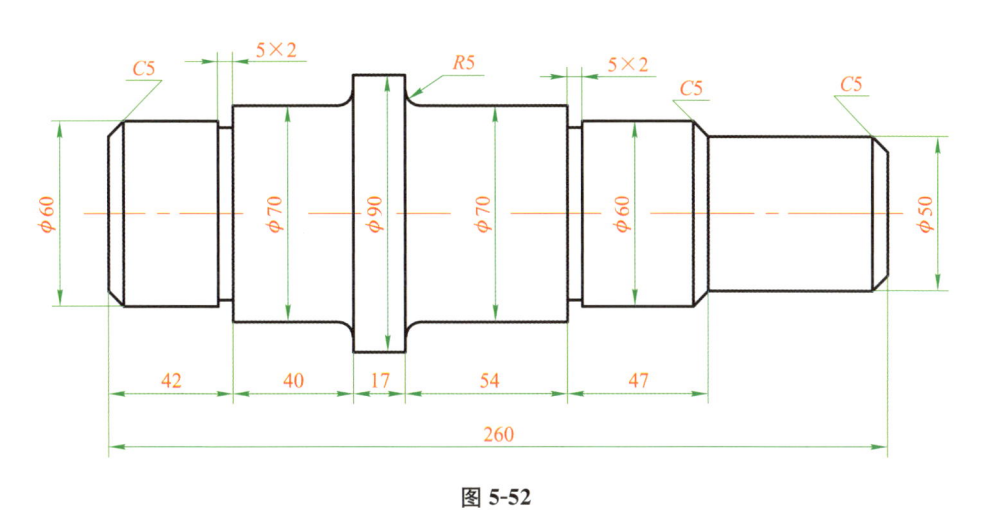

2. 抄画图 5-53～图 5-55 所示三视图并保存，文件名为"**综合练习 5-1-2**"（不标注尺寸）。

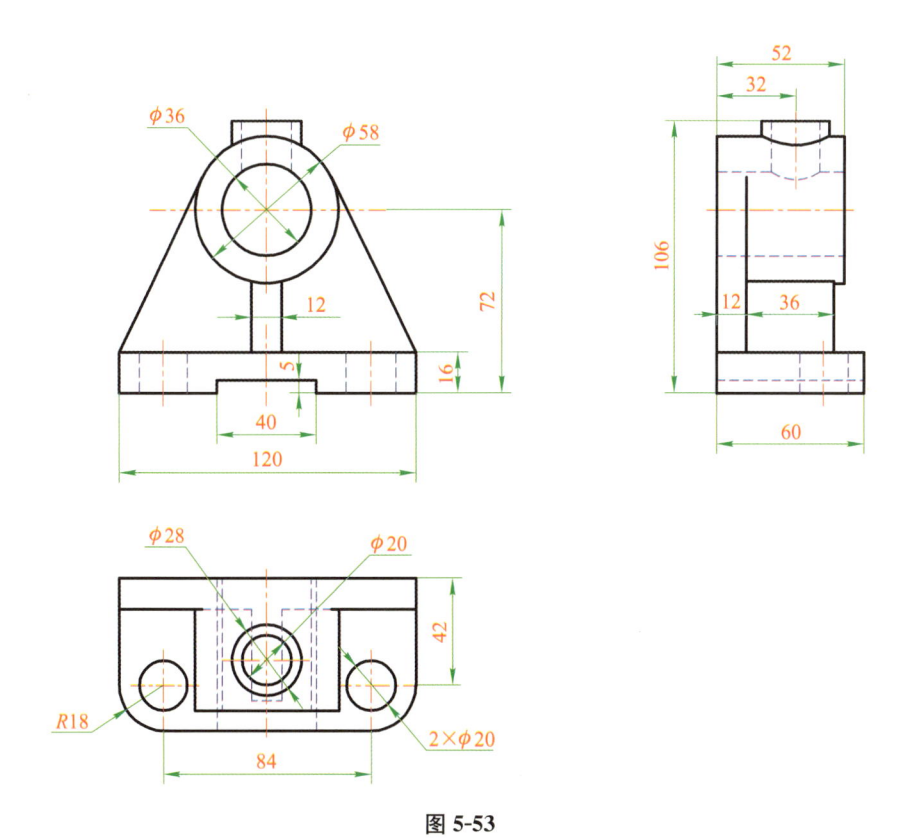

图 5-53

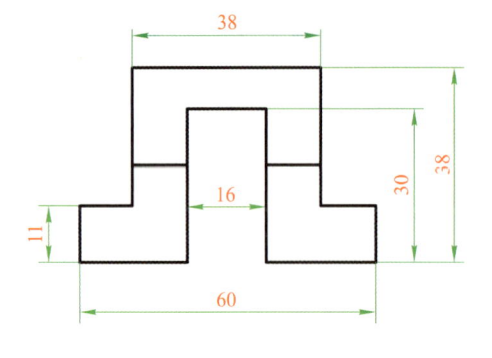

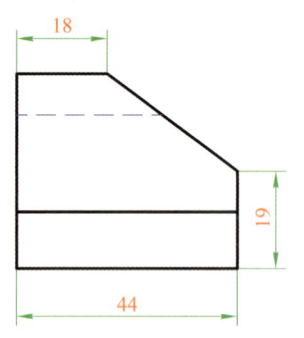

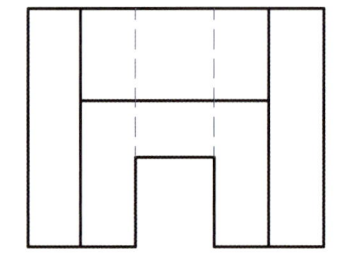

图 5-54

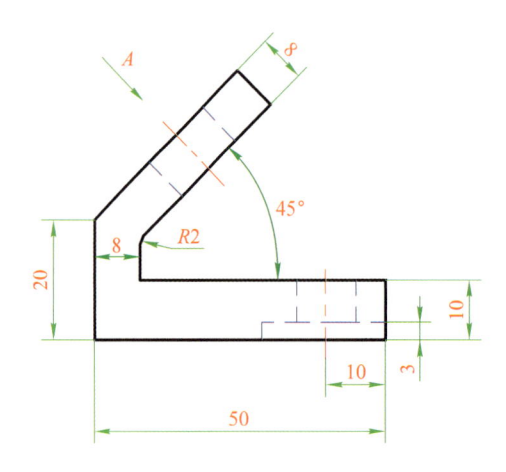

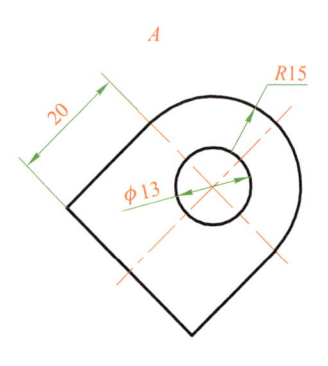

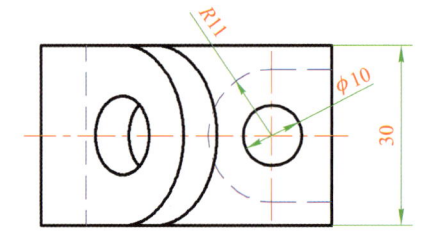

图 5-55

二、进阶题

1. 完成图 5-56～图 5-65 所示图形并保存，文件名为"综合练习 5-2-1"（不标注尺寸）。

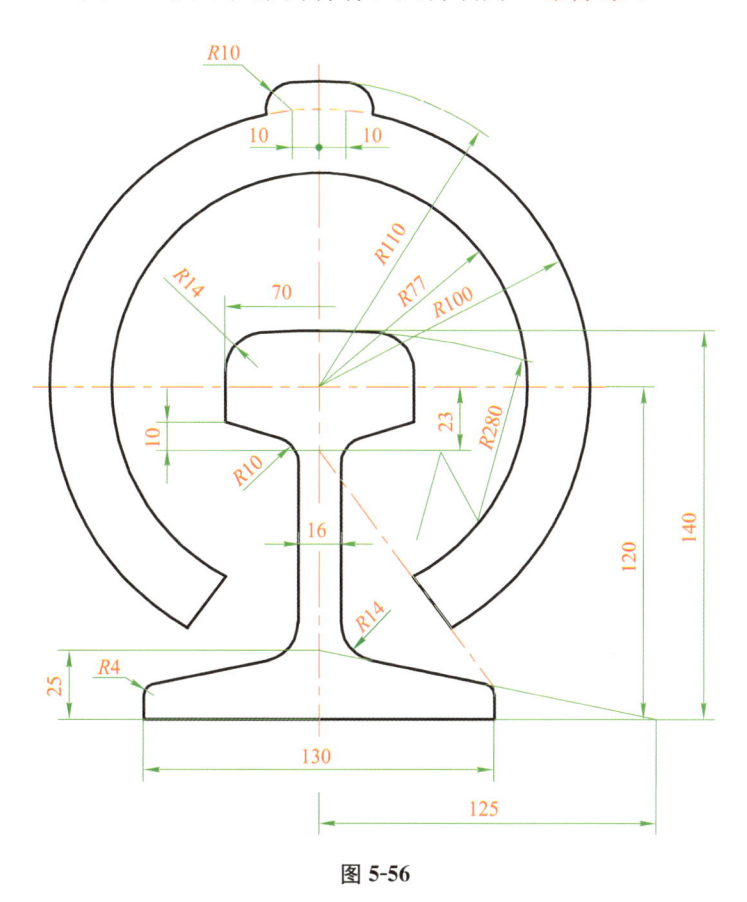

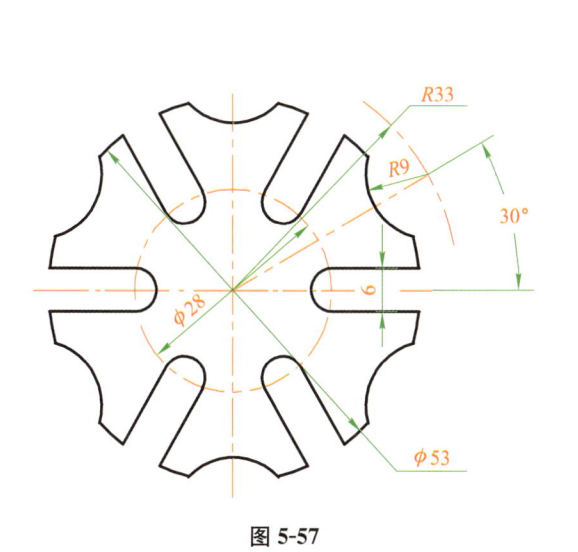

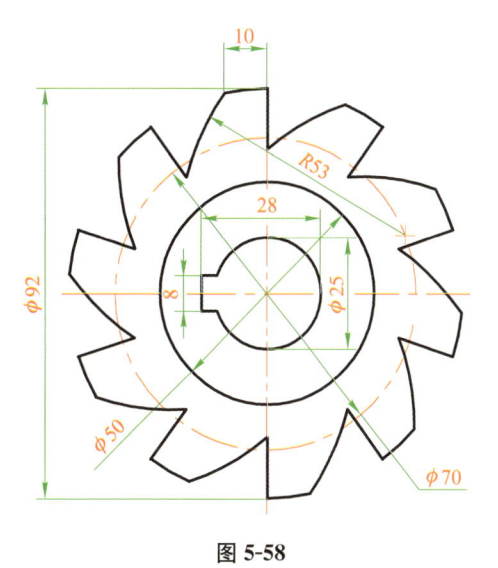

图 5-56

图 5-57　　　图 5-58

计算机绘图

图 5-59

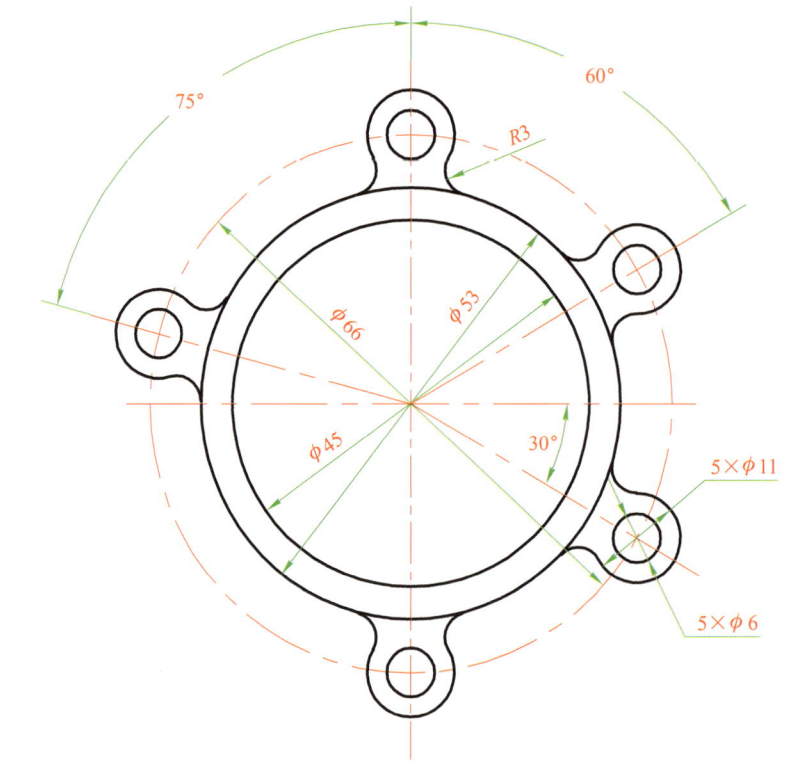

图 5-59

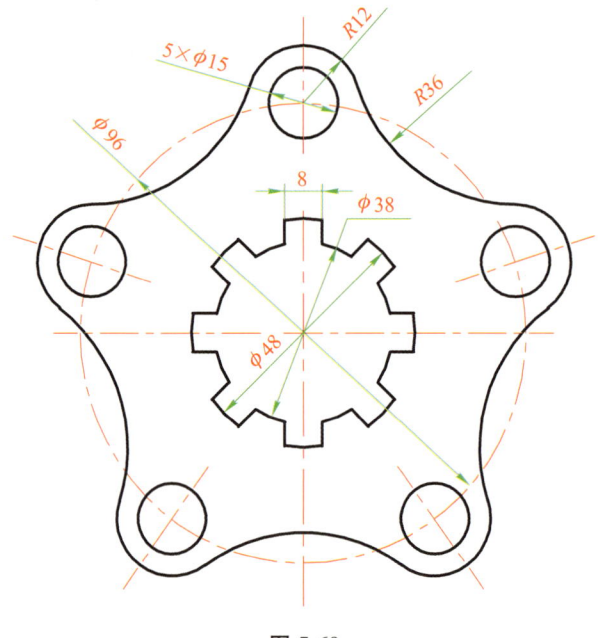

图 5-60

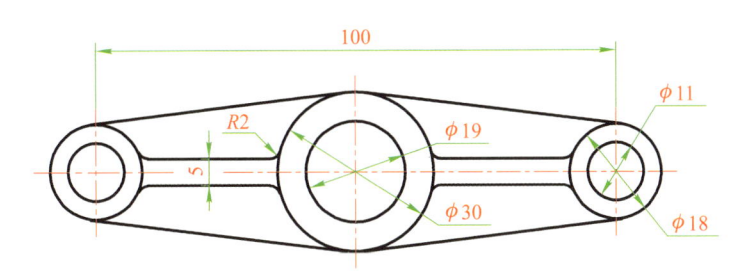

图 5-61

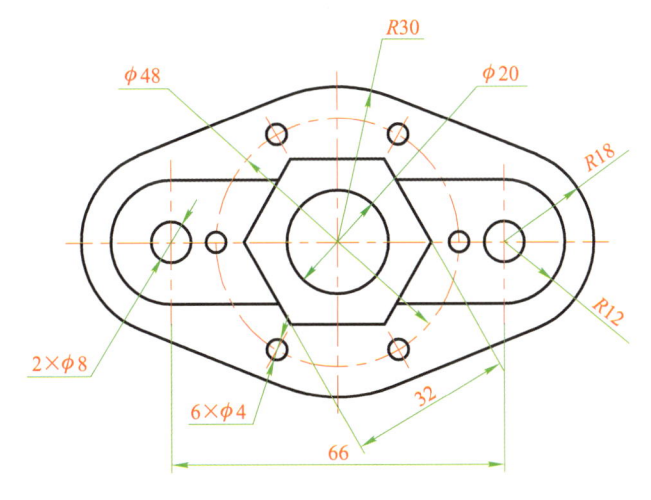

图 5-62

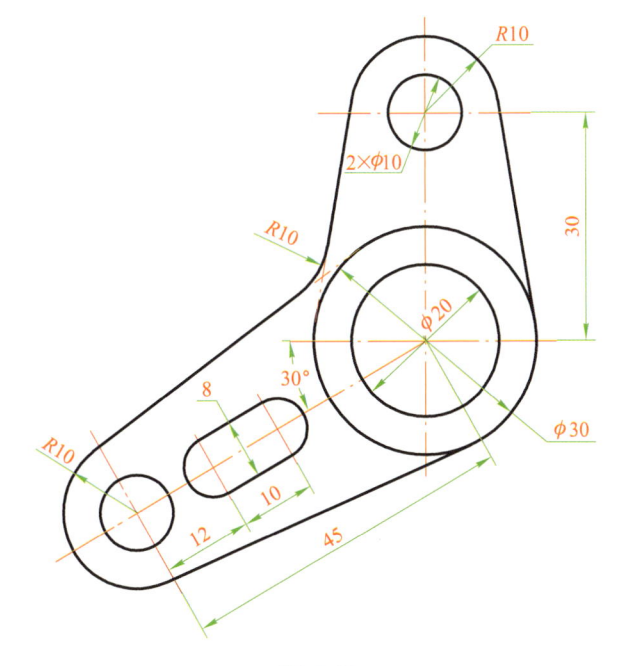

图 5-63

计算机绘图

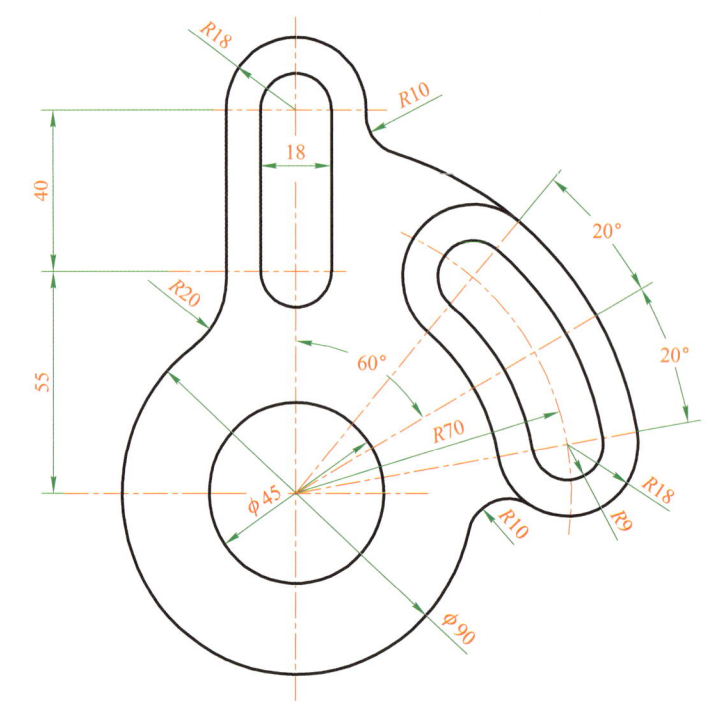

图 5-64

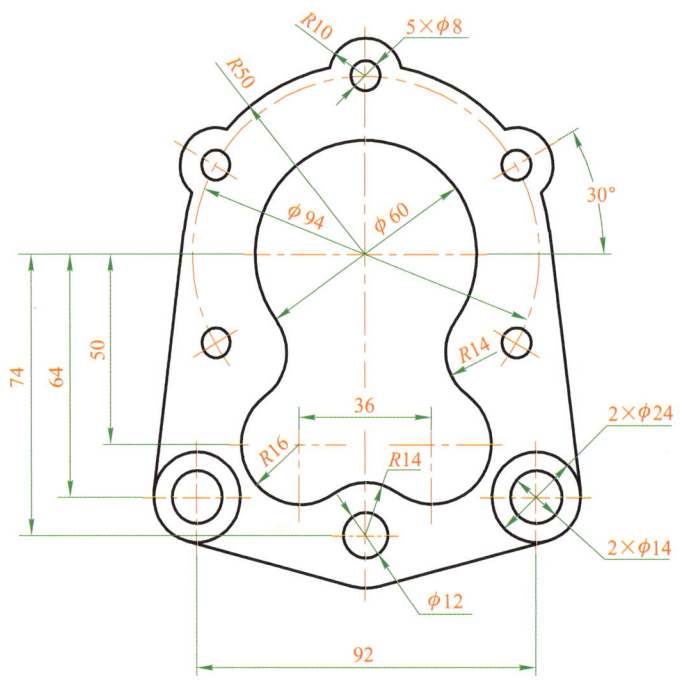

图 5-65

2. 根据图 5-66、图 5-67 所示两视图，绘制第三视图并保存，文件名为"综合练习 5-2-2"（不标注尺寸）。

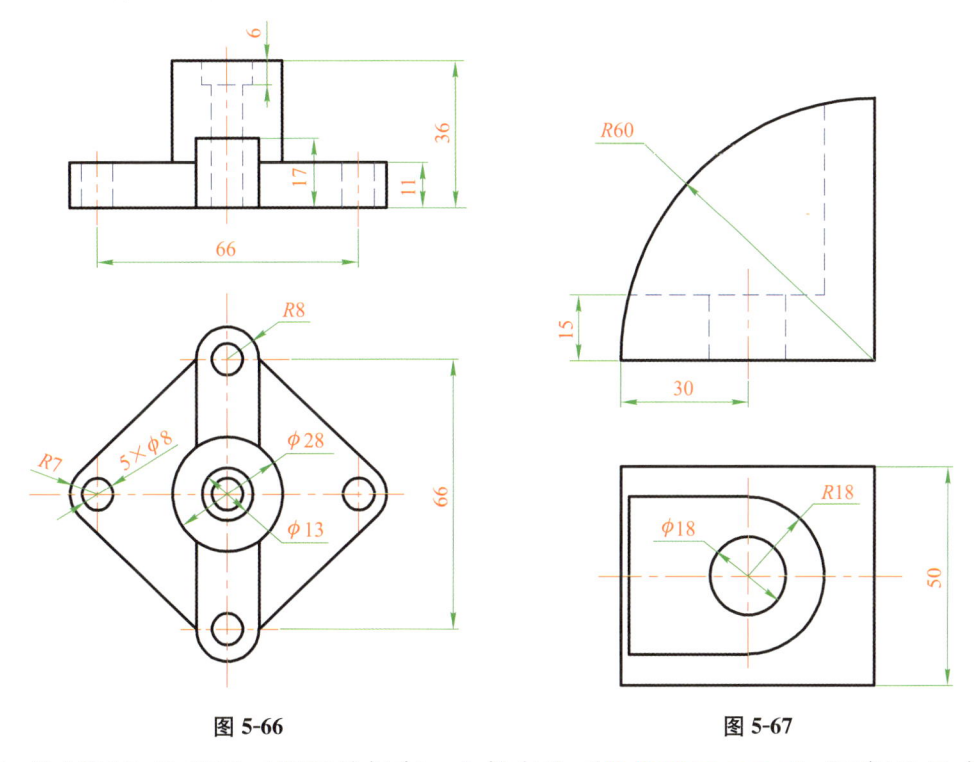

图 5-66

图 5-67

3. 绘制图 5-68 所示三视图并保存，文件名为"综合练习 5-2-3"（不标注尺寸）。

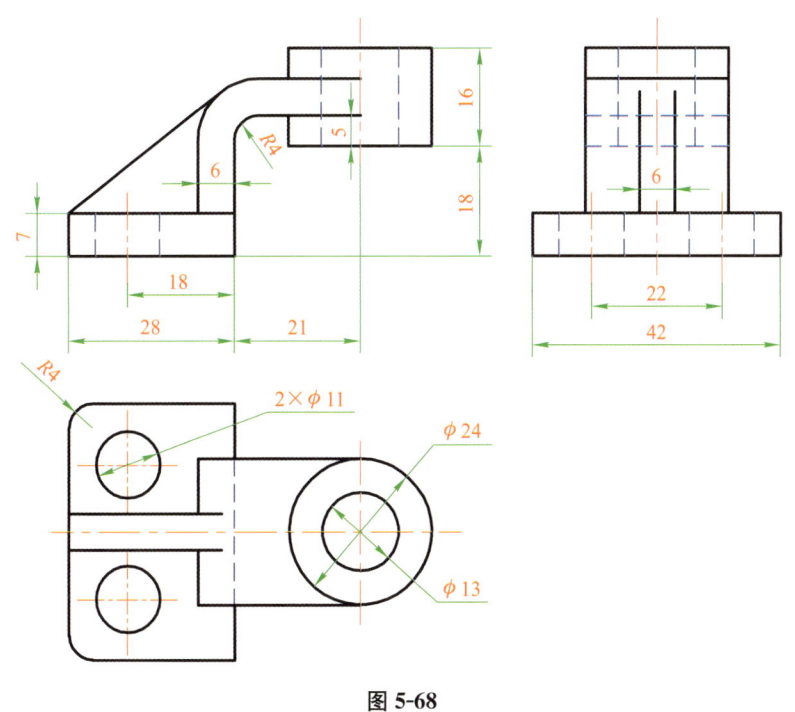

图 5-68

4. 绘制图 5-69、图 5-70 所示三视图（第三角画法）并保存，文件名为"综合练习 5-2-4"（不标注尺寸）。

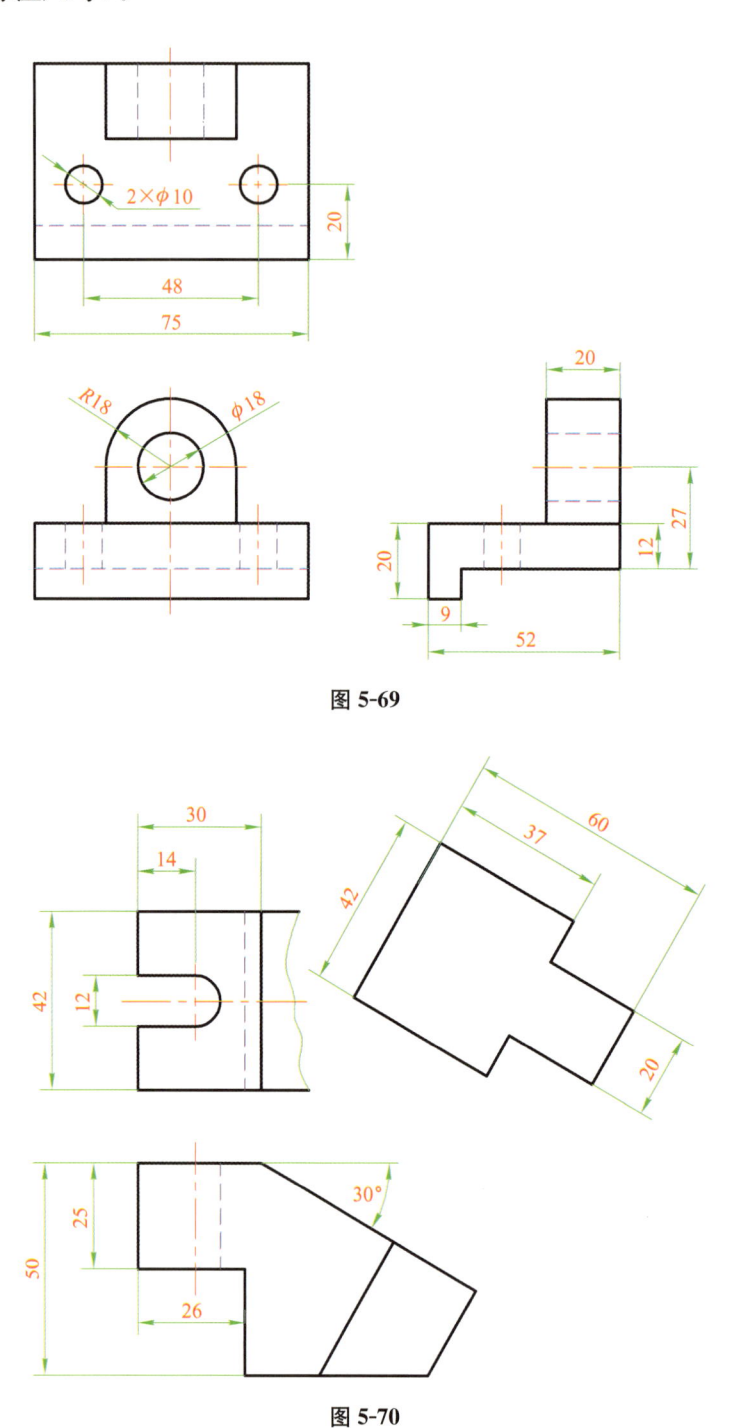

图 5-69

图 5-70

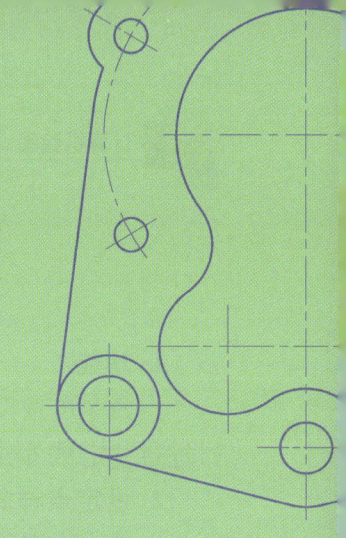

AutoCAD 2012

单元六
其他常用绘图命令

6.1 点

6.2 多段线

6.3 样条曲线

6.4 图案填充

6.5 面域

综合练习六

6.1 点

1. 功能

点命令可按设定的点样式在指定位置画点。也可以在指定对象上给定等分点的数目进行"定数等分"或按一定距离进行"定距等分",以便插入图形。

2. 设定点样式

点样式决定所画点的形状和大小。点样式可从菜单栏中选取"格式"→"点样式"选项,在弹出的"点样式"对话框中进行设置,如图6-1所示。

具体操作步骤如下:

(1) 单击对话框上部点的形状图例。

(2) 在"点大小(S)"文本框中指定点的大小。

(3) 单击"确定"完成点样式设置。

> 提示:若要改变已绘制的点样式,可重新设置"点样式"来完成,且在此之后绘制的点均采用新设置的样式。

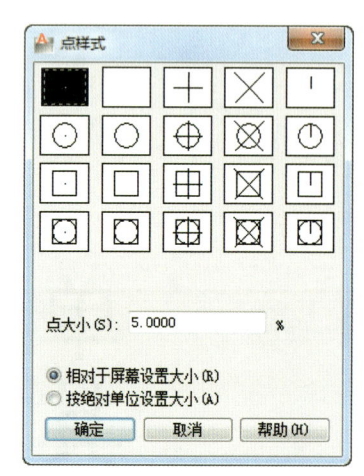

图6-1 "点样式"对话框

3. 绘制点

(1) 用[绘图]工具栏中的[点]命令 来画点。

输入命令后,系统提示:"指定点:"。

在绘图区指定点的位置即可画出一个点。

(2) 从菜单栏中选择"绘图"→"点"命令,继而选择画点方式进行画点。

若选择"定数等分"方式,选择要等分的对象后,系统提示:"输入线段数目或[块(B)]:"。输入线段数目并确定后,在等分点处有一个点的标记。

默认状态下点的标记是一个小圆点,不易看清,此时可用"点样式"对话框重新设置点样式。

若选择"定距等分"方式,选择要等分的对象后,输入线段长度即可在等分点处有一个点的标记。

"定数等分"与"定距等分"的对照如图6-2所示。

(a) 定数等分(线段数目为5)　　(b) 定距等分(定距为50)

图6-2 "定数等分"与"定距等分"对照

6.2 多 段 线

1. 功能

多段线也称复合线,可以由直线、圆弧组合而成。执行同一次多段线命令绘制的各线段是一个实体。运用多段线绘制的封闭轮廓线可以直接拉伸为三维实体。

2. 命令的输入

在[绘图]工具栏中单击[多段线]按钮 。

3. 命令的操作

输入命令后,系统提示:"指定起点:"。

指定起点后,系统提示:"当前线宽为 0.0000 指定下一个点或[圆弧(A)/半宽(H)/长度(L)/放弃(U)/宽度(W)]:"。

各选项的意义如下:

① 指定下一个点:系统默认为直线方式。可以指定下一个点画直线段。

② 圆弧(A):使多段线命令转入画圆弧方式。

③ 半宽(H):按线宽的一半指定当前线宽。

④ 长度(L):可输入一个长度值,按指定长度延长上一条直线段。

⑤ 放弃(U):用于取消前面刚绘制的一段多段线。

⑥ 宽度(W):用于设定多段线的宽度,默认值为 0。多段线初始宽度和终止宽度可以分段设置不同的值。

使用多段线时,可以依次绘制每条线段、设置各线段的宽度,使线段的始末端点具有不同的线宽或者选择"封闭"选项绘制封闭图线。在多段线中,圆弧的起点是前一个线段的端点,可以通过指定圆弧的角度、圆心、方向或半径来创建。

对于已经绘制的多段线,若要对其进行修改,可从菜单栏中选择"修改"→"对象"→"多段线"命令,根据提示进行编辑。

【例 6-1】使用多段线命令绘制图 6-3a 所示图形的轮廓线。

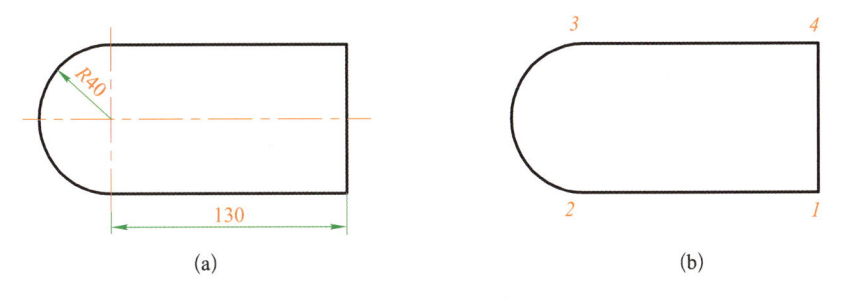

(a)　　　　　　　　　(b)

图 6-3　多段线示例

操作步骤：

(1) 在［绘图］工具栏中单击［多段线］按钮 ～。

(2) 在绘图区单击，确定多段线的起点，第 1 点。

(3) 左移光标，在极轴为 180°时输入 130，指定第 2 点。

(4) 从快捷菜单中选择"圆弧"，表示要绘制圆弧。

(5) 从快捷菜单中选择"角度"，表示要指定圆弧的角度。

(6) 指定圆弧包含的角度－180°（顺时针画圆弧，角度为负值）。

(7) 从快捷菜单中选择"半径"，表示要指定圆弧的半径。

(8) 指定圆弧的半径 40。

(9) 指定圆弧的弦方向 90°，创建第 3 点。

(10) 输入 L，表示要绘制直线。

(11) 右移光标，在极轴为 0°时输入 130，指定第 4 点。

(12) 捕捉起点，即可得到一个封闭图形，如图 6-3b 所示。

6.3 样条曲线

1. 功能

样条曲线是通过拟合空间一系列给定点得到的光滑曲线。该命令常用来绘制不规则的曲线，如木材断面、波浪线、钢管折断线、非正交相贯线以及汽车设计、地理信息系统所涉及的曲线等。

2. 命令的输入

在［绘图］工具栏中单击［样条曲线］按钮 ～。

3. 命令的操作

输入命令后系统提示："指定第一个点或［方式(M)/节点(K)/对象(O)］:"。

按提示指定第 1 点后，系统提示："输入下一个点或［起点切向(T)/公差(L)］:"。

指定第 2 点后，系统提示："输入下一个点或［端点相切(T)/公差(L)/放弃(U)］:"。

指定第 3 点后，系统提示："输入下一个点或［端点相切(T)/公差(L)/放弃(U)/闭合(C)］:"。

依次指定各点后按空格键，系统提示："输入下一个点或［端点相切(T)/公差(L)/放弃(U)/闭合(C)］:"。

按空格键命令自动结束，结果如图 6-4 所示。

4. 样条曲线在二维绘图中的应用

样条曲线在二维绘图中常用来绘制波浪线，如图 6-5 所示。

> 提示：波浪线应在细实线层绘制。

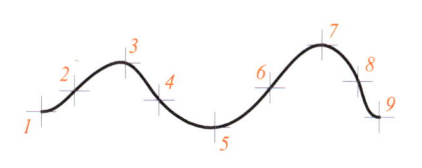

图 6-4　样条曲线的绘制　　　　　　图 6-5　样条曲线的应用

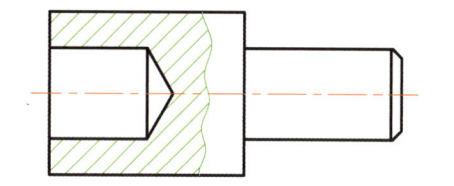

6.4　图案填充

1. 功能

使用图案填充命令可方便地绘制工程图中的剖面线。

2. 命令的输入

在［绘图］工具栏中单击［图案填充］按钮。

3. 命令的操作

当进行填充时，只要选择一种填充图案及填充范围，单击"确定"即可。输入命令后，弹出"图案填充和渐变色"对话框，如图 6-6 所示。

图 6-6　"图案填充和渐变色"对话框

（1）填充图案的选择与设置

填充图案的类型主要有"预定义"和"用户定义"两种。

① 预定义

在"类型(Y)"下拉列表中选择"预定义"选项,在"图案(P)"下拉列表中选择一种预定义的填充图案,或单击[浏览]按钮[...],弹出"填充图案选项板"对话框,在对话框中选择"ANSI"选项卡,如图 6-7 所示,选择相应的图案。金属零件的剖面线选择 ANSI31,橡胶元件的剖面线选择 ANSI37。确定后,在"样例"框中显示当前样式。单击"样例"框也会弹出"填充图案选项板"对话框。

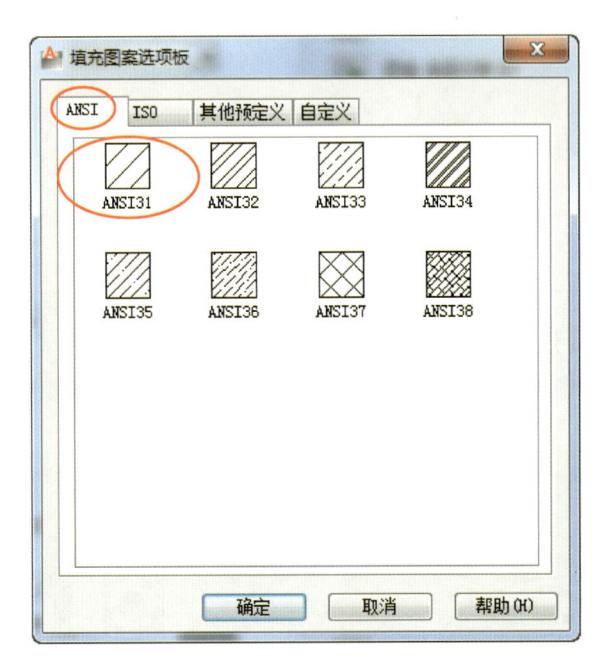

图 6-7 "填充图案选项板"对话框

在"角度和比例"区选择或输入数据,即可完成填充图案的设置。默认角度值为 0,表示剖面线倾斜角度为 45°,若选择 90,表示剖面线倾斜角度为 135°。默认的比例值是 1,表示剖面线间距为 3.18 mm,数值越大,填充线越稀疏;数值越小,填充线越紧密。图 6-8 所示为不同角度和不同比例时的填充效果。

(a) 不同角度示例　　　　　　　　　　　　(b) 不同比例示例

图 6-8　不同角度和比例时图案的填充效果

② 用户定义

如图 6-9 所示,在"类型(Y)"下拉列表中选择"用户定义"选项,在"样例"框中显示当前样式为水平直线。在"角度和比例"区选择或输入角度及间距，即可完成填充图案的设置。常用的角度值是 45，表示剖面线倾斜角度为 45°，若选择 135，则表示剖面线倾斜角度为 135°。最常用的间距为 3，表示剖面线间距为 3 mm，数值越大，填充线越稀疏。选择"双向(U)"可绘制橡胶元件的剖面线。

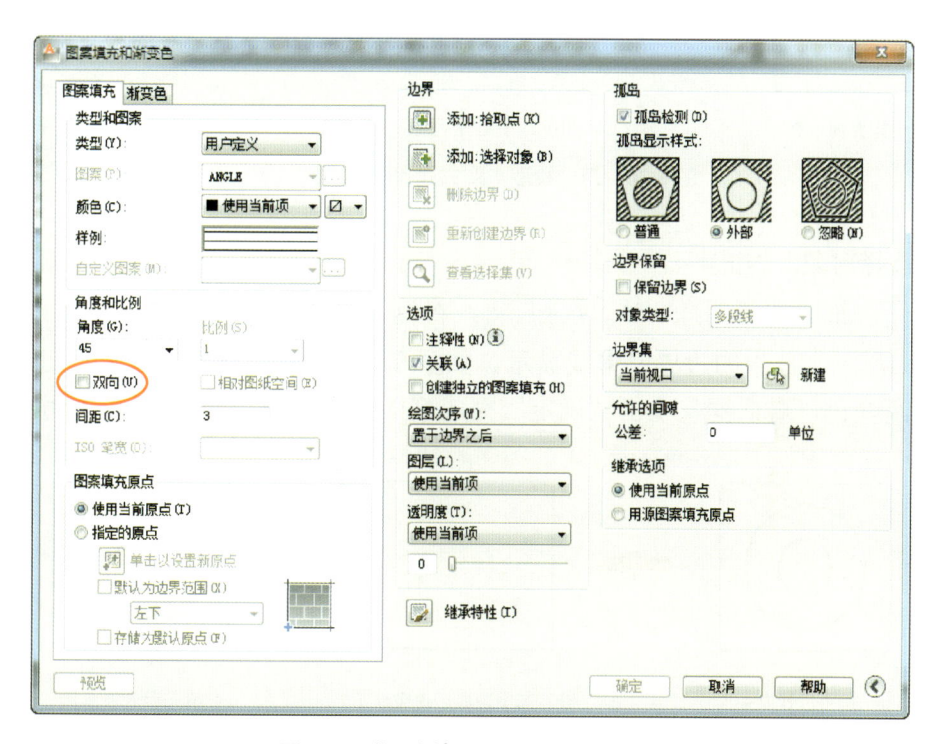

图 6-9 "图案填充和渐变色"对话框

（2）"孤岛"类型的选择

位于填充区域内的封闭区域称为孤岛。孤岛显示样式包括"普通""外部""忽略"三种。

①"普通"：从最外部边界向内填充，遇到内部边界时断开填充线，再遇到下一个内部边界时继续填充，填充图案相同。

②"外部"：只填充最外部区域。一般选择此种形式。

③"忽略"：忽略内部对象，全部填充。

（3）填充边界的选择

填充边界的选择有"拾取点"和"选择对象"两种方式。

①"拾取点"方式

单击［添加：拾取点(K)］按钮，将返回窗口，在所要绘制剖面线的封闭区域内点取一点，如图 6-10a 所示。系统将向四周搜索封闭的边界，搜索到的边界以虚像显示，如图 6-10b 所示。确定边界后按空格键返回"图案填充和渐变色"对话框，单

123

击"确定"完成剖面线的绘制,如图 6-10c 所示。

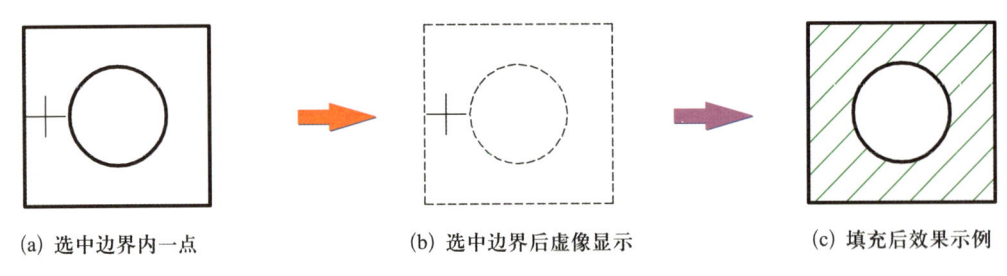

(a) 选中边界内一点　　　(b) 选中边界后虚像显示　　　(c) 填充后效果示例

图 6-10　用"拾取点"方式绘制剖面线示例

② "选择对象"方式

单击［添加:选择对象(B)］按钮 ，将返回窗口,用"点选方式"指定边界,如图 6-11a 所示。选中的边界以虚线显示,如图 6-11b 所示。选择后按空格键返回"图案填充和渐变色"对话框,单击"确定"完成剖面线的绘制,如图 6-11c 所示。

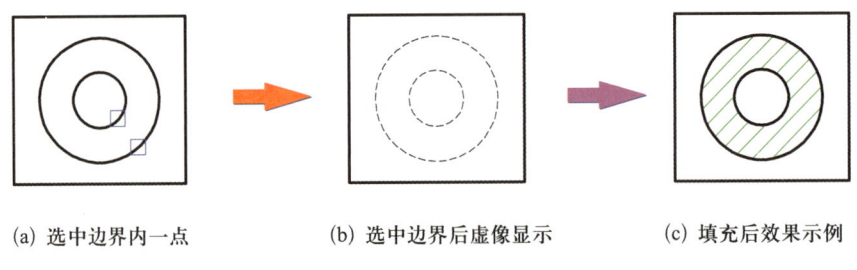

(a) 选中边界内一点　　　(b) 选中边界后虚像显示　　　(c) 填充后效果示例

图 6-11　用"选择对象"方式绘制剖面线示例

(4) 关联

若选择"关联(A)",当边界改变时,剖面线跟随变化,如图 6-12a 所示。

取消"关联(A)"后,当边界改变时,剖面线不变化,如图 6-12b 所示。

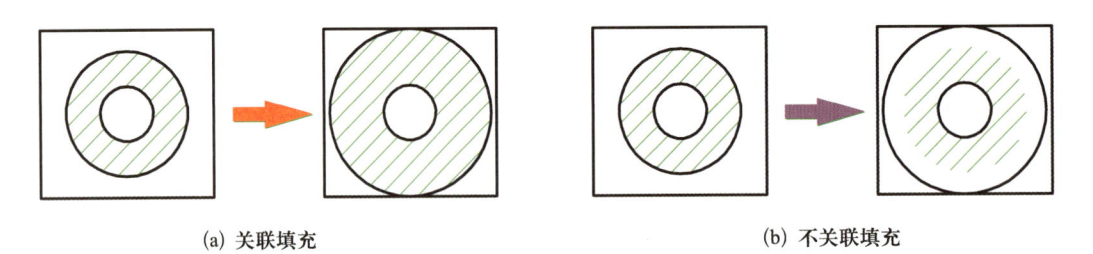

(a) 关联填充　　　　　　　　(b) 不关联填充

图 6-12　关联、不关联填充示例

4. 绘制剖面线实例

【例 6-2】绘制图 6-13 所示图形中的剖面线。

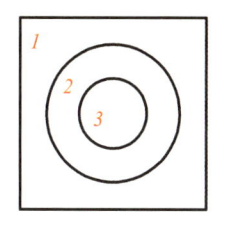

(a) 绘图过程　　　　　　　　　　　(b) 绘制结果

图 6-13　绘制剖面线实例

操作步骤：

（1）输入图案填充命令，在"类型"中选择"预定义"。

（2）在"图案(P)"下拉列表中选择"ANSI31"剖面线。

（3）在"角度和比例"区设"角度(G)"为"0"，"比例(S)"为"2"。

（4）选择"孤岛检测(D)"和"外部"样式。单击［添加：拾取点(K)］按钮，返回窗口，在图 6-13a 所示的 1 处拾取点，按空格键确认后返回"图案填充和渐变色"对话框，单击"确定"绘制最外边区域的剖面线。

（5）同上，将"比例(S)"设为"1"，单击［添加：拾取点(K)］按钮，返回窗口，在图 6-13a 所示的 3 处拾取点，绘制中心区域的剖面线。

（6）同上，将"角度(G)"设为"90"，"比例(S)"设为"1.5"，单击［添加：选择对象(B)］按钮，返回窗口，在图 6-13a 中选择两个圆作为边界，绘制 2 所在中间区域的剖面线。

> 提示：① 在画剖面线时，也可先定边界再选图案，然后进行相应设置。
> ② 如果被选边界中包含文字，AutoCAD 在文字附近的区域内不进行填充，这样，文字就可以清晰地显示。但在使用"忽略"填充方式时，将忽略这一特性而全部填充。

5. 剖面线的修改

如果需要修改已填充的剖面线类型、颜色、图层、比例、角度及背景色等，可直接双击该剖面线，弹出"图案填充"对话框。在对话框中，根据需要重新选择或修改有关选项后，关闭对话框并按［Esc］键，完成修改。

6. 渐变色

"渐变色"选项卡中有"单色(O)""双色(T)"两种填充颜色，通过"方向"选项区调整方向，如图 6-14 所示。

计算机绘图

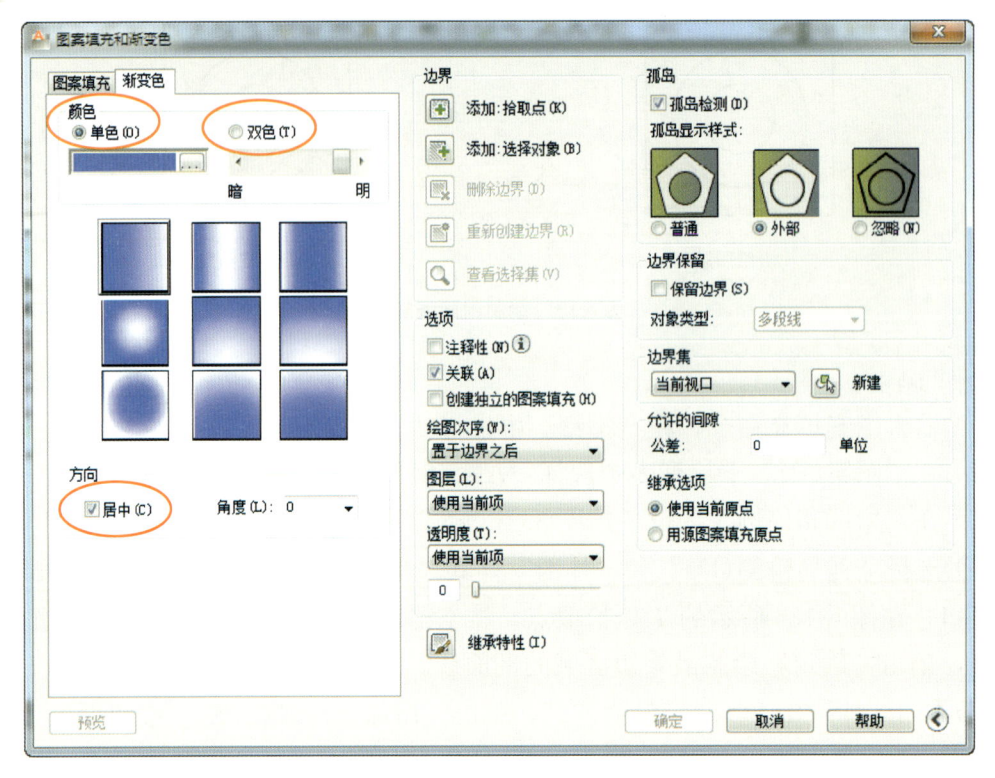

图 6-14 "渐变色"选项卡

采用渐变色填充的图案，呈现的剖面线有意想不到的效果，如图 6-15 所示。

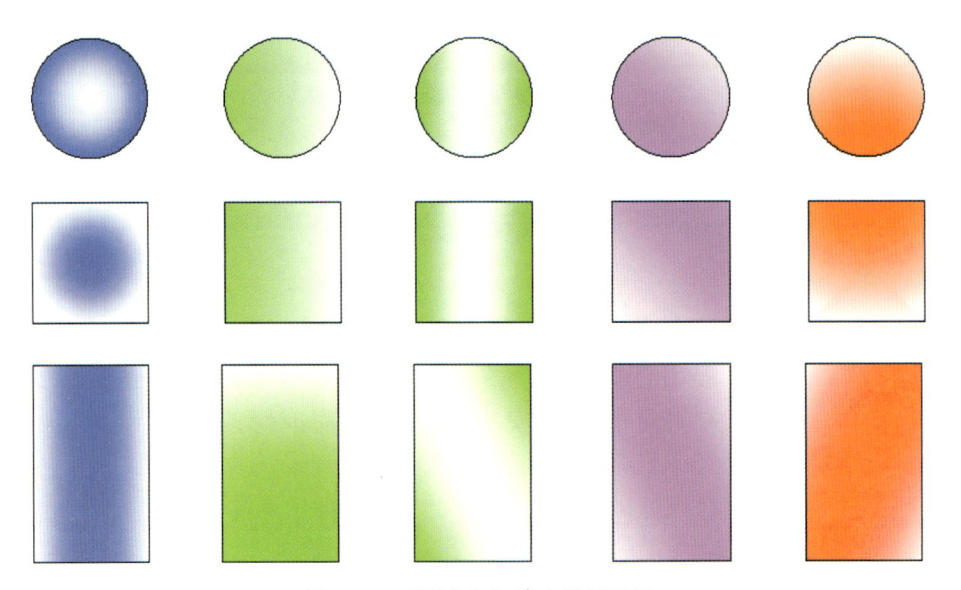

图 6-15 "渐变色"填充效果示例

6.5 面　　域

1. 功能

面域命令可将由直线、圆、圆弧、样条曲线等命令绘制的线框修改为平面，以便拉伸为实体。

2. 命令的输入

在 ［绘图］ 工具栏中单击 ［面域］ 按钮 ◎ 。

3. 命令的操作

(1) 用基本绘图命令绘制、编辑要拉伸或旋转的图形线框。

(2) 输入面域命令，系统提示："选择对象："。

(3) 选择要面域的线框对象，右击确定后，系统提示："已创建 1 个面域"。此时，图形由线框即变成了平面。

> 提示：若系统提示："已创建 0 个面域"，则说明绘制的图形线框不正确，应查明原因后重新定义。

【例 6-3】绘制图 6-16a 所示图形，并进行面域。

操作步骤：

(1) 用直线、圆命令绘制图形，经编辑后如图 6-16a 所示（此时，单击任意一条线，夹点显示围成图形的各线段为独立元素）。

(2) 单击 ［面域］ 按钮，选择整个图形，右击确定，完成面域，如图 6-16b 所示（此时，单击任意一条线，夹点显示成为一体）。

(3) 从菜单栏中单击"绘图"→"建模"→"拉伸"命令，选择要拉伸的对象后，输入拉伸的高度为 60，即可将创建的面域拉伸成实体。

(4) 从菜单栏中单击"视图"→"视觉样式"→"概念"命令；再从菜单栏中单击"视图"→"三维视图"→"西南等轴测"命令，效果如图 6-16c 所示。

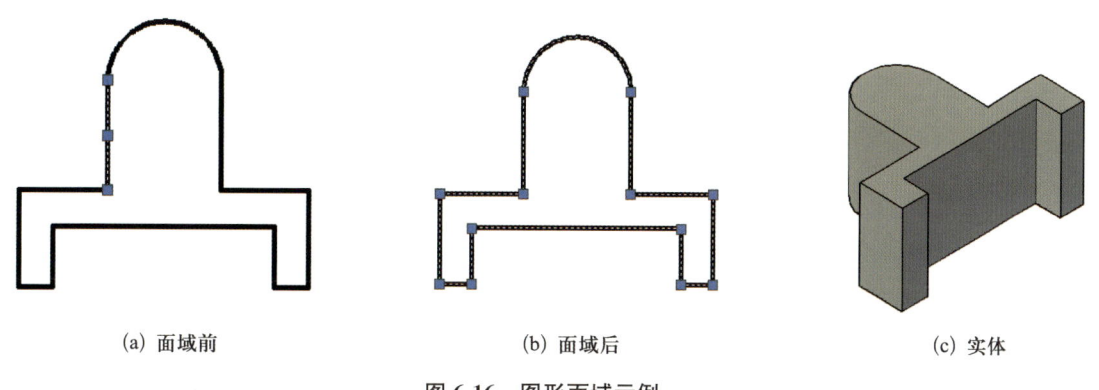

(a) 面域前　　　　(b) 面域后　　　　(c) 实体

图 6-16　图形面域示例

综合练习六

一、基本题

1. 利用"定数等分"方式绘制图 6-17、图 6-18 所示图形并保存，文件名为"综合练习 6-1-1"（不标注尺寸）。

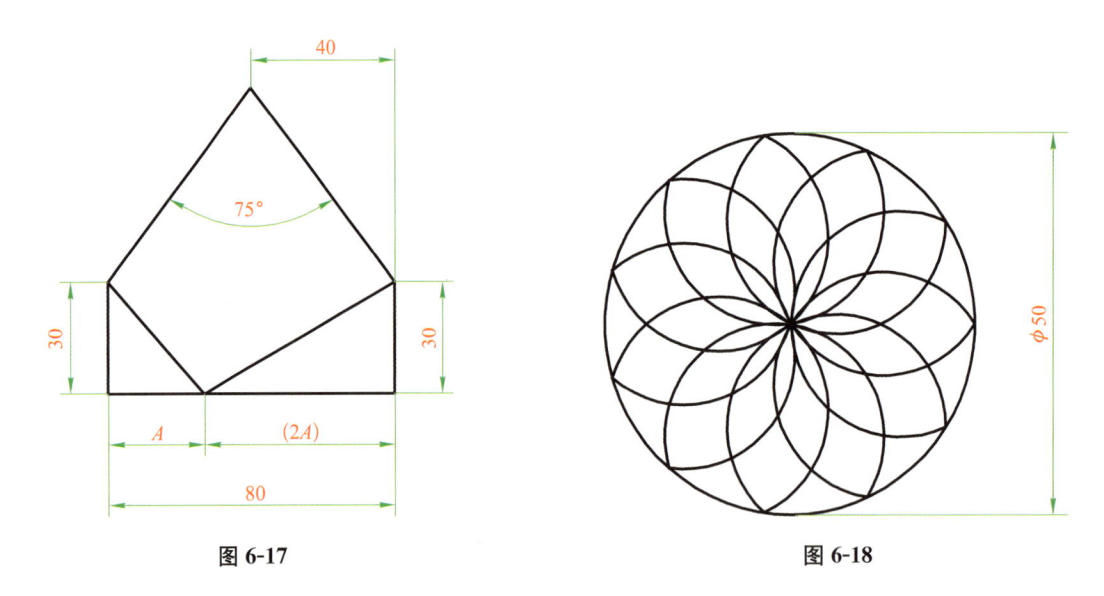

图 6-17

图 6-18

2. 绘制图 6-19 所示扳手并保存，文件名为"综合练习 6-1-2"（不标注尺寸）。

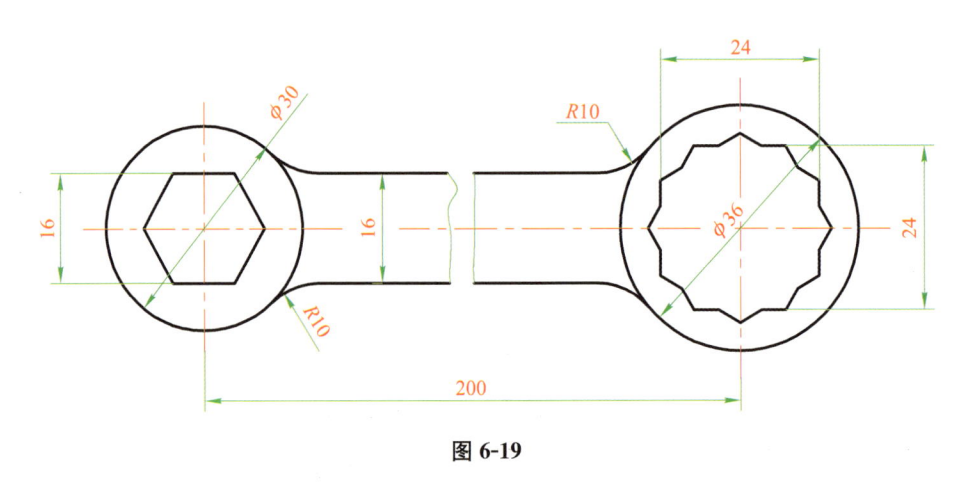

图 6-19

3. 分层绘制图 6-20～图 6-23 所示图形并保存，文件名为"综合练习 6-1-3"（不标注尺寸），波浪线用样条曲线在细实线层上绘制。

图 6-20

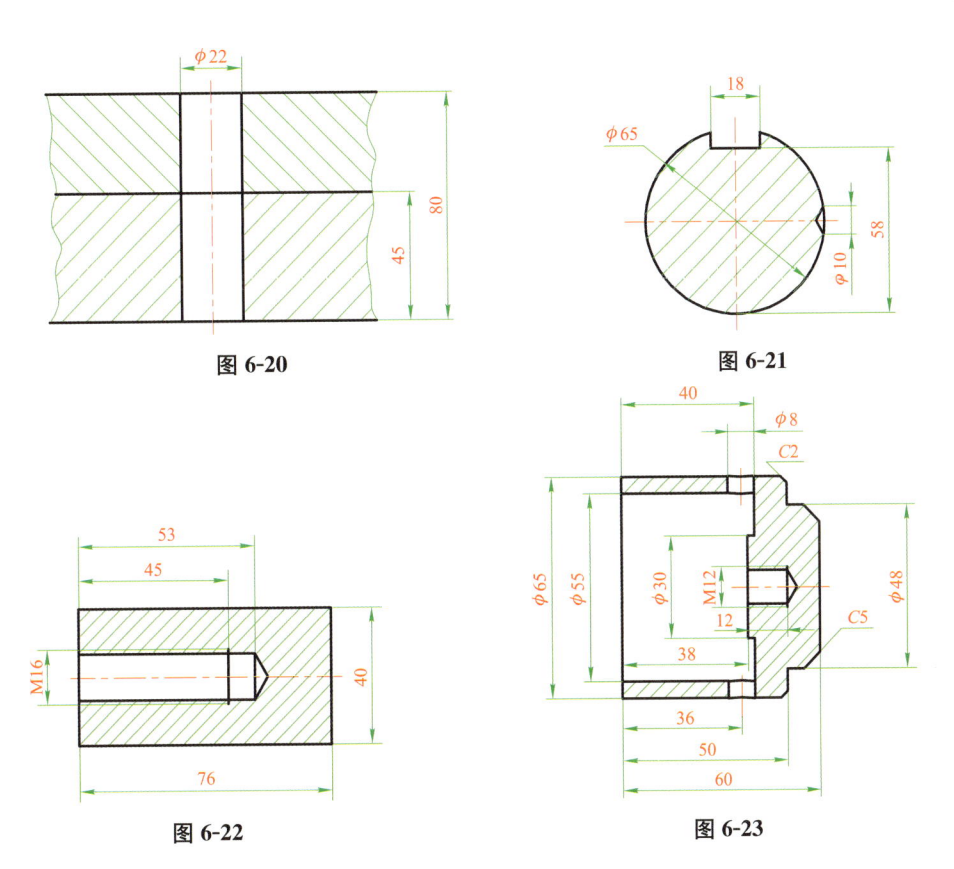

图 6-21

图 6-22

图 6-23

二、进阶题

抄画图 6-24、图 6-25 所示三视图（第三角画法）并保存，文件名为"**综合练习 6-2-1**"（不标注尺寸）。

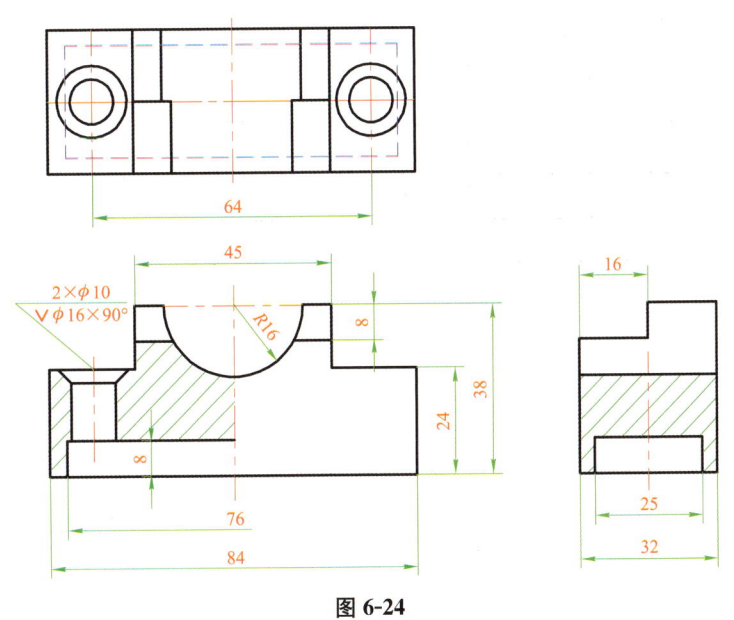

图 6-24

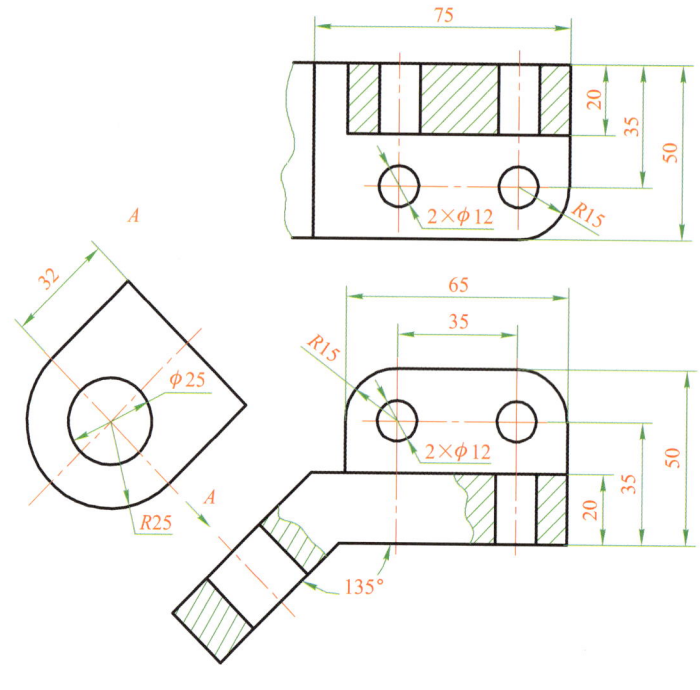

图 6-25

2. 根据图 6-26 所示两视图，将右边的视图改画成全剖视图并保存，文件名为"综合练习 6-2-2"（不标注尺寸）。

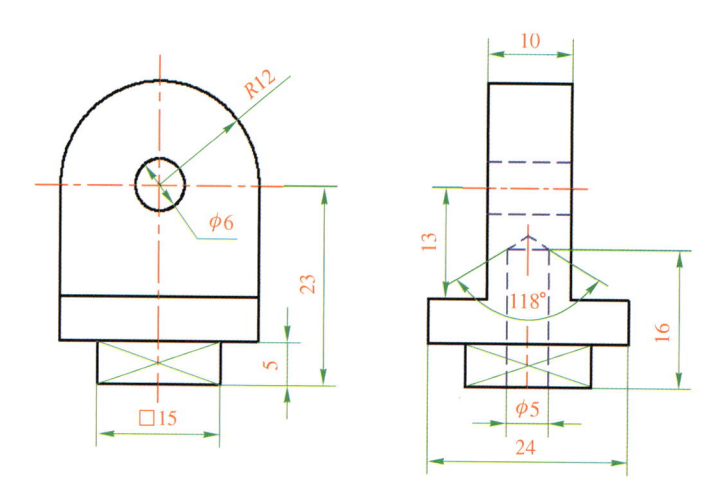

图 6-26

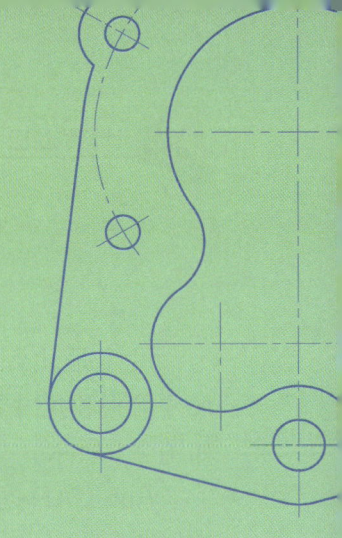

AutoCAD 2012

单元七 尺寸标注

7.1 尺寸的组成与标注类型
7.2 标注样式
7.3 尺寸的标注方法
7.4 尺寸标注的编辑
7.5 其他符号的标注
综合练习七

7.1 尺寸的组成与标注类型

尺寸是由尺寸界线、尺寸线、尺寸箭头和尺寸数字四部分组成的，如图 7-1 所示。

AutoCAD 提供的 [标注] 工具栏如图 7-2 所示。常见的标注类型如图 7-3 所示。

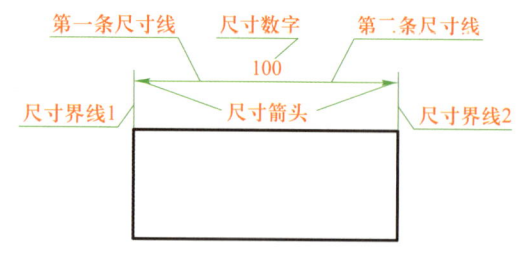

图 7-1 尺寸的组成

图 7-2 "标注"工具栏

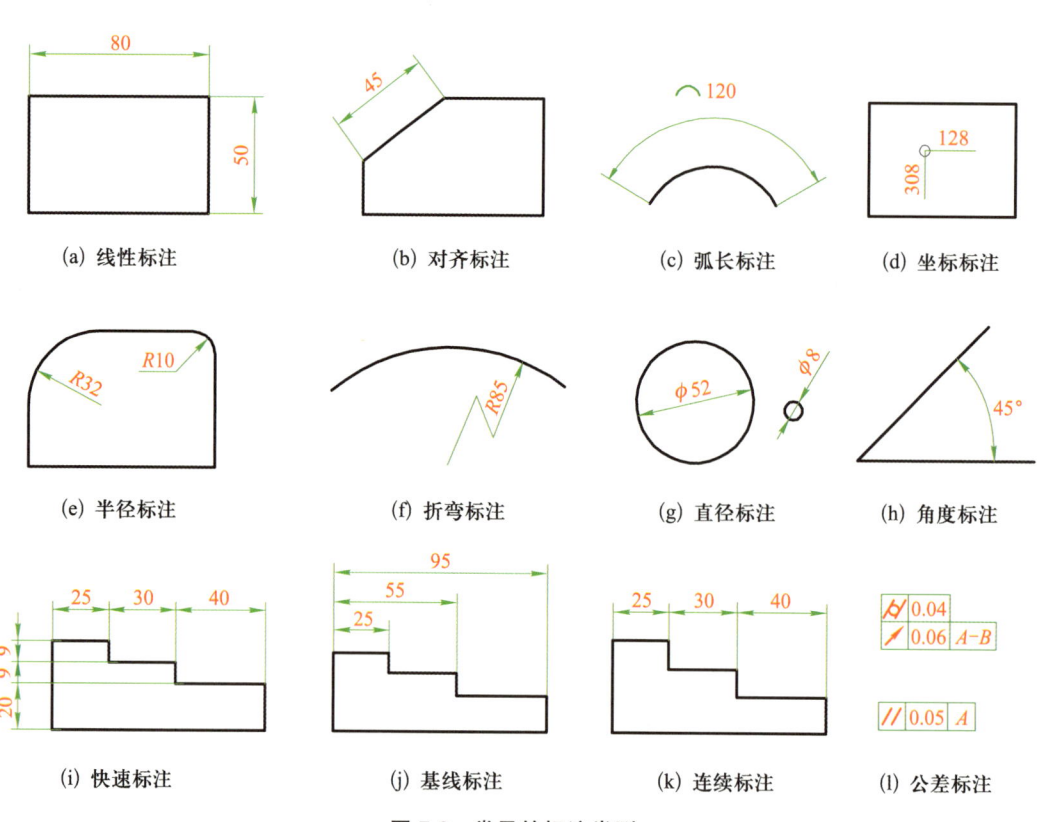

(a) 线性标注

(b) 对齐标注

(c) 弧长标注

(d) 坐标标注

(e) 半径标注

(f) 折弯标注

(g) 直径标注

(h) 角度标注

(i) 快速标注

(j) 基线标注

(k) 连续标注

(l) 公差标注

图 7-3 常见的标注类型

7.2 标注样式

在 AutoCAD 中，系统默认的"标注样式"为"ISO-25"，这种标注样式不能完全满足我国机械制图标准的规定。因此，在标注尺寸之前必须以"ISO-25"为基础样式，创建一组符合我国机械制图标准的尺寸标注样式。

下面创建一种名为"GB1"的标注样式。

7.2.1 新建标注样式的步骤

1. 输入标注样式命令

在［标注］工具栏或［样式］工具栏中单击［标注样式］按钮，如图 7-4 所示。

图 7-4 ［样式］工具栏

输入命令后，系统弹出"标注样式管理器"对话框，如图 7-5 所示。

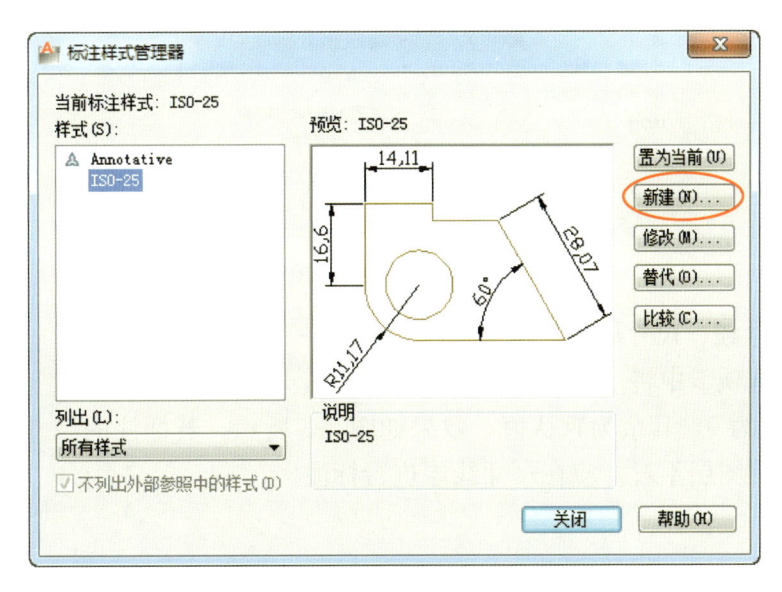

图 7-5 "标注样式管理器"对话框

2. 创建新标注样式名

在打开的"标注样式管理器"对话框中选中"ISO-25"，单击"新建(N)..."，打开"创建新标注样式"对话框，如图 7-6 所示。在"新样式名(N)"文本框中输入"GB1"。

图 7-6 "创建新标注样式"对话框

单击"继续",打开"新建标注样式:GB1"对话框,如图 7-7 所示。

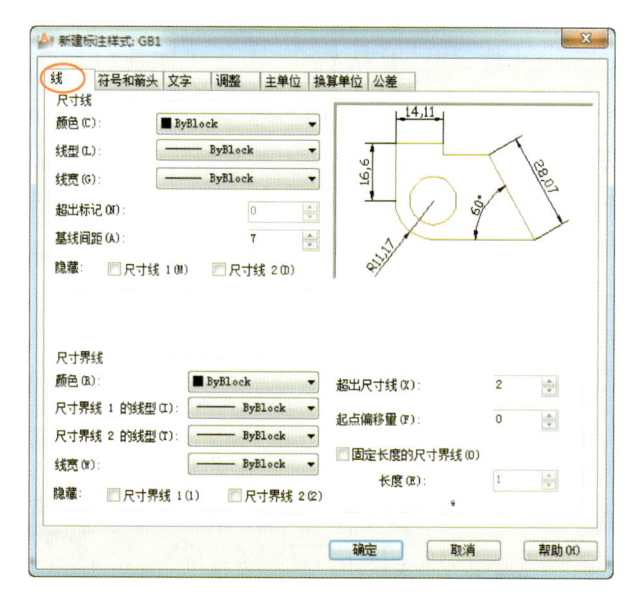

图 7-7 "新建标注样式:GB1"对话框

3. 修改尺寸线、尺寸界线参数

在"线"选项卡中将"基线间距(A)"改为 7,"超出尺寸线(X)"设为 2,"起点偏移量(F)"改为 0,其余为默认值,效果如图 7-8 所示。若标注的尺寸线、尺寸界线为白色,则说明图层不对,应在尺寸线层进行标注。

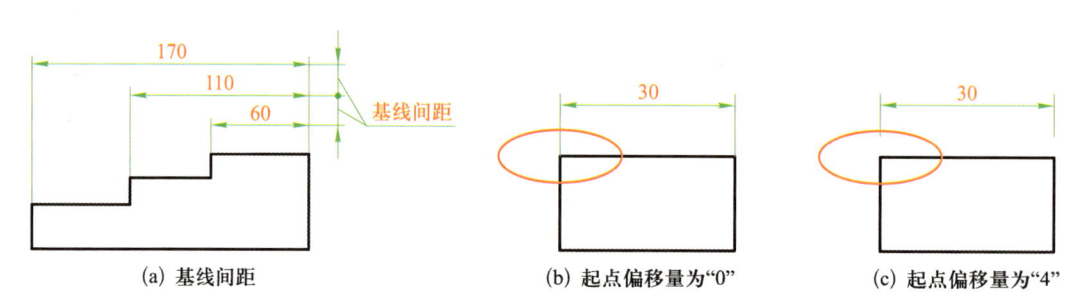

(a) 基线间距　　　　　　　　(b) 起点偏移量为"0"　　　　　　　(c) 起点偏移量为"4"

图 7-8 修改尺寸线、尺寸界线参数的示例

若在"隐藏"选项中选择隐藏"尺寸线1(M)"和"尺寸界线1(1)",效果如图 7-9 所示。ϕ120 这种标注称为半标注。

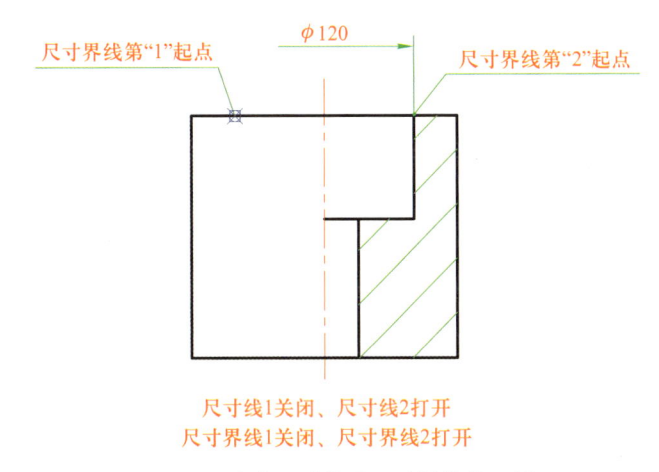

图 7-9 隐藏尺寸线及尺寸界线的示例

4. 修改"符号和箭头"参数

在"符号和箭头"选项卡中,将"箭头大小(I)"设为 3,其余采用默认值,如图 7-10 所示。AutoCAD 中常用"实心闭合"箭头,另外"小点"也比较常用。

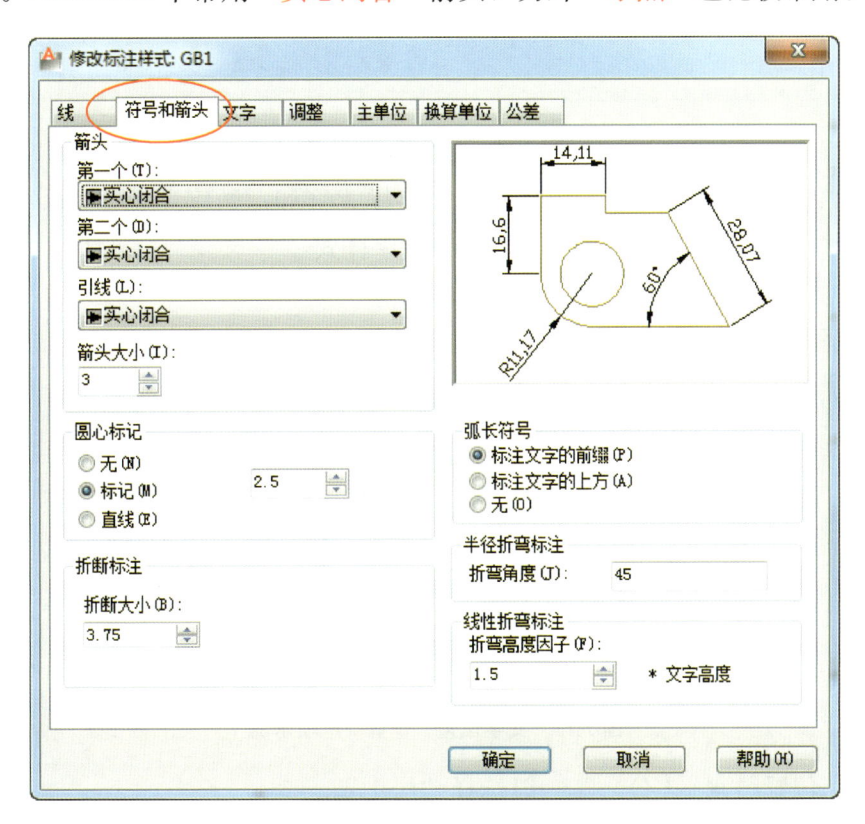

图 7-10 "符号和箭头"选项卡

135

5. 修改"文字"选项

"文字"选项卡如图 7-11 所示。

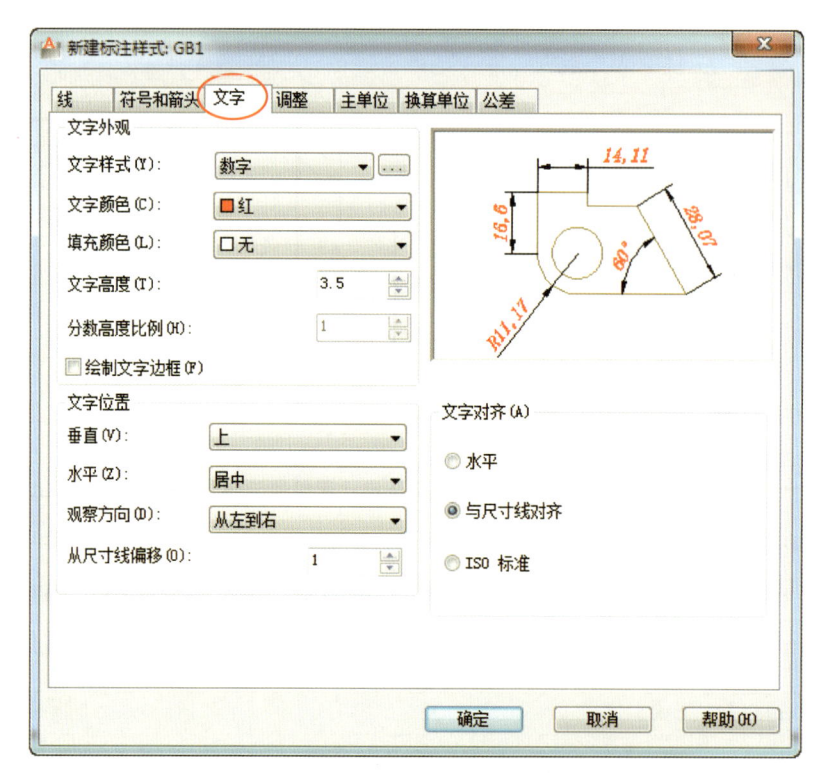

图 7-11　"文字"选项卡

① 在"文字样式(Y)"中选择已有的文字样式(如"数字")。也可单击[浏览]按钮，打开"文字样式"对话框，创建新的文字样式。

② 在"文字颜色(C)"中设为"红"色。

③ "文字高度(T)"一般设成"3"或"3.5"。

④ "文字位置'垂直(V)'"一般选择"上"或"居中"，效果如图 7-12 所示。

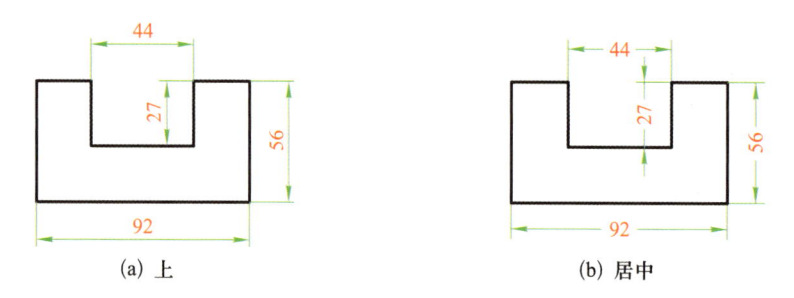

(a) 上　　　　　　　　　　(b) 居中

图 7-12　文字位置"垂直"选项示例

⑤ "文字位置'水平(Z)'"一般选择"居中"。

⑥ "从尺寸线偏移(O)"指尺寸数字与尺寸线之间的距离，一般设为 1。

⑦"文字对齐(A)"是指尺寸数字的字头方向是水平向上还是与尺寸线平行。一般选择"与尺寸线对齐"。对于角度标注等需要文字"水平"时，可再建一种新样式，或用"替代"的方式选择"水平"后进行标注。"替代"的操作后述。

6. 设置"调整"选项

"调整"选项卡如图 7-13 所示。

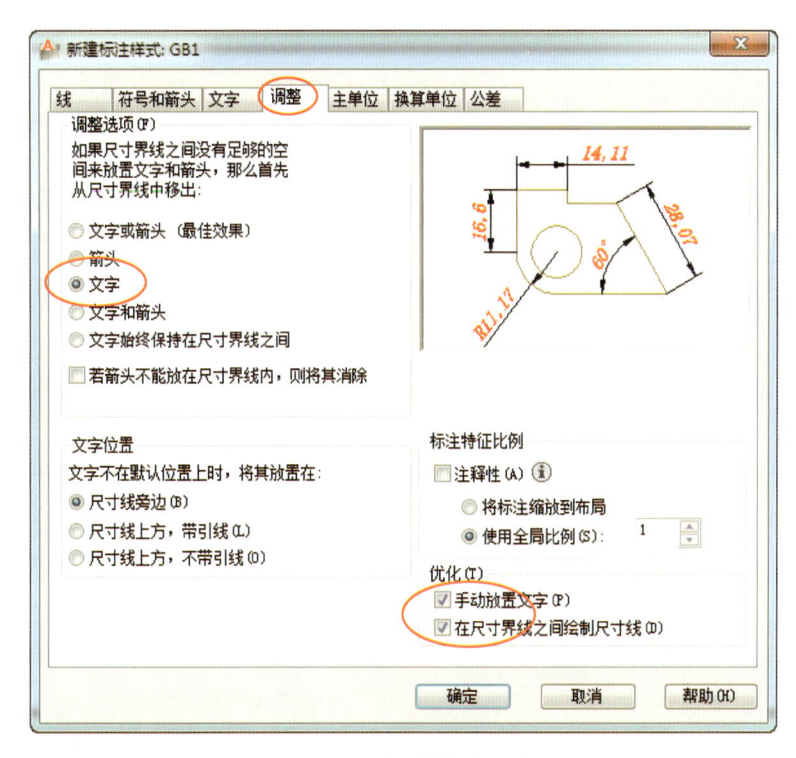

图 7-13　"调整"选项卡

①"调整选项(F)"一般选择"文字"。即把尺寸数字移出，而箭头放在尺寸界线内。如果要把尺寸箭头放在尺寸界线外，则应选择"箭头"。

②"文字位置"一般选择"尺寸线旁边(B)"。

③ 选中"优化(T)"区的两个选项。

7. 修改"主单位"选项

"主单位"选项卡如图 7-14 所示。

①"单位格式(U)"：选择"小数"。

②"精度(P)"：设为小数点后保留两位。

③"小数分隔符(C)"：选择"'.'（句点）"。

④"比例因子(E)"：采用 1∶1 的比例绘图时，该比例因子设为"1"。若绘图比例为 1∶2 时，即图形缩小至 1/2，比例因子应设为"2"，系统将把测量值扩大 2 倍，标注物体真实尺寸。

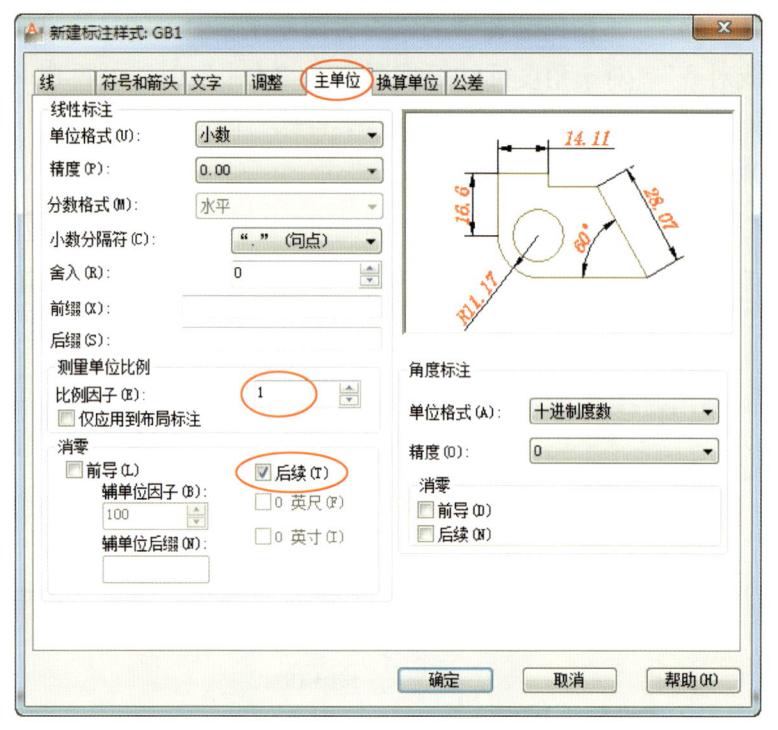

图 7-14 "主单位"选项卡

⑤ "消零"区:选择"后续(T)",将不显示小数后末尾的"0"。

8. "换算单位"选项卡

"换算单位"选项卡不需修改。

9. "公差"选项卡

"公差"选项卡也不需修改。在标注尺寸公差时,一般通过快捷菜单中的"多行文字"直接输入。

单击"确定"按钮,返回"标注样式管理器"对话框,单击"关闭",完成"GB1"标注样式的创建。

7.2.2 修改、替代标注样式

1. 修改标注样式

若要修改某一标注样式,可在"样式"列表中选择要修改的标注样式,然后单击"修改(M)…",弹出"修改标注样式"对话框。"修改标注样式"对话框与"新建标注样式"对话框内容及操作方法完全相同。修改后单击"确定",返回"标注样式管理器"对话框,完成修改操作。

> 提示:修改标注样式后,所有按该样式标注的尺寸(包括已标注和将要标注的尺寸)均按新设置样式自动更新。

2. 替代标注样式

当个别尺寸与已有的标注样式相近但又不完全相同时，若修改标注样式，则所有应用该样式标注的尺寸都将改变，而创建新样式又很烦琐。为此，AutoCAD提供了尺寸标注样式的替代功能，即设置一个临时的标注样式来替代相近的标注样式。

操作方法：

（1）单击［标注样式］按钮，弹出"标注样式管理器"对话框。

（2）在"样式(S)"列表中选择相近的标注样式，单击"替代(O)..."，弹出"替代当前样式"对话框。

（3）对需要调整的选项进行修改后，单击"确定"，返回"标注样式管理器"对话框，AutoCAD在所选样式名下面显示"<样式替代>"，并自动将其设为当前样式。

（4）单击"关闭"，即可在"<样式替代>"方式下进行标注。此时，也可以单击［标注更新］按钮，然后选中已有的尺寸，将该尺寸更新为替代样式。

> 提示：如果要回到原来的样式下进行标注，则应在标注样式列表中单击一次其他样式，然后再把原样式置为当前。

【例 7-1】利用前面创建的"GB1"标注样式，使用"替代"的方法标注图 7-15 所示的连续小尺寸。

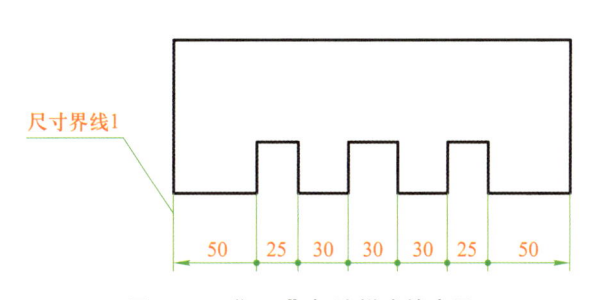

图 7-15 "GB1"标注样式的应用

操作步骤如下：

① 将"GB1"标注样式置为当前标注样式，单击［标注样式］按钮，在打开的"标注样式管理器"对话框中单击"替代(O)"，在"符号和箭头"选项卡中，将第二个箭头设置成"小点"，确定后返回界面。

② 单击［线性标注］按钮后，捕捉"尺寸界线1"的原点。

③ 捕捉另一尺寸界线的原点，标注左边的 50。

④ 单击［连续标注］按钮。

⑤ 用同样的方法将第一个箭头改成"无"，然后标注 25、30、30、30、25。

⑥ 最后再将第二个箭头改回"实心闭合"，标注 50。

7.2.3 新建标注样式实例

在一张较复杂的工程图样中，通常有多种尺寸标注形式，应根据实际情况建立几个基本的标注样式。少数特殊尺寸可以用替代的方式进行标注。

【例 7-2】创建一种基于"GB1"的文字水平标注样式，样式名为"文字水平"。

操作步骤：

（1）单击［标注样式］按钮，打开"标注样式管理器"对话框。单击"新建(N)..."，在弹出的"创建新标注样式"对话框中的"新样式名(N)"文本框中输入"文字水平"，在"基础样式(S)"中选择"GB1"，其余采用默认设置，如图 7-16 所示。

图 7-16 "创建新标注样式"对话框

（2）单击"继续"，打开"新建标注样式：文字水平"对话框，在"文字"选项卡中将"文字对齐(A)"改为"水平"，其余采用基础样式"GB1"的设置，如图 7-17 所示。

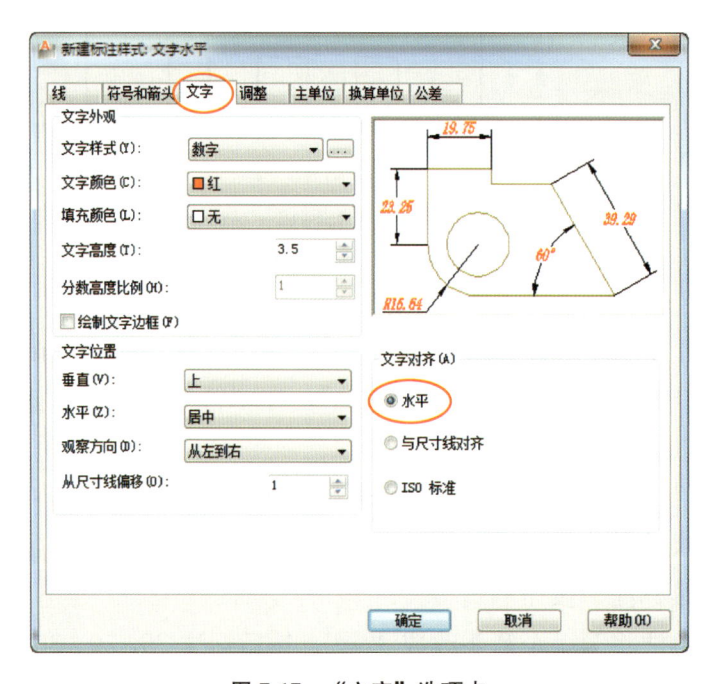

图 7-17 "文字"选项卡

单元七　尺寸标注

7.3　尺寸的标注方法

下面以尺寸标注样式"GB1"为例，介绍各种类型的尺寸标注方法。

首先将［标注］工具栏打开，置于绘图区上方，以便选择标注命令，然后选中"标注样式"列表中的"GB1"，再把"文字样式"中的"数字"置为当前，最后把尺寸线层置为当前层。

7.3.1　线性标注

1. 功能

用来标注水平或铅垂的线性尺寸。图 7-18 所示为用线性标注命令标注的尺寸。在标注尺寸时，应打开固定对象捕捉和极轴追踪，这样可准确、快速地进行尺寸标注。

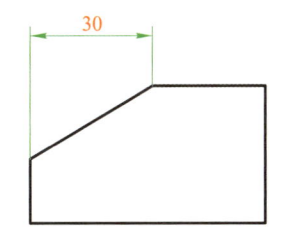

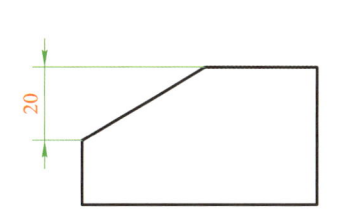

图 7-18　线性标注示例

2. 命令的输入

在［标注］工具栏中单击［线性标注］按钮。

3. 命令的操作

输入命令后，系统提示："指定第一个尺寸界线原点或<选择对象>："。

如果直接右击，即执行"选择对象"选项，系统提示："选择标注对象"。

选择标注对象后，系统提示："指定尺寸线位置或［多行文字(M)/文字(T)/角度(A)/水平(H)/垂直(V)/旋转(R)］："。

此时，直接指定尺寸线的位置，系统将以该对象的两端点作为两尺寸界线的原点标注尺寸。

如果标注的尺寸不在同一个对象上，则可用光标捕捉第一条尺寸界线的原点，系统提示："指定第二条尺寸界线原点："。

再用光标捕捉第二条尺寸界线的原点，系统提示："指定尺寸线位置或［多行文字(M)/文字(T)/角度(A)/水平(H)/垂直(V)/旋转(R)］："。

若直接指定尺寸线的位置，系统将按测定的尺寸数字完成标注。

若需要，可选择相应的选项。各选项含义如下：

(1)"多行文字(M)"选项：用"在位文本编辑器"输入特殊的尺寸数字。

141

(2)"文字(T)"选项：用单行文字方式重新输入尺寸数字。
(3)"角度(A)"选项：指定尺寸数字的旋转角度。
(4)"水平(H)"选项：指定尺寸线呈水平标注（可直接拖动）。
(5)"垂直(V)"选项：指定尺寸线呈铅垂标注（可直接拖动）。
(6)"旋转(R)"选项：指定尺寸线与水平线所夹角度。
选项操作后，AutoCAD会再一次提示要求给出尺寸线位置，给定后即完成标注。

7.3.2 对齐标注

1. 功能

用于标注倾斜的线性尺寸，如图7-19所示。

2. 命令的输入

在［标注］工具栏中单击［对齐标注］按钮。

3. 命令的操作

输入命令后，系统提示："指定第一个尺寸界线原点或<选择对象>:"。

图7-19 对齐标注示例

如果直接右击，即执行"选择对象"选项，系统提示："选择标注对象"。

选择标注对象后，系统提示："指定尺寸线位置或［多行文字(M)/文字(T)/角度(A)/水平(H)/垂直(V)/旋转(R)］:"。

此时，直接指定尺寸线的位置，系统将以该对象的两端点作为两尺寸界线的原点标注尺寸。

若用光标捕捉第一条尺寸界线原点后，系统提示："指定第二条尺寸界线原点:"。
用对象捕捉第二条尺寸界线原点后，系统提示："指定尺寸线位置或［多行文字(M)/文字(T)/角度(A)］:"。

直接指定尺寸线位置，AutoCAD将按测定尺寸数字完成标注。

若需要，可选择相应选项，各选项含义与"线性标注"方式的同类选项相同。

7.3.3 弧长标注

1. 功能

用来标注圆弧的长度，如图7-20所示。

2. 命令的输入

在［标注］工具栏中单击［弧长标注］按钮。

图7-20 弧长标注示例

3. 命令的操作

输入命令后，系统提示："选择弧线段或多段线弧线段:"。

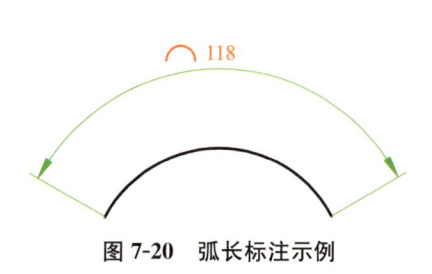

选择圆弧线段，系统提示："指定弧长标注位置或［多行文字(M)/文字(T)/角度(A)/部分(P)/引线(L)］:"。

指定标注位置后即可标注弧长。

7.3.4 坐标标注

1. 功能

用来标注图形中某点的 X 和 Y 坐标及一条引导线。因为 AutoCAD 使用世界坐标系或当前用户坐标系的 X 和 Y 坐标轴，所以标注坐标尺寸时，应使图形的（0,0）基准点与坐标系的原点重合，否则应重新输入坐标值。

2. 命令的输入

在［标注］工具栏中单击［坐标标注］按钮 。

3. 命令的操作

输入命令后，系统提示："指定点坐标:"。

选择引线的起点后，系统提示："指定引线端点或［X 基准(X)/Y 基准(Y)/多行文字(M)/文字(T)/角度(A)］:"。

若直接指定引线终点，AutoCAD 将按测定坐标值标注引线起点的 X 或 Y 坐标，完成坐标标注。

若需改变坐标值，可选"文字(T)"或"多行文字(M)"选项，给出新坐标值，再指定引线终点即完成标注。

> 提示：在"指定引线端点"提示时，若相对于坐标点上下移动光标，将标注点的 X 坐标；若相对于坐标点左右移动光标，将标注点的 Y 坐标。

7.3.5 半径标注

1. 功能

用来标注圆弧的半径，如图 7-21 所示。

图 7-21　半径标注示例

2. 命令的输入

在［标注］工具栏中单击［半径标注］按钮 。

3. 命令的操作

输入命令后，系统提示："选择圆弧或圆:"。

用直接点取方式选择需标注的圆弧或圆后，系统提示："指定尺寸线位置或[多行文字(M)/文字(T)/角度(A)]:"。

若直接给出尺寸线位置，AutoCAD将按测定尺寸数字加上半径符号"R"完成半径尺寸标注。

若需要，可选择相应选项，各选项含义与"线性标注"的同类选项相同，但用"多行文字(M)"或"文字(T)"选项重新指定尺寸数字时，半径符号 R 需与尺寸数字一起输入。

7.3.6 折弯标注

1. 功能

用来标注大圆弧的半径，如图 7-22 所示。

2. 命令的输入

在［标注］工具栏中单击［折弯标注］按钮。

3. 命令的操作

输入命令后，系统提示："选择圆弧或圆:"。

图 7-22 折弯标注示例

用直接点取方式选择需标注的圆弧或圆后，系统提示："指定图示中心位置:"。

指定折弯半径标注的新中心点，系统提示："指定尺寸线位置或［多行文字(M)/文字(T)/角度(A)］:"。

指定尺寸线位置后，系统提示："指定折弯位置:"。

移动光标指定折弯位置即可。

7.3.7 直径标注

1. 功能

用来标注圆及圆弧的直径，如图 7-23 所示。

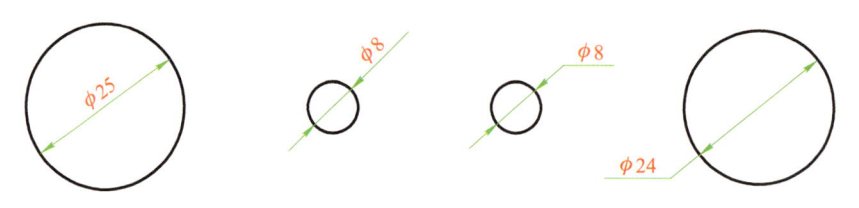

图 7-23 直径标注示例

2. 命令的输入

在［标注］工具栏中单击［直径标注］按钮。

3. 命令的操作

输入命令后，系统提示："选择圆弧或圆:"。

用直接点取方式选择需标注的圆弧或圆后，系统提示："指定尺寸线位置或[多行文字(M)/文字(T)/角度(A)]:"。

若直接指定尺寸线位置，AutoCAD将按测定尺寸数字加上直径符号"ϕ"完成直径尺寸标注。

若需要，可选择相应的选项，各选项含义与"线性标注"方式的同类选项相同，但用"多行文字(M)"选项重新指定尺寸数字时，直径符号需与尺寸数字一起输入。直径符号"ϕ"应输入（％％C）。

7.3.8 角度标注

1. 功能

用于标注两条不平行直线之间的夹角、圆弧的中心角、已知三点标注角度，如图7-24所示。

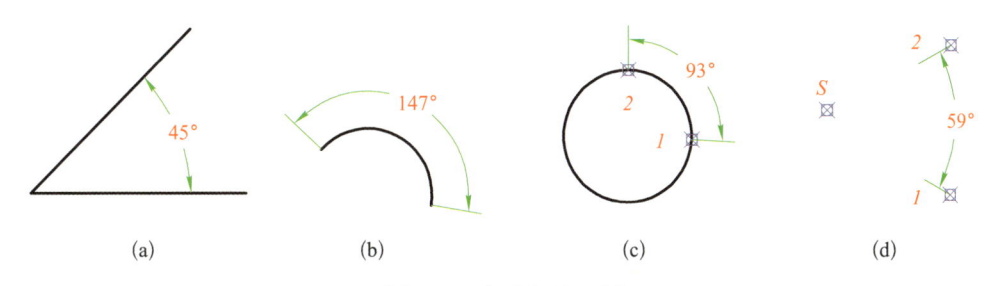

图 7-24 角度标注示例

2. 命令的输入

在［标注］工具栏中单击［角度标注］按钮。

3. 命令的操作

（1）在两直线间标注角度尺寸

输入命令后，系统提示："选择圆弧、圆、直线或<指定顶点>:"。

直接选取第一条直线后，系统提示："选择第二条直线:"。

直接选取第二条直线，系统提示："指定标注弧线位置或[多行文字(M)/文字(T)/角度(A)/象限点(Q)]:"。

若直接指定尺寸线位置，AutoCAD将按测定尺寸数字加上角度单位符号"°"完成角度尺寸标注。效果如图7-24a所示。

若需要，也可通过"多行文字(M)"或"文字(T)"以及"角度(A)"选项确定尺寸数字及其旋转角度；通过"象限点(Q)"选项，可将尺寸数字置于尺寸界线之外（此时，单击确定尺寸线位置，再在尺寸界线外确定数字位置）。

（2）对整段圆弧标注角度尺寸

输入命令后，系统提示："选择圆弧、圆、直线或<指定顶点>:"。

选择圆弧上任意一点后，系统提示："指定标注弧线位置或[多行文字(M)/文字

（T）/角度（A）/象限点（Q）]："。

若直接指定尺寸线位置，将按测定尺寸数字完成尺寸标注。效果如图7-24b所示。若需要，可选择相应的选项。

7.3.9 快速标注

1. 功能

快速标注命令是用更简捷的方法来标注线性尺寸、坐标尺寸、半径尺寸、直径尺寸、连续尺寸等的标注尺寸的方式。

2. 命令的输入

在［标注］工具栏中单击［快速标注］按钮。

3. 命令的操作

输入命令后，系统提示："选择要标注的几何图形："。

选择一条直线或圆或圆弧后，系统提示："选择要标注的几何图形："。

再选择一条线或按［Enter］键结束选择后，系统提示："指定尺寸线位置或[连续（C）/并列（S）/基线（B）/坐标（O）/半径（R）/直径（D）/基准点（P）编辑（E）/设置（T）]<连续>："。

若直接指定尺寸线位置，确定后将按默认设置"连续"方式标注尺寸并结束命令。

若选择相应的选项，将给出提示，并重复上一行的提示，然后再指定尺寸线位置，AutoCAD将按所选方式标注尺寸并结束命令。

7.3.10 基线标注

1. 功能

用来快速地标注具有同一起点的若干个相互平行的尺寸，如图7-25所示。

2. 命令的输入

在［标注］工具栏中单击［基线标注］按钮。

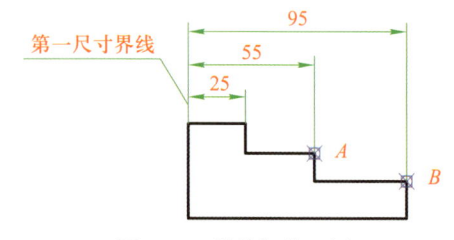

图7-25 基线标注示例

3. 命令的操作

基线标注的前提是当前图形中已经有一个线性标注，此标注的第一尺寸界线将作为基线标注的基准。

以图7-25所示的一组水平尺寸为例，先用"线性标注"方式标注一个基准尺寸（图中尺寸25），然后再标注其他基线尺寸，每一个基线尺寸都将以基准尺寸的第一条尺寸界线为第一尺寸界线进行尺寸标注。

基线尺寸标注命令的操作过程如下：

输入命令后，系统提示：
"指定第二条尺寸界线原点或［放弃(U)/选择(S)］<选择>："。
指定点"A"，注出一尺寸，系统提示：
"指定第二条尺寸界线原点或［放弃(U)/选择(S)］<选择>："。
指定点"B"，再注出一尺寸，系统提示：
"指定第二条尺寸界线原点或［放弃(U)/选择(S)］<选择>："
按［Enter］键结束该基线标注。系统提示："选择基准标注："。
可再选择一个基准尺寸进行基准标注或按［Enter］键结束命令。

> 提示：① 命令提示区中的"放弃(U)"选项，可撤销前一个基线尺寸；"选择(S)"选项，允许重新指定基线尺寸第一尺寸界线的位置。
> ② 各基线尺寸间距离是在"标注样式"中给定的7。
> ③ 所注基线尺寸数值只能使用 AutoCAD 内测值，不能更改。

7.3.11 连续标注

1. 功能

用来快速地标注首尾相接的若干个连续尺寸，如图 7-26 所示。

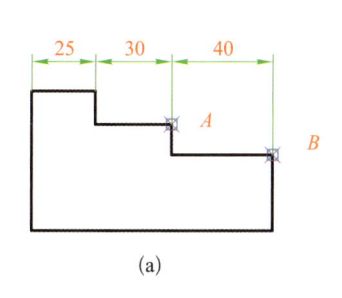

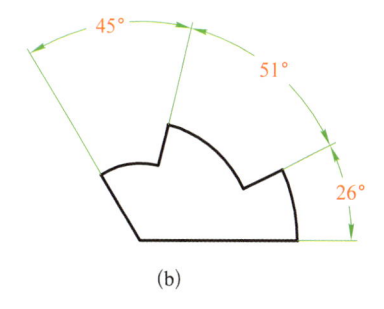

图 7-26 连续标注示例

2. 命令的输入

在［标注］工具栏中单击［连续标注］按钮。

3. 命令的操作

连续标注的前提是当前图形中已存在一个尺寸线，每个后续标注将使用前一标注的第二尺寸界线作为本次标注的第一尺寸界线。

以图 7-26a 所示为例，连续标注命令的操作步骤如下：

输入命令后，系统提示：
"指定第二条尺寸界线原点或［放弃(U)/选择(S)］<选择>："。
指定点"A"，注出一尺寸 30，系统提示：
"指定第二条尺寸界线原点或［放弃(U)/选择(S)］<选择>："。

指定点"B",注出下一尺寸 40,系统提示:
"指定第二条尺寸界线原点或〔放弃(U)/选择(S)〕<选择>:"。
按〔Enter〕键结束该连续标注,系统提示:"选择连续标注:"。
可再选择一个基准尺寸进行连续标注或按〔Enter〕键结束命令。

7.3.12 等距标注

1. 功能

用于调整平行的线性标注和角度标注之间的间距,如图 7-27 所示。

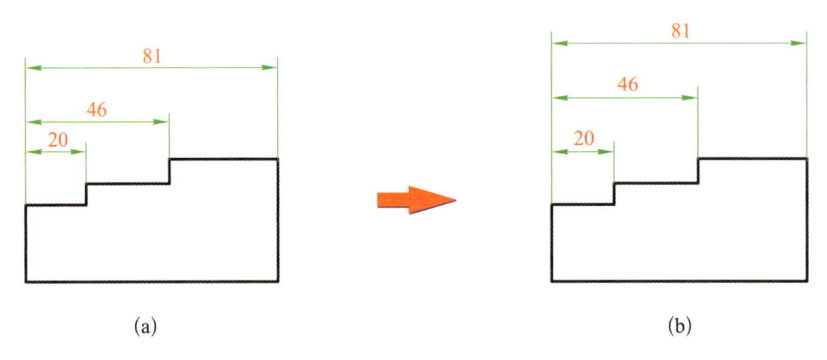

(a)　　　　　　　　　　　　　(b)

图 7-27　等距标注示例

2. 命令的输入

在〔标注〕工具栏中单击〔等距标注〕按钮 。

3. 命令的操作

输入命令后,系统提示:"选择基准标注:"。

选择一个尺寸作为基准,系统提示:"选择要产生间距的标注:"。

选择需要调整间距的尺寸后,右击确定,输入数字或选择"自动"即可完成间距的调整。

> 提示:① 输入间距数字后,所有选定的标注将以该距离隔开,如图 7-27b 所示。
> ② 输入数据为 0 时,可将调整后的用连续方式标注的线性尺寸和角度尺寸的末端对齐,如图 7-28b 所示。

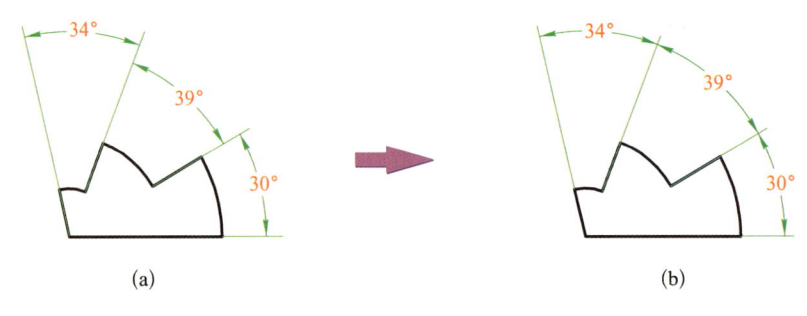

(a)　　　　　　　　　　　　　(b)

图 7-28　标注间距示例

7.3.13 折断标注

1. 功能

用于打断交叉标注的尺寸线，如图 7-29 所示。

2. 命令的输入

在［标注］工具栏中单击［折断标注］按钮 。

3. 命令的操作

输入命令后，系统提示：

"选择要添加/删除折断的标注或［多个(M)］:"。

选择一个需要被打断的尺寸线，如图 7-29 中的 81，系统提示：

"选择要折断标注的对象或［自动(A)/恢复(R)/手动(M)］<自动>:"。

选择一个与前一个尺寸交叉的尺寸，如图 7-29 中的 41，即可将前一个尺寸打断。

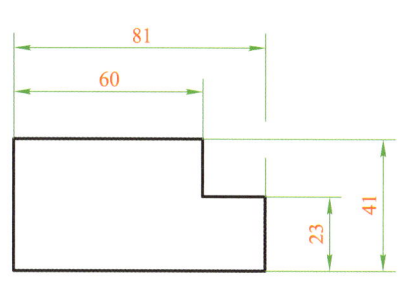

图 7-29 折断标注示例

7.3.14 多重引线

1. 功能

用于标注带引线的文字说明或倒角、序号等，如图 7-30 所示。

图 7-30 多重引线标注示例

引线可以是直线，也可以是样条曲线，可以有箭头或小圆点，也可无箭头。引线和注释的文字说明是相互关联的，文字的位置可以通过"多重引线样式管理器"进行设置。

2. 命令的输入

在菜单栏中选择"标注"→"多重引线"命令。

3. 命令的操作

输入命令后，系统提示："指定引线箭头的位置或［引线基线优先(L)/内容优先(C)/选项(O)］<选项>:"。

在绘图区指定引线起点后，系统提示："指定引线基线的位置:"。

指定引线基线位置后，系统弹出"在位多行文字编辑器"。输入多行文字即可。

4. 新建多重引线样式

如果当前样式不符合要求，则单击［样式］工具栏中的［多重引线样式］按钮

，或菜单栏中的"格式"→"多重引线样式"命令，打开"多重引线样式管理器"对话框来创建新样式，如图 7-31 所示。

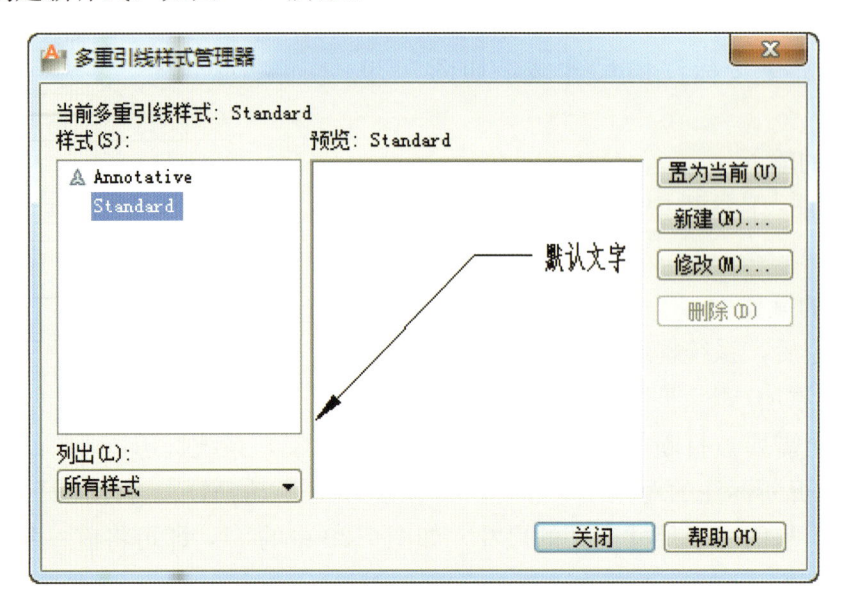

图 7-31　"多重引线样式管理器"对话框

【例 7-3】创建"带小圆点"的多重引线样式。

创建步骤如下：

① 在"样式(S)"列表框中选择"Standard"，单击"新建(N)..."，弹出如图 7-32 所示的"创建新多重引线样式"对话框。

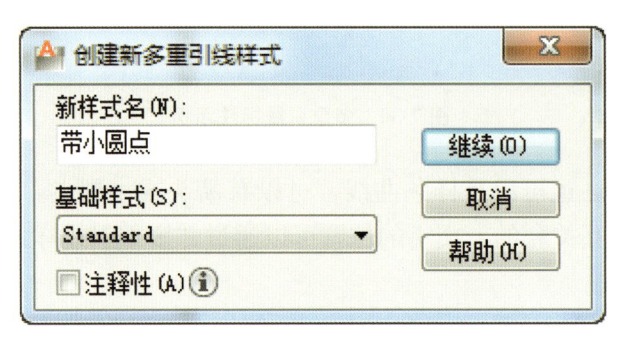

图 7-32　"创建新多重引线样式"对话框

在"新样式名(N)"栏中输入"带小圆点"。单击"继续(O)"，弹出"修改多重引线样式：带小圆点"对话框，如图 7-33 所示。

② 在"引线格式"选项卡中将"符号(S)"设为"小点"。

③ 在"引线结构"选项卡中，将"设置基线间距(D)"设为 2。

④ 在"内容"选项卡中，将"多重引线类型(M)"设为"多行文字"；"文字样式(S)"要根据引线注释的内容选择"汉字"或"数字"样式；"文字高度(T)"设为

3.5;在"引线连接"区选择"水平连接(O)";在"连接位置-左(E):"和"连接位置-右(R):"后面选择"最后一行加下划线";"基线间隙(G)"设为 2,如图 7-34 所示。单击"确定"按钮,完成创建。

图 7-33 "修改多重引线样式:带小圆点"对话框

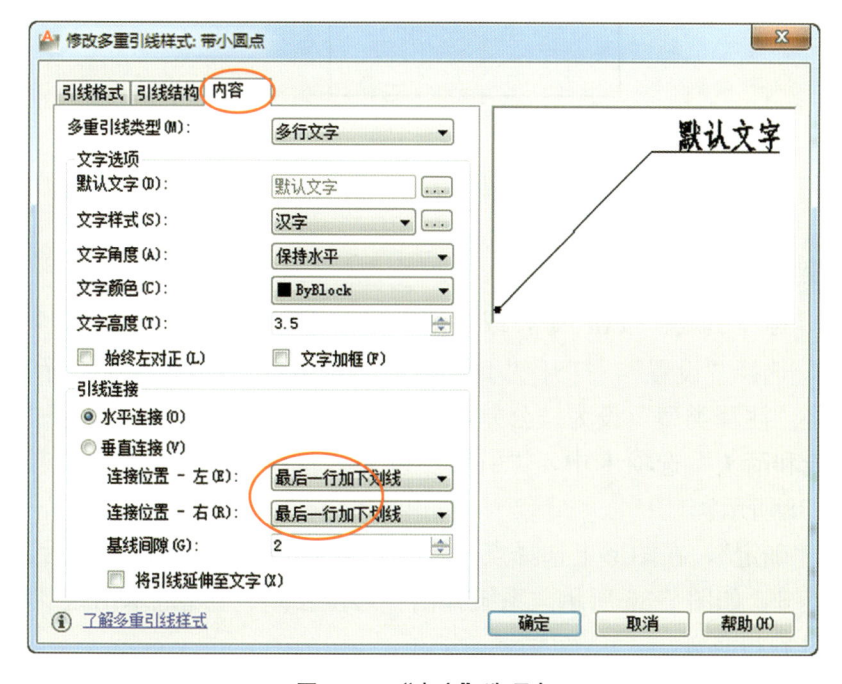

图 7-34 "内容"选项卡

7.3.15 几何公差

1. 功能

用于标注各种符号的几何公差，如图 7-35 所示。

图 7-35 几何公差标注示例

2. 命令的输入

(1) 用键盘输入"QLEADER"。

(2) 预先从"视图"→"工具栏"中将［标注引线］按钮 拖至［标注］工具栏中，单击按钮 发出命令。

3. 命令的操作

【例 7-4】按图 7-36 标注几何公差及基准符号。

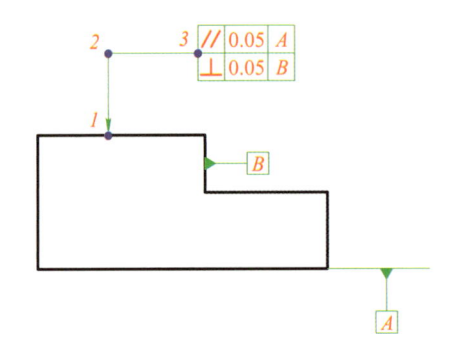

图 7-36 几何公差标注示例

操作步骤如下：

① 单击［标注引线］按钮 ，或用键盘输入"QLEADER"命令。

② 右击，选择"设置"，打开"引线设置"对话框，如图 7-37 所示。在"注释"选项卡中，将"注释类型"设为"公差(T)"，将"重复使用注释"设为"无(N)"。

在"引线和箭头"选项卡中，"引线"设为"直线(S)"，"箭头"设为"实心闭合"，如图 7-38 所示。

③ 单击"确定"，在图形上选择点 1，向上移动光标，待出现箭头后选择点 2，右移光标选择点 3，如图 7-36 所示。系统弹出"形位公差"（规范术语是"几何公差"）对话框，如图 7-39 所示。

单击"符号"选项，弹出形位公差"特征符号"对话框，如图 7-40 所示。

图 7-37 "引线设置"对话框

图 7-38 "引线和箭头"选项卡

④ 在选项中选择平行度公差符号,在"公差 1"中输入"0.05",在"基准 1"中输入基准符号"A",在符号第二行中选择垂直度符号,在"公差 1"中输入"0.05",在"基准 1"中输入基准符号"B",如图 7-41 所示。几何公差的高度由标注样式决定,这里不需设置。

153

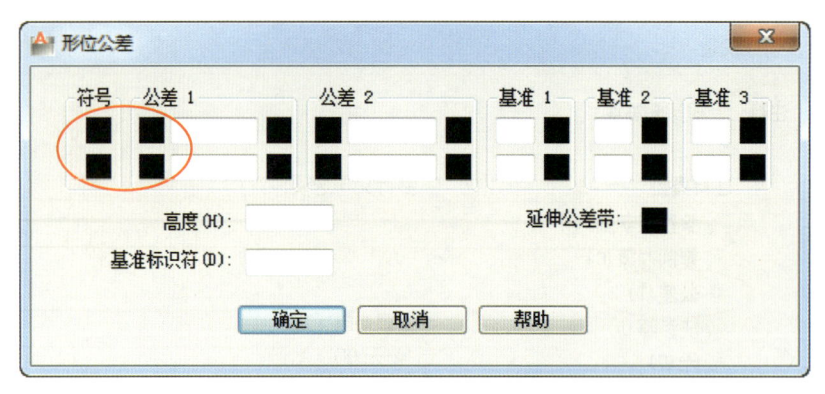

图 7-39 "形位公差"对话框

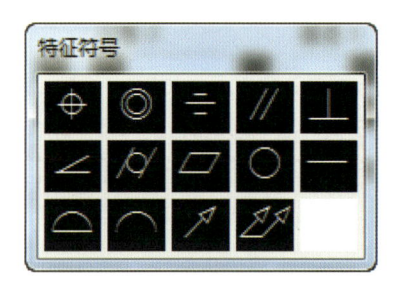

图 7-40 "特征符号"对话框

图 7-41 "形位公差"对话框的设置

⑤ 单击"确定",即可标注几何公差,如图 7-42 所示。

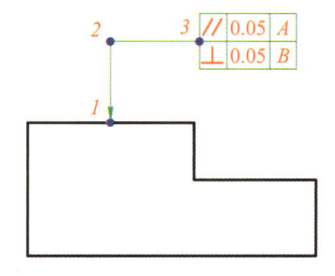

图 7-42 几何公差标注示例

⑥ 单击［标注引线］按钮 ，按空格键，打开"引线设置"对话框，在"注释"选项卡中选择"无(O)"，如图 7-43 所示。

图 7-43 "引线设置"对话框

在"引线和箭头"选项卡中，"引线"选择"直线(S)"，"箭头"选择"实心基准三角形"，如图 7-44 所示。

图 7-44 "引线和箭头"选项卡

⑦ 单击"确定"，在图形上选择点 1，向右移动光标，待出现三角形基准后选择点 2，右击结束，如图 7-45 所示。

⑧ 单击［标注］工具栏中的［公差标注］按钮 ，打开"形位公差"对话框，在对话框的"基准标示符(D)"后输入"A"或"B"，如图 7-46 所示。

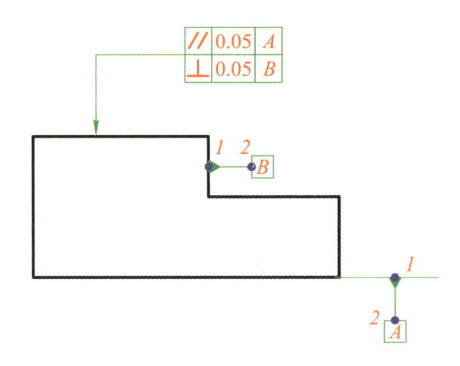

图 7-45　几何公差标注示例

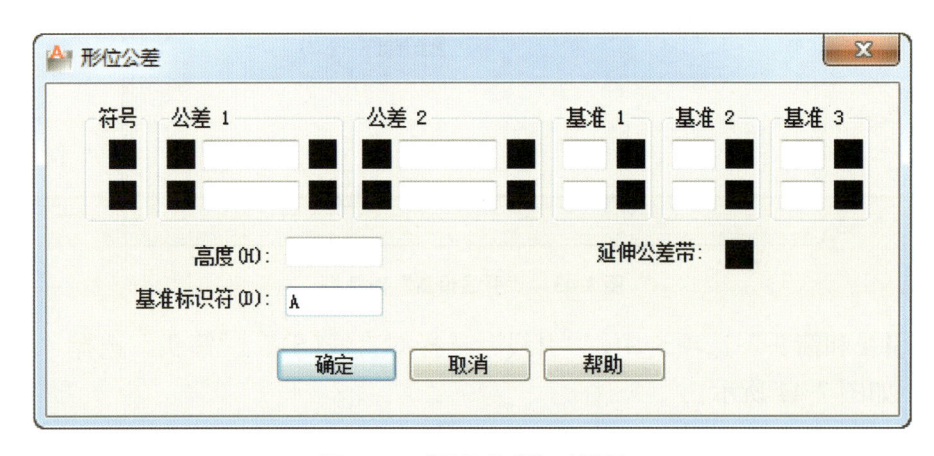

图 7-46　"形位公差"对话框

⑨ 单击"确定",光标上即跟随一矩形基准符号,在适当位置单击即可。若位置不准确,可用移动命令,指定矩形框上边中点作为基准进行移动。

> 提示:① "形位公差"对话框中公差1、公差2均包括三个选项:第一个黑方框可在公差值前面加符号"ϕ",第二个方框可输入几何公差的值,第三个黑方框可选择包容条件。
> ② 若用[标注]工具栏中的[公差]按钮 标注几何公差,并不能自动生成指引线,需要用多重引线命令创建引线。

7.3.16　圆心标记

1. 功能

用来绘制圆心标记,也可以绘制圆弧和圆的中心线。圆心标记有三种形式:无、标记、直线。其形式应首先在标注样式中设定。图 7-47 所示为在各圆的圆心标记示例。

图 7-47　圆心标记示例

2. 命令的输入

在［标注］工具栏中单击［圆心标记］按钮 ⊕。

3. 命令的操作

输入命令后，系统提示："选择圆弧或圆："。

直接选取一圆或圆弧，选择后即完成操作。

7.4 尺寸标注的编辑

尺寸标注的编辑即对尺寸标注的修改。AutoCAD 提供的编辑尺寸标注功能，可以对标注的尺寸进行全方位的修改，如尺寸文字位置、尺寸文字内容等。

7.4.1 编辑标注

1. 功能

用来修改尺寸数字的大小、内容，旋转尺寸数字，使尺寸界线倾斜。

2. 命令的输入

在［标注］工具栏中单击［编辑标注］按钮。

3. 命令的操作

输入命令后，系统提示：

"输入编辑标注类型［默认(H)/新建(N)/旋转(R)/倾斜(O)］<默认>："。

输入选项后，根据提示进行操作，即可对已有尺寸进行编辑。

各选项含义如下：

① "默认(H)"选项：将尺寸标注退回到默认位置。

② "新建(N)"选项：通过文字编辑器修改尺寸数字。

③ "旋转(R)"选项：将所选尺寸数字以指定的角度旋转。

④ "倾斜(O)"选项：将所选取尺寸界线以指定的角度倾斜，如图 7-48 所示。

(a) 倾斜前　　　　　　　　　　(b) 倾斜后

图 7-48　"倾斜（O）"选项示例

7.4.2 编辑标注文字

1. 功能

该命令专门用来编辑尺寸数字的放置位置，是标注尺寸中常用的编辑命令。当标

注的尺寸数字的位置不合适时，不必修改或更换标注样式，用此命令就可方便地移动尺寸数字到所需的位置。

2. 命令的输入

在［标注］工具栏中单击［编辑标注文字］按钮 ⌴。

3. 命令的操作

输入命令后，系统提示："选择标注："。

选择一尺寸后，系统又提示："为标注文字指定新位置或［左对齐(L)/右对齐(R)/居中(C)/默认(H)/角度(A)］："。

指定标注文字的新位置或选择选项后，即可完成编辑。

各选项含义如下：

① "左对齐(L)"：将尺寸数字移到尺寸线左边。
② "右对齐(R)"：将尺寸数字移到尺寸线右边。
③ "居中(C)"：将尺寸数字移到尺寸线正中。
④ "默认(H)"：回退到默认的尺寸标注位置。
⑤ "角度(A)"：将尺寸数字旋转指定的角度。

7.4.3 标注更新

1. 功能

可修改已有尺寸的标注样式为当前标注样式。

2. 命令的输入

在［标注］工具栏中单击［标注更新］按钮 ⌴。

3. 命令的操作

输入命令后，系统提示："选择对象："。

选择要更新的对象后立即得到更新。

7.5 其他符号的标注

7.5.1 锥度与斜度的标注

锥度与斜度的标注可先输入符号，然后在尺寸线层画指引线来标注，数值可用多行文字来输入。

机械制图国家标准规定：标注锥度符号时，锥度符号的尖端应与圆锥的锥度方向一致；标注斜度符号时，斜度符号斜边的斜向应与斜度的方向一致。

在多行文字编辑器中，选择字体"gdt"，输入小写 y，可调用锥度符号；输入小写 a，可调用斜度符号。示例如图 7-49 所示。

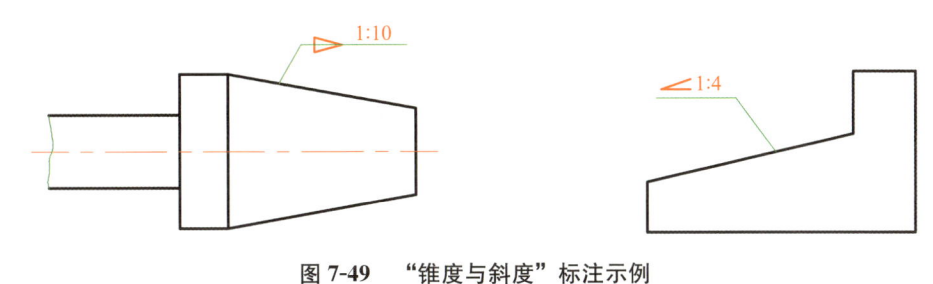

图 7-49　"锥度与斜度"标注示例

锥度与斜度的符号也可以自己绘制，但应符合比例关系，画法如图 7-50 所示。

图 7-50　锥度与斜度符号的画法

7.5.2　深度、埋头孔及沉孔的标注

深度、埋头孔及沉孔的标注，可先在尺寸线层画指引线，然后输入符号来标注。

在多行文字编辑器中，选择字体"gdt"，输入小写 x，可调用深度符号；输入小写 w，可调用埋头孔符号；输入小写 v，可调用沉孔符号。示例如图 7-51 所示。

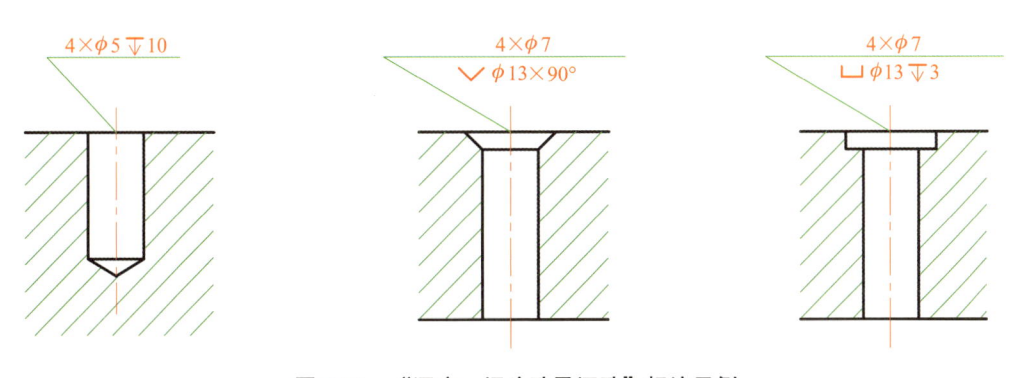

图 7-51　"深度、埋头孔及沉孔"标注示例

7.5.3 表面结构符号的标注

表面结构符号用来表达零件的表面情况，包括表面粗糙度及加工方法等。由于表面结构符号涵盖的内容很多，符号不易固定，所以 AutoCAD 中没有固定的符号，要靠绘图者自己绘制。

绘制表面结构符号时应以美观和便于读图为主。可将表面符号做成块（本书于单元八介绍），存于模板文件中，以备调用。

最常用的是基本符号及粗糙度值。基本符号的大小应根据图幅和使用字体的字号来确定。一张图样上，表面结构符号大小应一致。

表面结构图形符号的绘制如图 7-52 所示。常用的表面结构要求标注示例如图 7-53 所示。

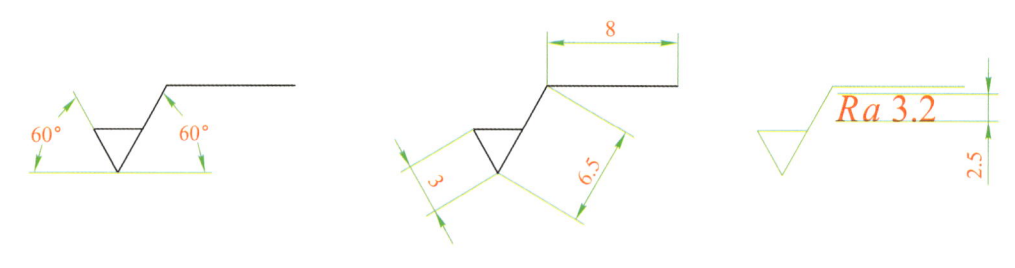

图 7-52 表面结构图形符号的绘制

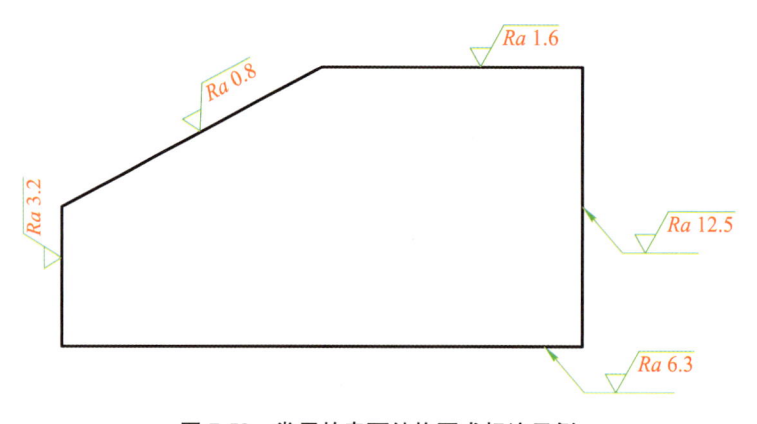

图 7-53 常用的表面结构要求标注示例

综合练习七

一、基本题

1. 打开"横 A3 模板"文件，按 7.2.1 节的步骤创建"GB1"标注样式，并用"横 A3 模板"文件名将其存为图形样板文件，覆盖原文件。

2. 打开新的"横 A3 模板"文件，按 1∶1 的比例绘制图 7-54、图 7-55 所示图形，并标注尺寸。以图形文件格式保存，文件名为"综合练习 7-1-2"。

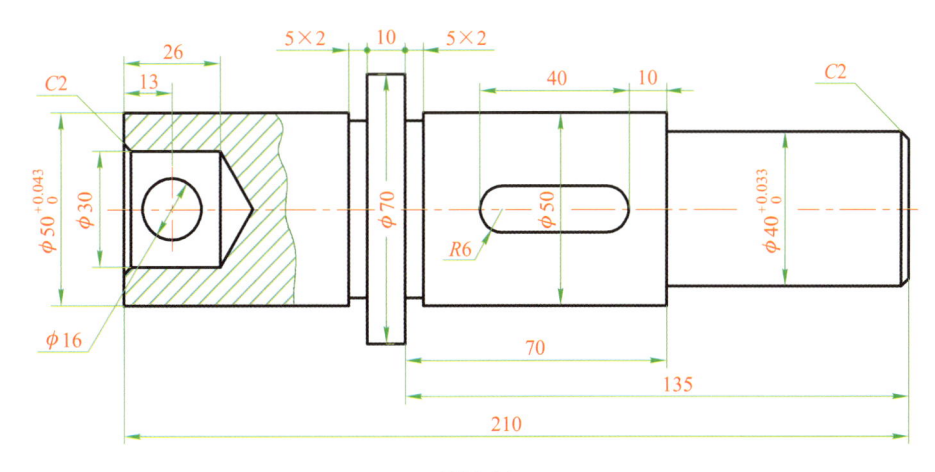

图 7-54

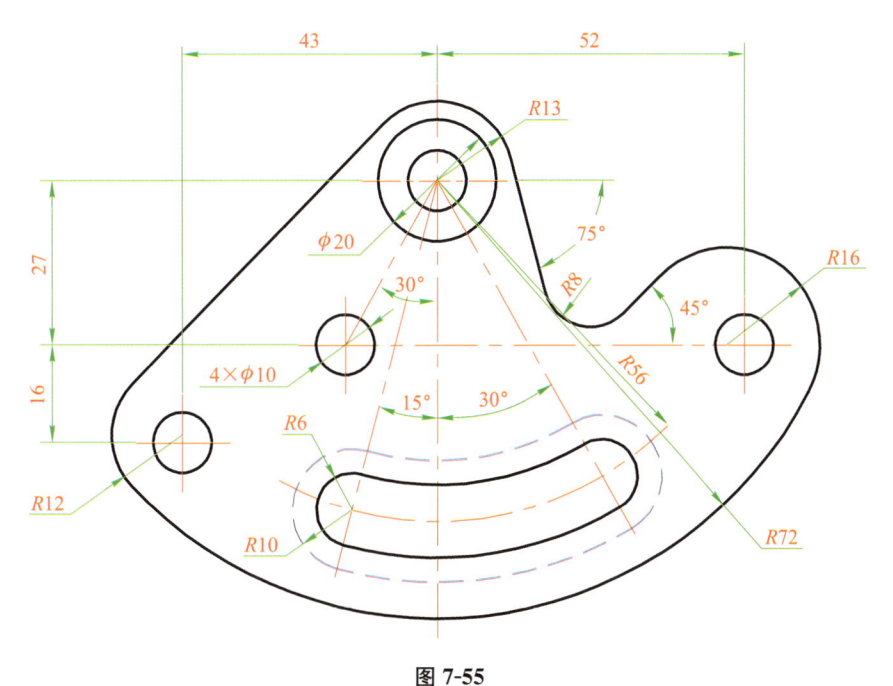

图 7-55

3. 按 1∶1 的比例绘制图 7-56 所示图形，标注尺寸并保存，文件名为"综合练习 7-1-3"。

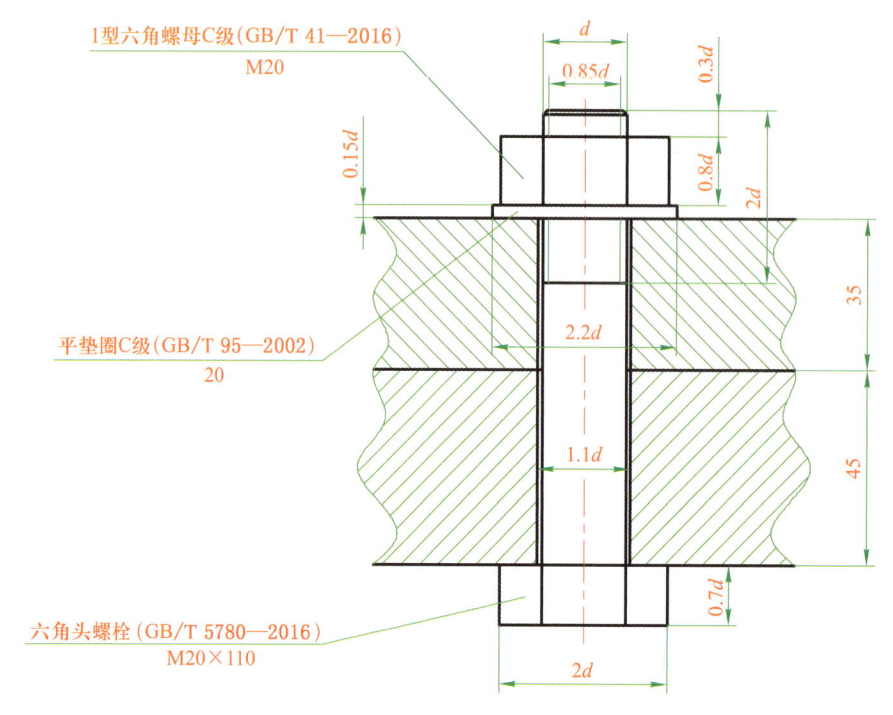

图 7-56

4. 按 1∶1 的比例绘制图 7-57 所示图形，标注尺寸及表面结构要求并保存，文件名为"综合练习 7-1-4"。

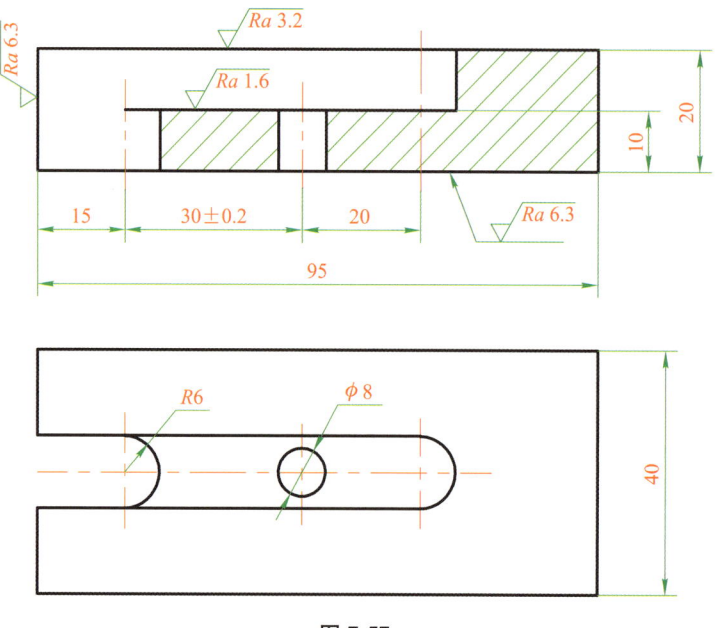

图 7-57

二、进阶题

1. 按 1∶1 的比例绘制图 7-58、图 7-59 所示图形，标注尺寸及技术要求并保存，文件名为"**综合练习 7-2-1**"。

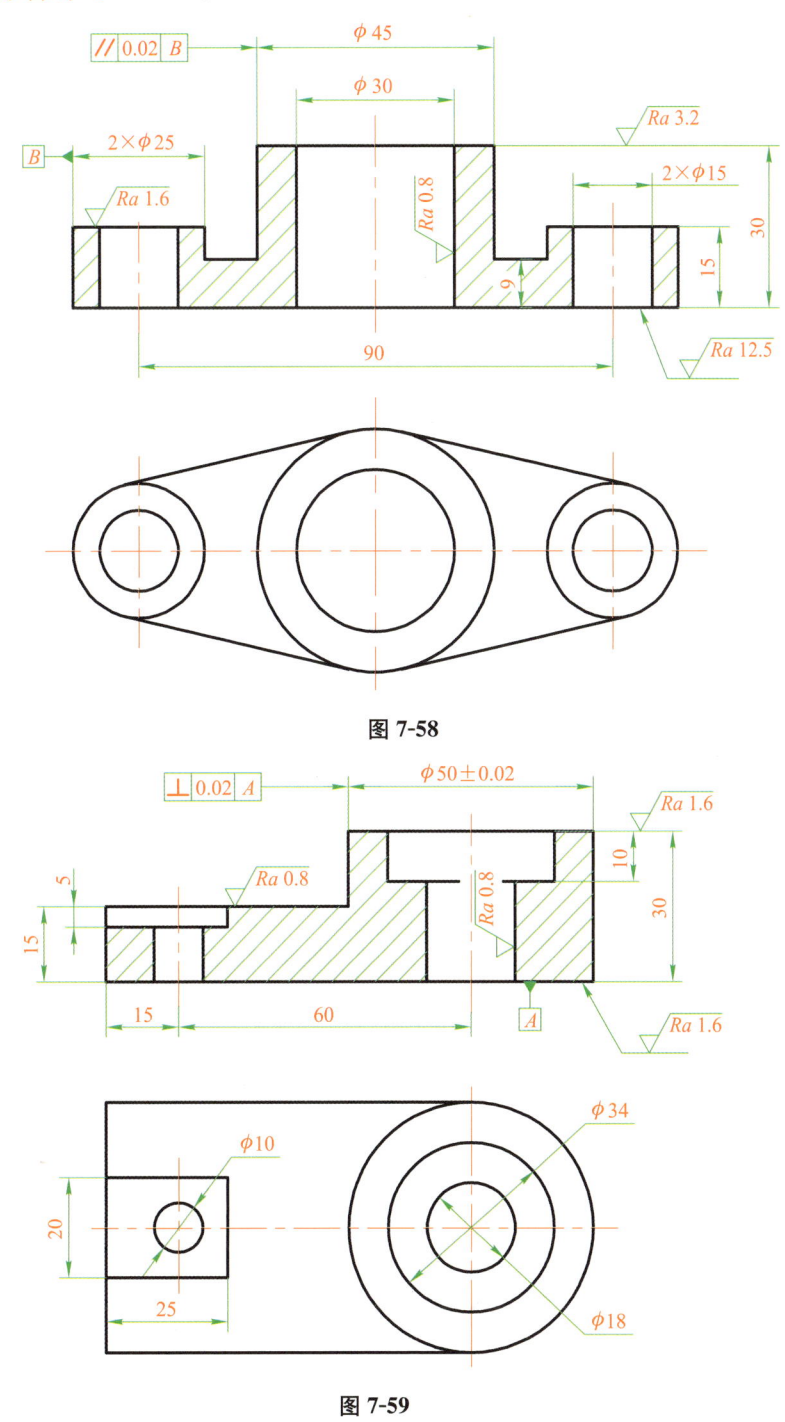

图 7-58

图 7-59

2. 按1∶1的比例绘制图7-60所示阀杆，标注尺寸并保存，文件名为"**综合练习7-2-2**"。

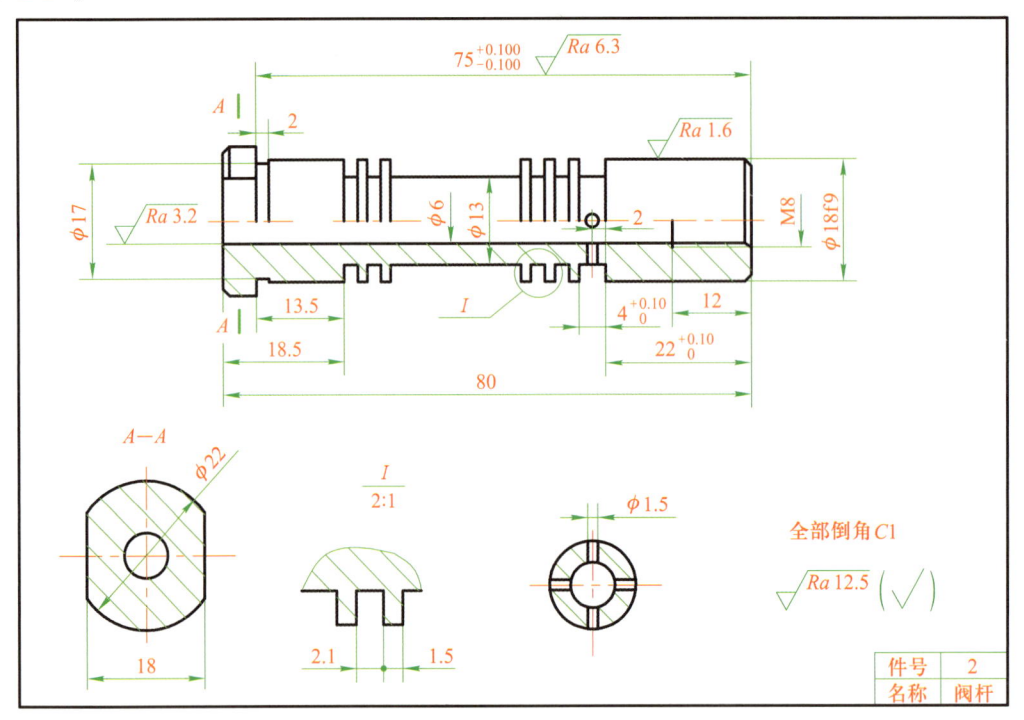

图 7-60

3. 按1∶1的比例抄画图7-61所示平面图形，标注尺寸并保存，文件名为"**综合练习7-2-3**"。

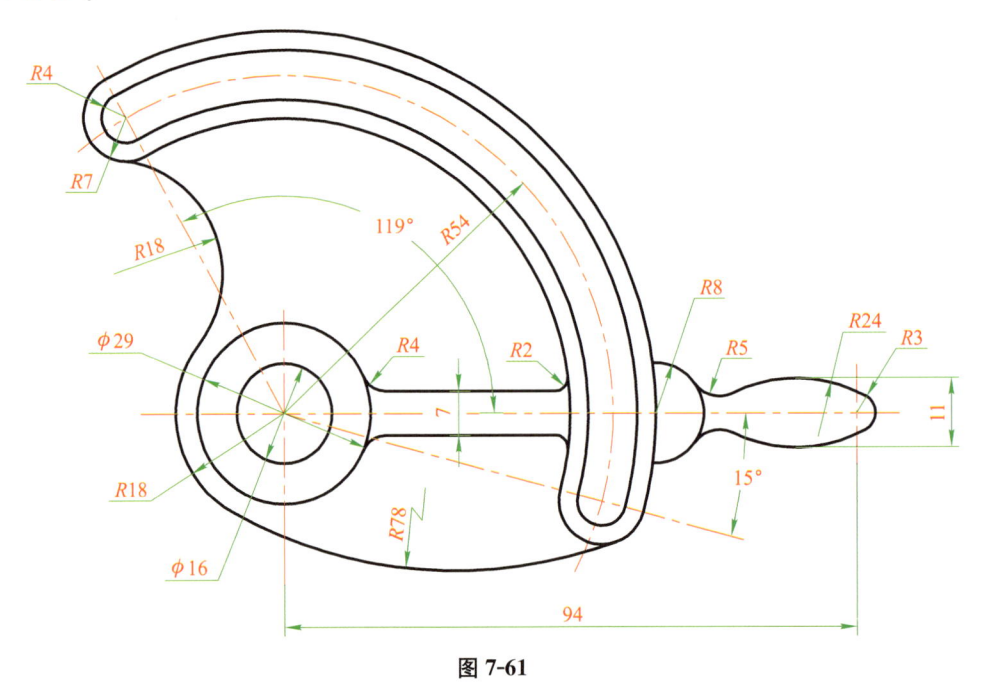

图 7-61

AutoCAD 2012

单元八 块

8.1 创建块
8.2 创建带属性的块
8.3 插入块
8.4 编辑块的属性
综合练习八

计算机绘图

8.1 创 建 块

在一般的工程图样中，常有许多重复出现的结构和符号，如机械制图中的标准件、表面结构符号、图框、标题栏等。为提高绘图效率，可将这些结构、符号、图框和标题栏做成块保存起来，以便将来直接调用。块分为内部块和外部块两种。

8.1.1 定义内部块

1. 功能

将已经绘制好的对象定义成只能在当前图形中使用的块。

2. 命令的输入

在［绘图］工具栏中单击［创建块］按钮，也可直接输入命令 B。

3. 命令的操作

【例 8-1】将图 8-1 所示螺母定义为内部块。

操作步骤如下：

（1）输入命令 B，打开"块定义"对话框，如图 8-2 所示。

（2）在"名称(N)"下拉列表中输入"螺母"。

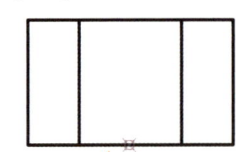

图 8-1　定义内部块

图 8-2　"块定义"对话框

（3）在"基点"区选择"在屏幕上指定"，在"对象"区选择"在屏幕上指定"和"转换为块(C)"，在"方式"区选择"按统一比例缩放(S)"和"允许分解(P)"。

166

（4）单击"确定"，系统提示："指定插入基点："。拾取 A 点作为插入基点。系统提示："选择对象："。在绘图区选择螺母，即完成"螺母"图块的定义。

8.1.2 定义外部块

1. 功能

将已经绘制好的对象或以前定义过的内部块定义为独立的图块，以便在其他的图形文件中调用。

2. 命令的输入

用键盘输入 W。

3. 命令的操作

【例 8-2】创建图 8-3 所示的外部块。

操作步骤如下：

（1）绘制图形后，输入 W 命令，弹出"写块"对话框，如图 8-4 所示。

图 8-3 定义外部块

图 8-4 "写块"对话框

（2）选择"对象(O)"单选框，然后单击［拾取点(K)］按钮。

(3) 在绘图区捕捉 B 点作为插入点。

(4) 单击［选择对象(T)］按钮后，选择要定义的对象。

(5) 单击目标中［浏览］按钮，确定要保存的文件名和路径。

(6) 其他采用默认值，单击"确定"，完成独立块的创建。

8.2 创建带属性的块

【例 8-3】创建一个带属性的表面结构符号外部图块。

操作步骤如下：

1. 绘制图形符号

(1) 打开极轴追踪，设置追踪角度为 30°。

(2) 将尺寸线层置为当前，输入直线命令，在绘图区任选一点 A，向左绘制一条长 8 mm 的水平线，向 240°方向绘制长 6.5 mm 的线段，再向 120°方向绘制长 3 mm 的线段，最后捕捉 0°极轴与右边斜线交点，结果如图 8-5 所示。

图 8-5　绘制表面结构符号

2. 定义属性

(1) 选择"绘图"→"块"→"定义属性"命令，打开"属性定义"对话框，如图 8-6 所示。

图 8-6　"属性定义"对话框

(2) 在"标记(T)"栏填写"×××",在"提示(M)"栏填写"请输入数据",在"默认(L)"栏填写"Ra3.2"。

(3) 在"文字设置"区选择"对正(J)"为"左上","文字样式(S)"为"数字","文字高度(E)"为"2","旋转(R)"角度为"0"。

(4) 设置完成后,单击"确定"返回绘图区,指定 B 点作为属性的定位点,结果如图 8-7 所示。

图 8-7 定义属性

(5) 选中定义的属性"×××"后,单击［特性］按钮,打开"特性"对话框,将"颜色"设为红色。

3. 定义带属性的外部块

输入 W,弹出"写块"对话框,如图 8-4 所示。

在"源"区选择"对象(O)",单击［拾取点(K)］按钮,在绘图区选取图 8-8 中 C 点作为插入点,再单击［选择对象(T)］按钮,在绘图区选择表面结构符号和属性。

在对话框中选择"转换为块(C)",单击目标中［浏览］按钮，找到自己的文件夹,输入文件名后单击"确定",返回"写块"对话框。单击"确定",弹出"编辑属性"对话框,单击"确定",完成带属性的表面结构符号外部块的创建。

图 8-8 写块

8.3 插 入 块

1. 功能

对已定义的外部块或在当前图形中定义的内部块插入到当前图形中。

2. 命令的输入

在［绘图］工具栏中单击［插入块］按钮。

3. 命令的操作

(1) 输入命令后,弹出"插入"对话框,如图 8-9 所示。

(2) 在"名称(N)"下拉列表中选择内部块,或单击"浏览(B)…"选择要插入的外部块。

(3) 在"插入点"选项中选择"在屏幕上指定(S)"。

(4) 在"比例"选项中选择 X、Y、Z 方向统一缩放比例1。

(5) 在"旋转"选项中选择"角度(A)"为 0（或"在屏幕上指定"）。

(6) 单击"确定",在屏幕上指定插入点,即可插入图块。

图 8-9 "插入"对话框

> 提示：① 插入图块时，如果 X 方向比例取 -1，则插入一个以 Y 轴为镜像线的镜像图形；如果 Y 方向比例取 -1，则插入一个以 X 轴为镜像线的镜像图形；如果 X、Y 方向比例均取 -1，则插入的图块将绕插入点旋转 180°。
> ② 在 AutoCAD 中，块可以在不同的图层上绘制，它们可以有不同的颜色和线宽，这些属性都保留在块中，插入块时，除 0 层上的对象外，其余的对象都回到原来的图层上，而 0 层上的对象如果当初是按随层绘制的，则被绘制到当前层上，否则将绘制在 0 层上。

8.4 编辑块的属性

8.4.1 修改定义属性

1. 功能

在属性附着于块之前，每个属性都是独立的对象，用户可以对其进行编辑，以修改属性。

2. 命令的输入

双击要编辑的属性。

3. 命令的操作

输入命令后，系统提示："选择注释对象或 [放弃(U)]："。

选择要编辑的属性对象，打开"编辑属性定义"对话框，如图 8-10 所示。

在此可以编辑属性的标记、提示和默认值。单击"确定",系统再次提示:"选择注释对象或［放弃(U)］:"。按［Enter］或［Esc］键结束命令。

图 8-10　"编辑属性定义"对话框

8.4.2　增强属性编辑器

1. 功能

在属性附着于块之后,通过"增强属性编辑器"来编辑属性。

2. 命令的输入

双击要编辑的带属性的块。

3. 命令的操作

(1) 双击要编辑的带属性的块,弹出"增强属性编辑器"对话框,如图 8-11 所示。

(2) 在"属性"选项卡中选择一项属性,在"值(V)"文本框中修改属性。

(3) 在"文字选项"选项卡中可修改文字的格式。

(4) 在"特性"选项卡中可修改文字的属性。修改完成后,单击"确定"即可。

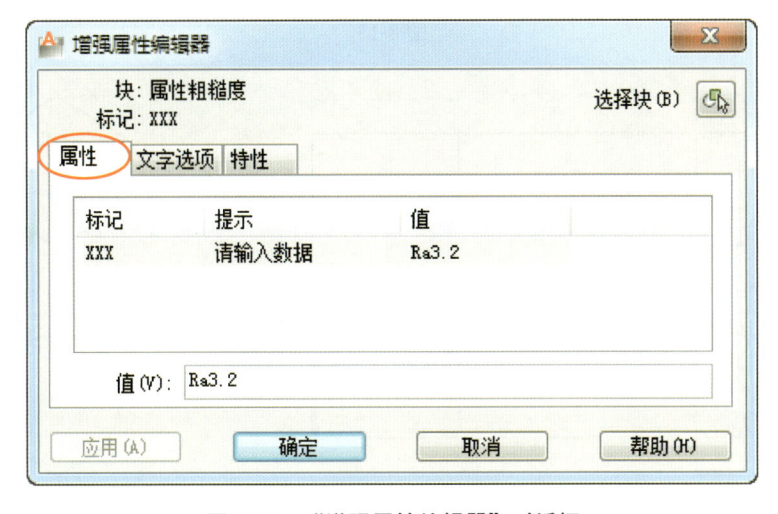

图 8-11　"增强属性编辑器"对话框

综合练习八

一、基本题

1. 参考图 8-12～图 8-14 创建图块，并以外部块方式保存在自己的子文件夹中，子文件夹名为"图块"，文件名可根据符号特征取名，以备今后调用。

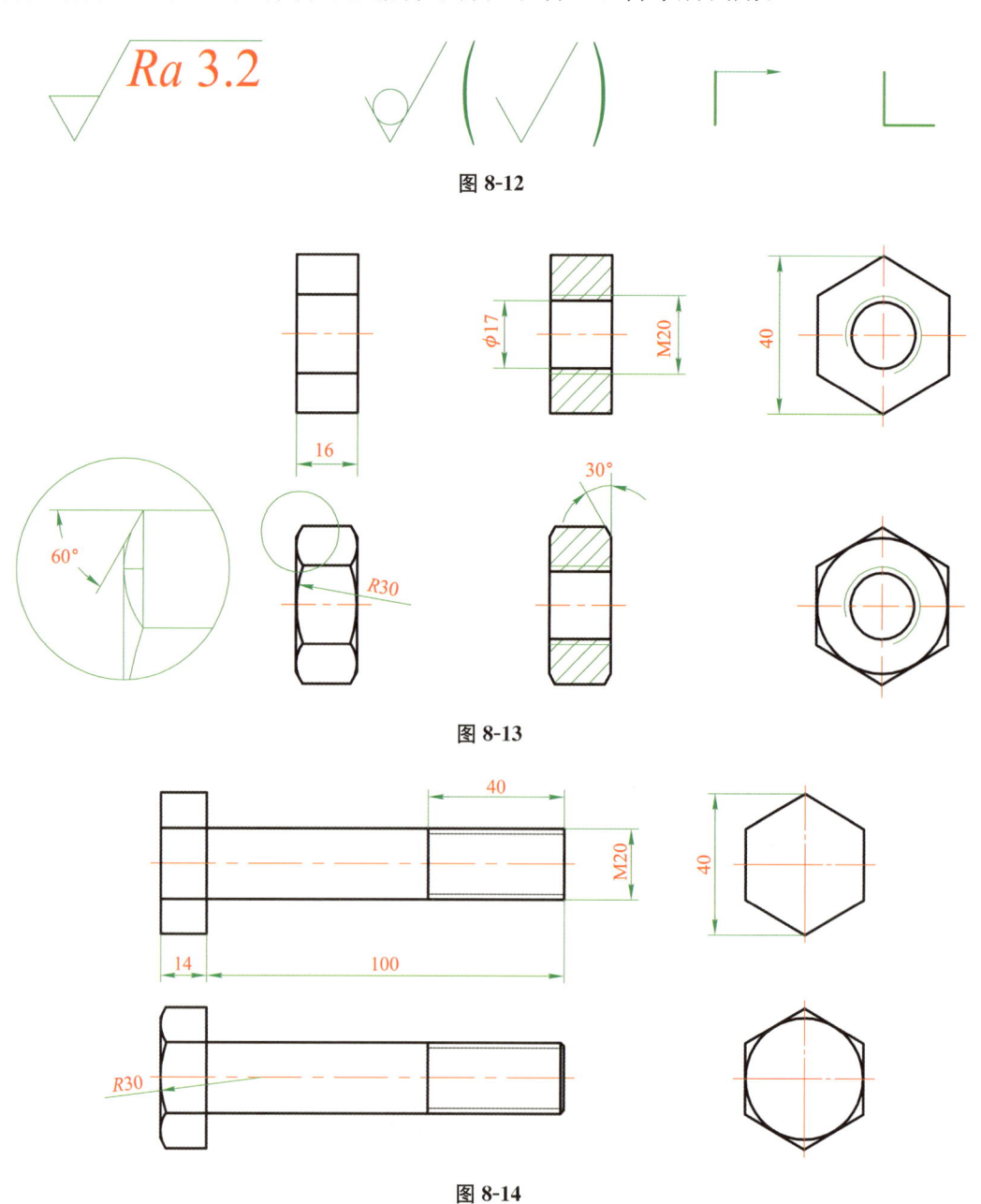

图 8-12

图 8-13

图 8-14

2. 绘制表 8-1 所示常见电气元件图形符号，并按名称创建内部块。保存模板以备今后绘制专业图使用。

表 8-1　常见电气元件图形符号及名称

1	▭	电阻	8	↓	常开触点
2	⊤	连接点	9	⇂	常闭触点
3	▷⊢	整流器	10	ɛϿ	手动开关
4	⊖	变压器	11	↓	自动开关常开触点
5	⌇	线圈	12	↓	接触器常开触点
6	⊣⊢	原电池	13	⌒	电抗器
7	Ⓜ	交流电机	14	⏊	接地

二、进阶题

1. 创建图 8-15 所示带属性"标题栏"图块，"图名"字高为 10，"校名"字高为 7，其他字高为 5，尺寸如图 8-16 所示。保存于子文件夹中，文件名为"标题栏"。

图 8-15

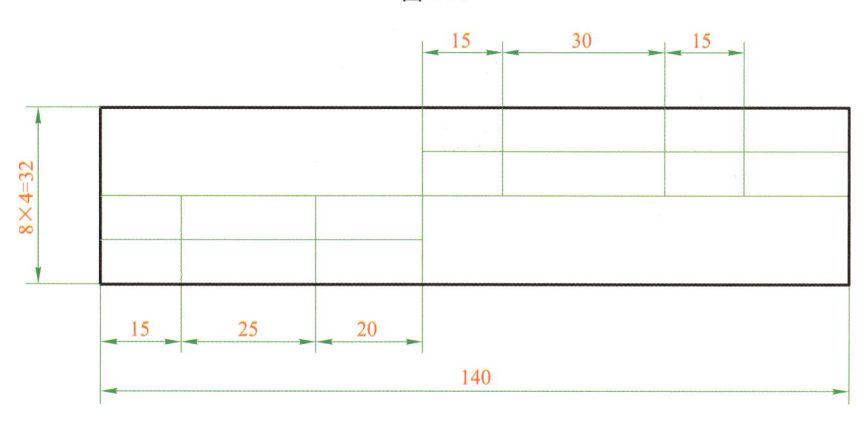

图 8-16

操作提示：

(1) 打开"横 A3 模板"文件，按尺寸绘制标题栏，如图 8-17 所示。

图 8-17

（2）将"文字层"置为当前，再将"汉字"文字样式置为当前。单击［多行文字］按钮，选择"正中"对齐方式，字高为 5，在表格中输入固定文字，如图 8-18 所示。

图 8-18

（3）选择"绘图"→"块"→"定义属性"命令，打开"属性定义"对话框，如图 8-19 所示。在"模式"区选择"锁定位置(K)"，在"标记(T)"处输入"×××"，在"提示(M)"处输入"输入制图姓名"，在"默认(L)"处输入"（姓名）"，在"对正(J)"处选择"正中"，"文字样式(S)"为"汉字"，"文字高度(E)"为"5"，"旋转(R)"为"0"，"插入点"选择"在屏幕上指定(O)"，单击"确定"，返回绘图区，并

图 8-19

提示:"指定起点"。

(4) 单击[捕捉自]按钮,捕捉 A 点并单击,然后输入(@12.5,-4),确定后即可完成一项属性定义,如图 8-20 所示。

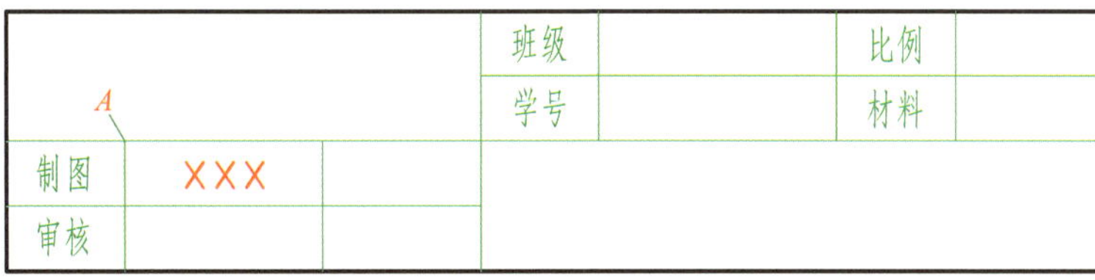

图 8-20

(5) 用同样的方法创建其他属性,结果如图 8-21 所示。

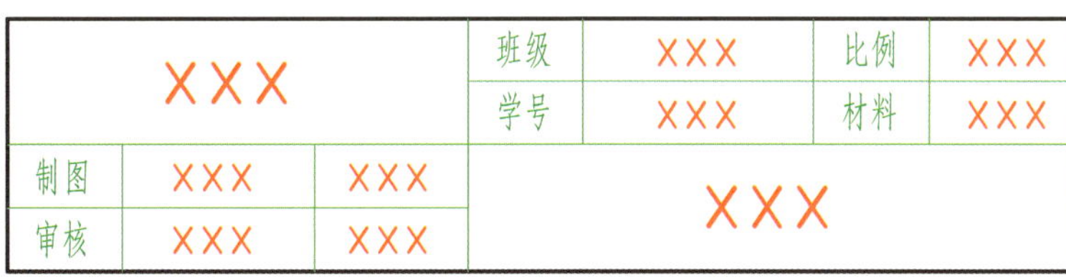

图 8-21

> 提示:在定义多个属性时,输入的提示内容不要用字母或数字代替,也不要重复,而应输入能反映提示意义的文字。

(6) 定义为外部块。输入写块命令 W,弹出"写块"对话框,在"源"区选择"对象(O)",单击[拾取点(K)]按钮,在绘图区选择标题栏右下角为基点,回到对话框,单击[选择对象(T)]按钮,在绘图区选择标题栏及所有属性,回到对话框中,在"对象"区选择"转换为块(C)",单击目标中浏览按钮,确定要保存的文件名(标题栏)和路径,"插入单位(U)"设置为"毫米",然后单击"确定",完成外部块的创建并存盘。

2. 打开"横 A3 模板"文件,将原来的标题栏删除,插入刚建立的标题栏,最后将文件以样板文件格式存盘,覆盖原来的"横 A3 模板"文件。

操作提示如下:

(1) 打开"横 A3 模板"文件,将原来的标题栏删除。

(2) 单击[插入块]按钮,弹出"插入"对话框,再单击"浏览(B)…",找到"标题栏"文件并打开,回到"插入"对话框,在对话框中选择插入点选项为"在屏幕上指定(S)","比例"选项"X"为"1"和"统一比例(U)","旋转"选项"角度(A)"为"0"。

(3) 单击"确定",在光标上出现一虚"标题栏",此时,直接捕捉图框右下角为插入点。接下来系统按用户在定义属性时的设置依次进行提示。根据提示输入相应的名称或数据即可得到所需要的标题栏。

（4）双击滚轮，使图框充满屏幕，单击"保存"，以样板文件格式存盘，将原来的"横 A3 模板"文件进行覆盖。

3. 图 8-22 所示为压盖，上面有两个直径为 $\phi11$ 的螺栓孔，下部有直径为 $\phi35f7$ 的圆柱面。图 8-23 为阀体，上面也有两个 $\phi11$ 的螺栓孔，其中心距为 54，中间有一直径为 $\phi35H8$ 的光孔，与压盖上的 $\phi35f7$ 圆柱面形成间隙配合。请用两个 M10 的螺栓将两零件连接在一起。保存文件，文件名为"综合练习 8-2-3"。

要求：运用所创建的螺母、螺栓块，按 1∶1 的比例完成全剖主视图。垫圈采用平垫圈，且螺母在上面。

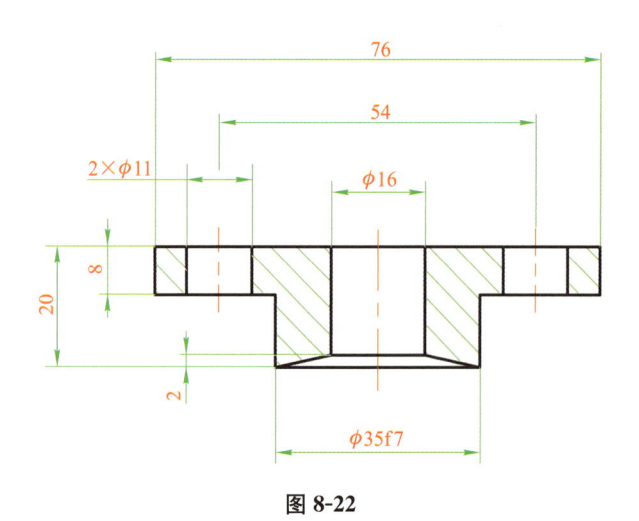

微视频

综合练习 8-2-3

图 8-22

图 8-23

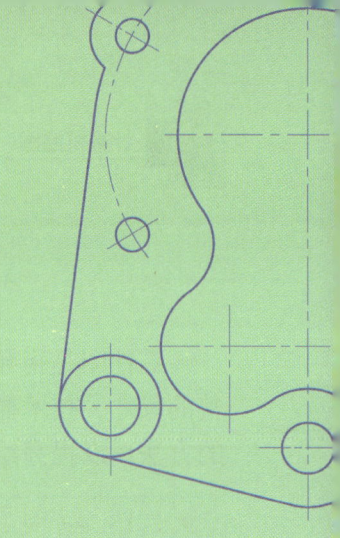

AutoCAD 2012

单元九
专业图的绘制

9.1 零件图的绘制

9.2 装配图的绘制

9.3 轴测图的绘制

9.4 电气工程图的绘制

综合练习九

计算机绘图

9.1 零件图的绘制

零件图是指导加工和检验零件的依据，它包括表达零件结构形状的一组图形、完整的尺寸、技术要求和标题栏等。用计算机绘制同一幅图的方法很多，应采用最快捷的方法，以提高绘图速度。

9.1.1 绘制零件图的步骤

（1）根据零件的尺寸和复杂程度确定绘图比例及图幅。
（2）创建一个新文件，并设置绘图环境。
（3）按1∶1的比例绘图。
（4）进行比例缩放，调整布局。
（5）标注尺寸，注写技术要求。
（6）填写标题栏。
（7）保存文件。

几点说明：

① 创建绘图环境的方法有两种：一是在单元四介绍的初步建立绘图环境的基础上，进一步创建尺寸标注样式；二是在以前绘制过的一些零件图中，打开一个绘图环境与之类似的图形文件，另存为一个新文件，再经删除、修改，迅速建立绘图环境。

② 通过前面几个单元的学习以及上机练习，已经建立了一个"横A3模板"文件，如果需要，可以在此基础上进行简单的修改，创建各种图号的模板，并以样板文件形式存盘，以便今后直接调用。

③ 绘制零件图时，如果比例不是1∶1，则可事先按1∶1进行绘制，这样既可以提高绘图速度，又可以避免出现尺寸错误。当图形绘制完成并检查无误后，再使用"缩放"命令将图形放大或缩小。最后使用"移动"命令对图形进行布局，布局时应考虑留出尺寸标注的空间。假如绘图比例要求为1∶2，可先按1∶1绘制图形，绘制完成后，再按比例要求缩放0.5，最后进行尺寸标注。标注尺寸时，要将标注样式中的"测量单位比例"的"比例因子(E)"设成2。

④ 如果要在一张图中绘制几个不同比例的图形，应先按1∶1比例绘制各图形，然后再按比例要求进行缩放。在标注尺寸时，要建立不同"测量单位比例"的标注样式，分别对各种不同比例的图形进行标注。如果只在一种标注样式中更改"测量单位比例"来标注另一比例的图形，那么前面标注的图形尺寸将被更改。

⑤ 为了提高绘图速度，可以先在粗实线层绘制所有图线，最后集中调整。

9.1.2 绘制零件图示例

现以绘制图 9-1 所示的脚踏座零件图为例介绍绘图过程和技巧（参见图 9-2～图 9-4）。

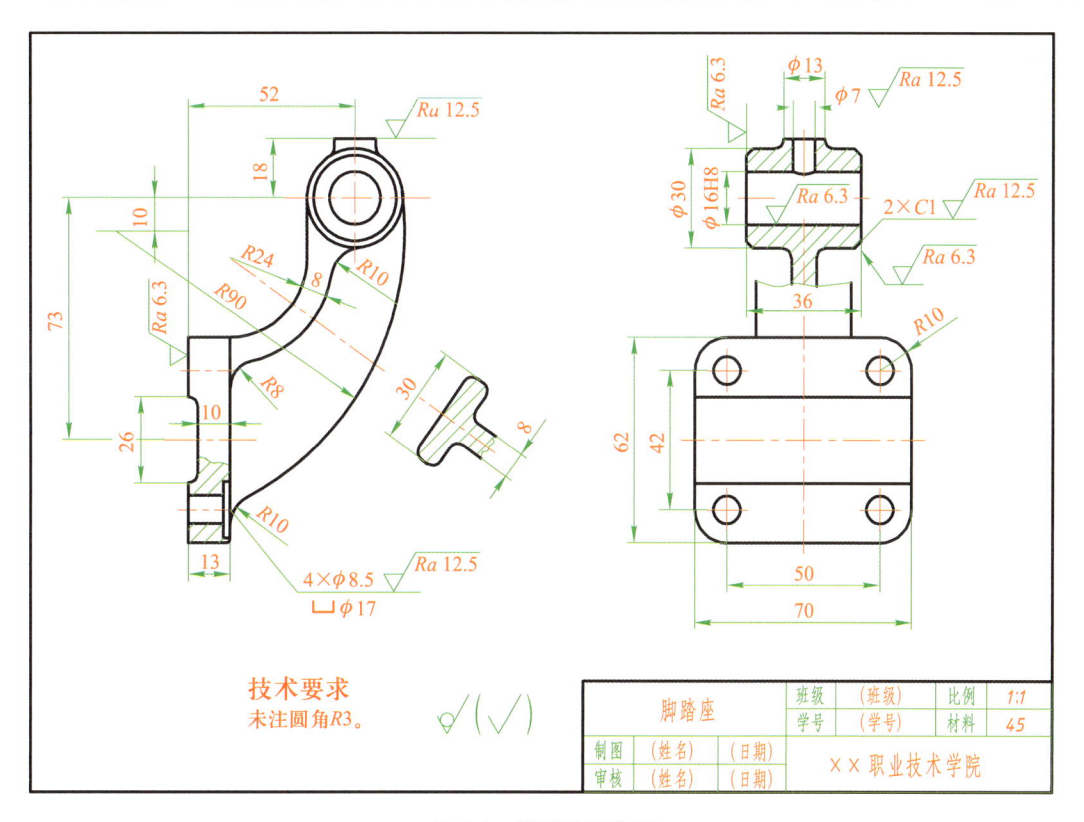

图 9-1 脚踏座零件图

（1）调出"横 A3 模板"文件，以"脚踏座"为文件名存为图形文件。

（2）在图框内右下方适当位置，用相对坐标方法绘制一长 70、高 62、圆角半径为 10 的矩形。绘制矩形中心线，并偏移出宽 26 的槽。绘制并阵列出 4 个 ϕ8.5 的孔。

（3）通过对象捕捉追踪绘制主视图中 13×62 的矩形及凹槽、沉孔等。

（4）通过偏移左视图矩形中心线，绘制上方圆筒，并进行倒角。

（5）输入圆命令，单击［捕捉自］按钮，捕捉主视图中原矩形左边中点为参考点，输入相对坐标（@52,73），确定圆心位置，绘制 ϕ16、ϕ30 的圆和倒角圆（ϕ28）及其中心线。（1）～（5）步的绘图效果如图 9-2 所示。

（6）以主视图外圆左侧象限点为起点绘制一条向下的垂线，长度目测。单击圆角命令，以修剪方式，半径为 24，将矩形上边和垂线进行圆角过渡（之前应将矩形分解）。再用偏移命令，将过渡圆弧向外偏移 8，并进行圆角处理。

（7）切换圆命令，以 ϕ16 的中心为圆心、75（90－15）为半径绘制一辅助圆，然后将主视图 ϕ16 的水平中心线向下偏移 10，并利用夹点向左拉长至辅助圆左侧使之与

179

圆相交，以交点为圆心绘制一半径为 90 的圆。经修剪、圆角后如图 9-3 所示。

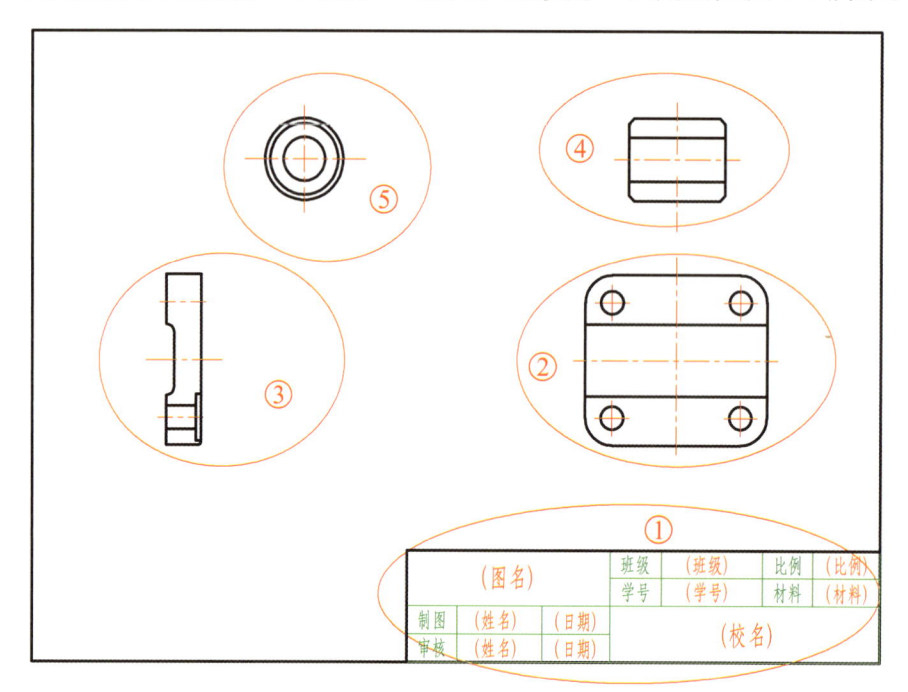

图 9-2 绘制主要轮廓线和中心线

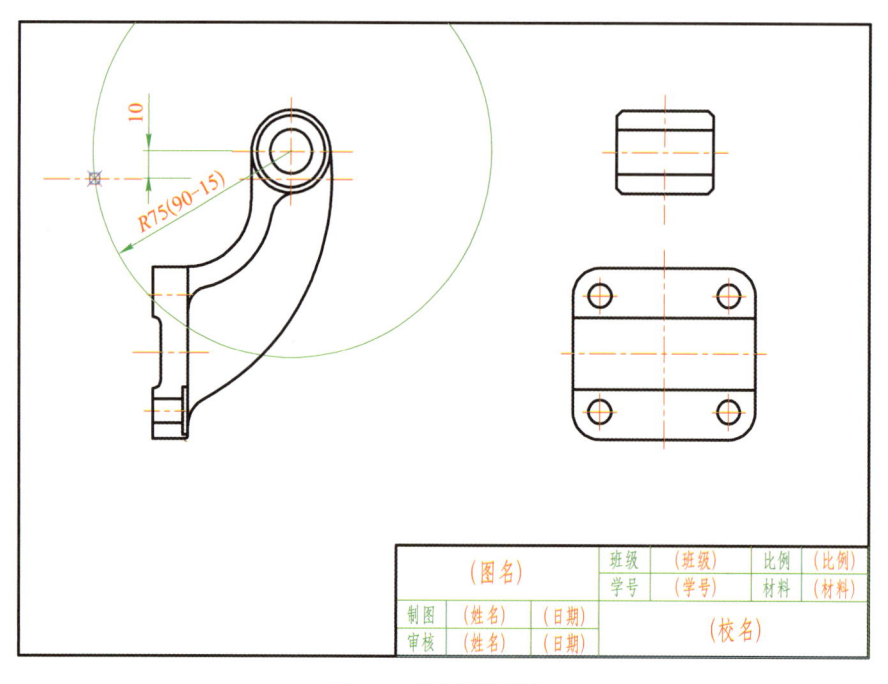

图 9-3 绘制圆弧连接

（8）如图 9-4 所示，用偏移、圆角、样条曲线和修剪命令绘制主视图顶部凸台及左视图筋板、顶部凸台和 $\phi 7$ 的孔，相贯线可用圆弧命令绘制，半径取 8。

（9）过 $R24$ 圆心，向右下方绘制一条中心线。再绘制一条与中心线垂直的直线，运用偏移、修剪、圆角和样条曲线命令绘制移出断面图。

（10）在剖面层绘制剖面线，在中心线层绘制缺少的中心线。调整有关线段的图层，运用夹点功能调整中心线长度。如果布局不理想，可用移动命令进行调整，但必须保证投影关系，结果如图 9-4 所示。

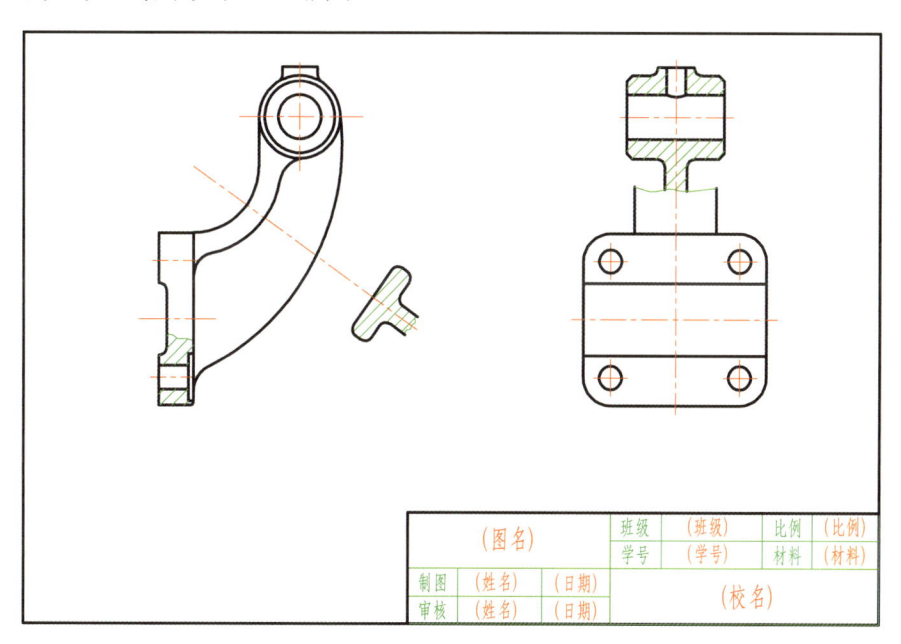

图 9-4　绘制细节调整布局

（11）打开［标注］工具栏，将"GB1"标注样式置为当前。根据本零件图标注的特点对标注样式进行适当修改。

（12）尺寸线层置为当前，用"线性标注"命令标注各线性尺寸，用"半径标注"命令标注各圆弧。

$R24$ 和 8 可采用下述方法进行标注：用"半径标注"命令，在替代样式中选择无箭头，标注不带箭头的 $R24$。再过 $R24$ 的尺寸线绘制一条"构造线"作为辅助线，然后用"对齐标注"命令标注带箭头、不带尺寸界线的尺寸 8（可采用替代方式将两边尺寸界线隐藏），标注时要捕捉辅助线与圆弧的交点，使两个尺寸线保持在辅助线上，最后删除辅助线。若数字位置不正确，可用夹点功能移到指定位置上。

（13）用画线和输入多行文字的方式标注倒角和沉孔的尺寸。

（14）用带属性的表面结构符号块标注各处表面结构要求。

（15）用"多行文字"命令标注技术要求。

（16）单击标题栏，从快捷菜单中选择"编辑属性"，弹出"增强属性编辑器"对话框，在对话框中修改"（图名）"为"脚踏座"，修改完相应内容后，单击"确定"，完成标题栏的填写。检查无误，全屏显示后保存，完成零件图的绘制。

9.2 装配图的绘制

装配图用来表达机器的工作原理、装配关系、零件间的连接方式和主要零件的结构等，它包括一组图形、必要的尺寸、技术要求、标题栏、零件序号及明细栏。

绘制装配图最常见的形式是根据已有的零件图绘制装配图。

9.2.1 绘制装配图的步骤

（1）根据装配体的外形尺寸和复杂程度确定绘图比例和图幅。
（2）调用相应的样板文件或新建一张图，设置绘图环境。
（3）按 1∶1 的比例绘制主要零件在装配图中所呈现的形状。
（4）用"移动"命令逐一将各零件的图形按装配关系组合成装配图。
（5）及时修剪、删除多余图线，并补画欠缺图线和细节。
（6）进行比例缩放，调整布局。
（7）建立或修改文字样式、标注样式，标注尺寸和技术要求。
（8）绘制零件序号，填写标题栏和明细栏。
（9）保存文件。

几点说明：

① 在绘制各零件的图形时，一定要按照该零件在装配图中所呈现的形状进行绘制，不一定完全按零件图的表达方式绘制。

② 如果已经有了完整的零件图文件，可分别打开，并将其尺寸线层关闭，然后用［标准］工具栏中的［复制］和［粘贴］按钮粘贴到当前文件中，通过［缩放］按钮，统一比例。再按装配关系将零件图逐一拼为装配图，并及时修剪、删除多余图线，编辑成装配图。

9.2.2 绘制装配图实例

根据图 9-5～图 9-7 所示零件图，在 A4 图幅中按 1.5∶1 的比例绘制图 9-8 所示装配图。

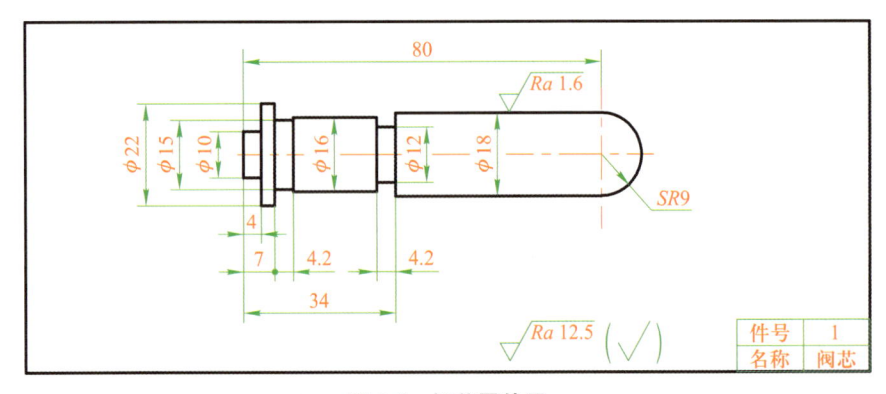

图 9-5 阀芯零件图

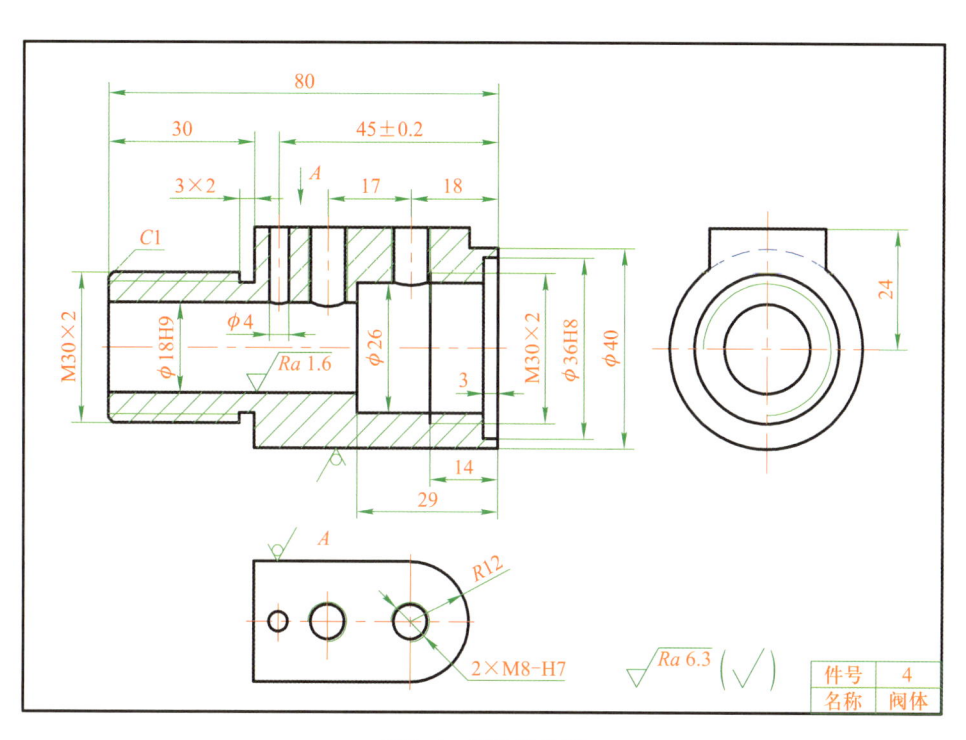

图 9-6 阀体零件图

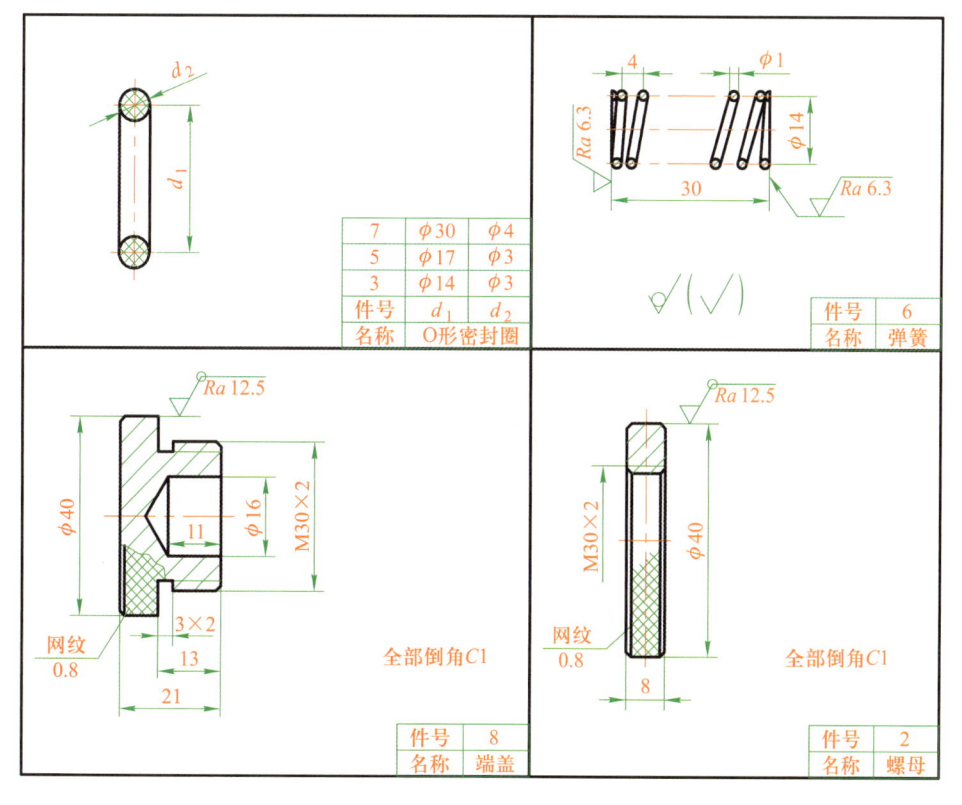

图 9-7 其他零件图

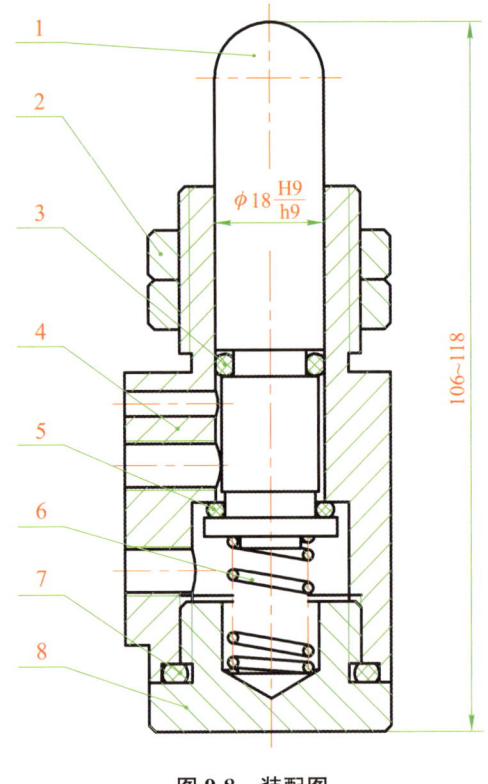

图 9-8 装配图

1. 分析

（1）从如图 9-8 所示装配图可以看出，件 4 阀体的主视图与其零件图的主视图基本一致，可以先按零件图的主视图绘制，再经过旋转和镜像获得。

（2）件 1 阀芯的主视图与其零件图完全一致，可以先按零件图绘制，再经过旋转获得。

（3）件 8 端盖的主视图与其零件图有所不同，应按全剖绘制，再经过旋转获得。

（4）其余零件不必单独绘制，可根据零件图中的尺寸在装配图中直接绘制。

2. 绘图

（1）调用 A4 模板或调用 A3 模板，将其修改为 A4 图幅。

（2）按 1∶1 的比例绘制件 4 阀体、件 1 阀芯的主视图和件 8 端盖的全剖主视图，如图 9-9 所示。

（3）用"旋转""镜像""移动"命令将主要零件按装配关系拼成装配图，如图 9-10 所示。

在移动拼图过程中要选好"基点"，以便准确定位。如果定位困难，可以先绘制定位辅助线来帮助定位。

（4）将主要零件拼凑成装配图后，对被覆盖的线段应及时修剪或删除，对于线型有变化的线段应及时调整其所在图层。螺纹连接部分应按外螺纹绘制，没连接的部分按各自原来的画法绘制。中心线不能重叠，应删除重叠的中心线。

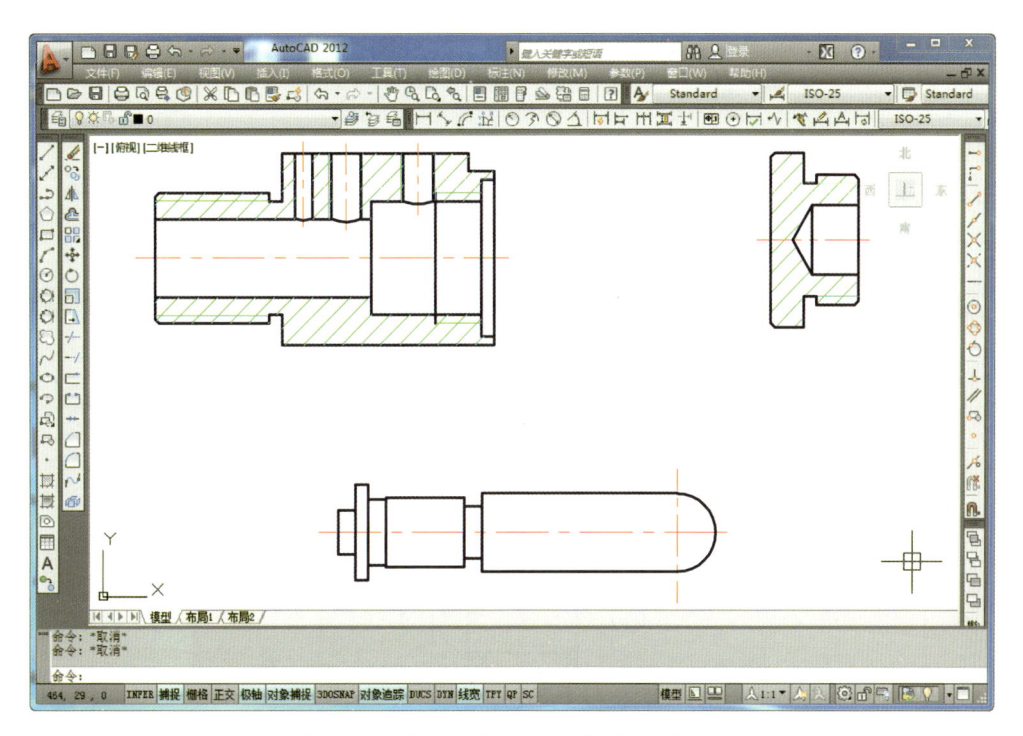

图 9-9　按装配图的需要绘制主要零件图形

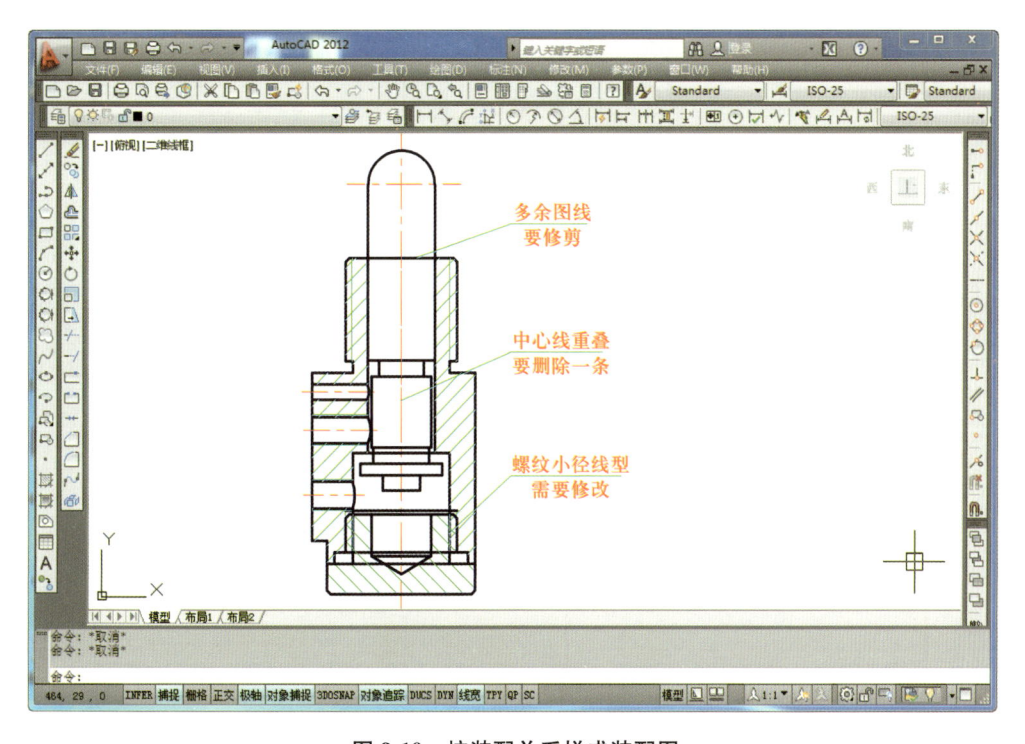

图 9-10　按装配关系拼成装配图

(5) 绘制其他零件。例如，两个螺母、三个 O 形密封圈和弹簧可根据零件图上的尺寸直接在装配图上绘制。

(6) 用"缩放"命令将图形放大 1.5 倍后，标注尺寸。

(7) 绘制图框，插入标题栏，绘制零件序号和明细栏。

(8) 填写标题栏和明细栏。

(9) 移动图形，调整布局，双击滚轮，使图形充满屏幕，结果如图 9-11 所示。

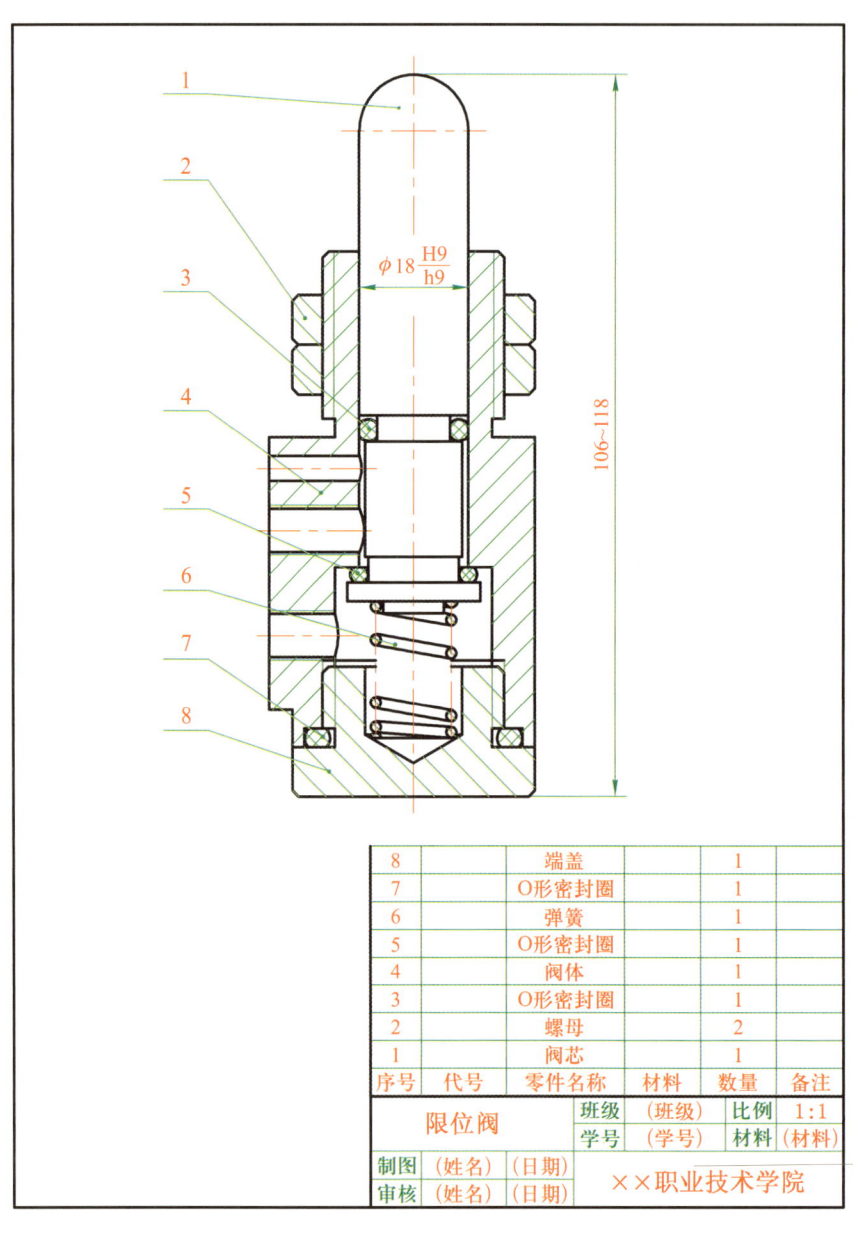

图 9-11 完成的装配图

9.3 轴测图的绘制

轴测图是反映物体三维形状的二维图形，它富有直观效果，常作为辅助图样来表达设计思想。轴测图也可由三维实体通过平面摄影获得。

9.3.1 设置轴测投影模式

绘制轴测图时，首先应打开轴测投影模式，其方法有两种。

1. 用"草图设置"对话框进行设置

在状态栏中右击［捕捉］按钮，在弹出的右键菜单中选择"设置"选项，打开"草图设置"对话框，如图 9-12 所示。

在"捕捉和栅格"选项卡的"捕捉类型"区选择"栅格捕捉(R)"和"等轴测捕捉(M)"，单击"确定"，返回绘图区，此时光标变成轴测模式。

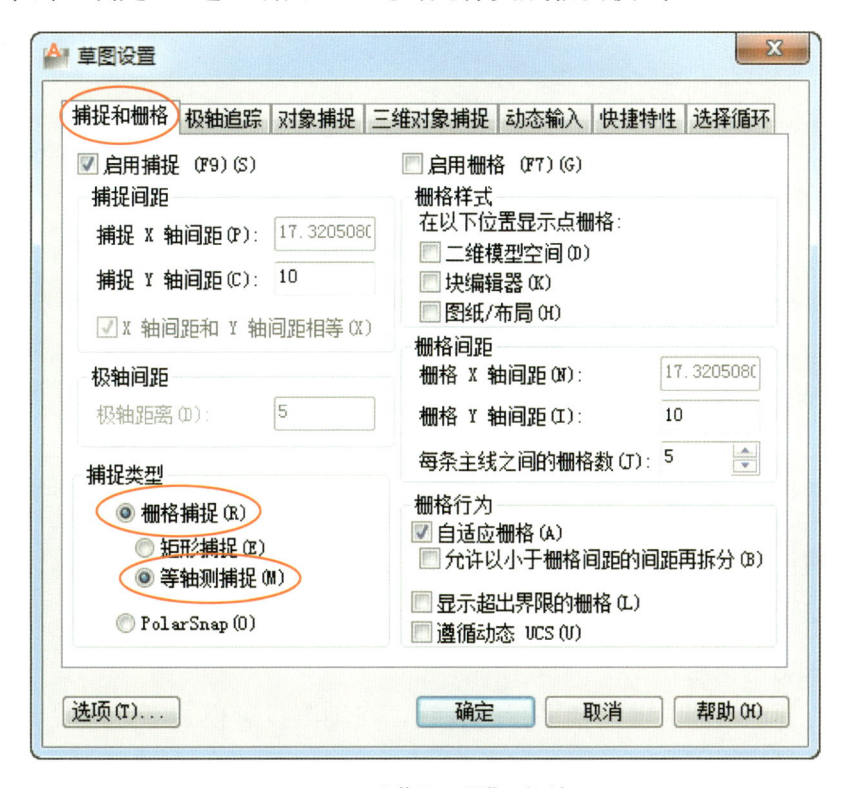

图 9-12 "草图设置"对话框

2. 用 SNAP 命令进行设置

输入 SNAP 命令后，系统提示：

"指定捕捉间距或［开(ON)/关(OFF)/样式(S)/类型(T)］< 10.0000 >："。

选择"样式(S)"选项后，系统提示：

"输入捕捉栅格类型［标准(S)/等轴测(I)］＜S＞："。

选择"等轴测(I)"后按［Enter］键，系统提示：

"指定垂直间距＜10.0000＞:"。

按［Enter］键确认，光标变成轴测模式。

9.3.2　等轴测面

一个立方体的等轴测图有三个面是可见的，如图 9-13 所示。在绘图时，AutoCAD 将以这三个面作为等轴测平面，它们分别称为左、右和上等轴测平面。在轴测模式下，按［F5］键可按"左等轴测平面""上等轴测平面"和"右等轴测平面"的顺序切换，光标的形状也跟着改变。光标在不同轴测平面中的形状如图 9-13 所示。

绘图时要根据光标样式准确判断当前是在哪个轴测面中。轴测面之间的交线称为轴测轴，轴测轴与 X 轴的夹角分别为 30°、90°和 150°。绘图时，只有沿着轴测轴方向的直线才能按实际长度绘制。

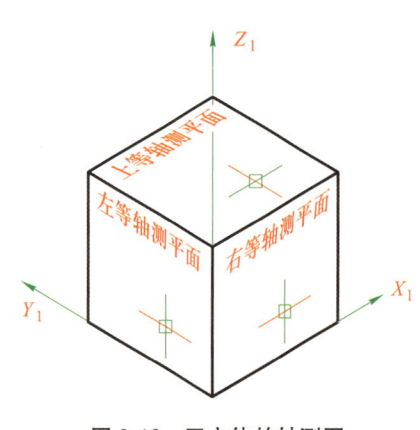

图 9-13　正方体的轴测图

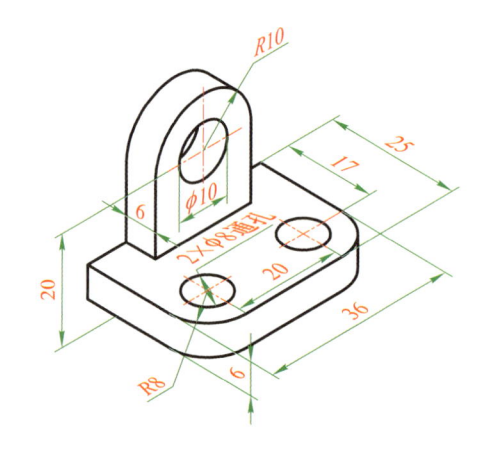

图 9-14　支架轴测图

9.3.3　轴测图的绘制举例

下面以图 9-14 为例，说明轴测图的绘制方法。

1. 绘制长方形底板

为了更方便地绘制与轴测轴平行的直线，在轴测投影模式下，应关闭捕捉，打开正交模式和对象捕捉。

下面介绍图 9-14 中底板的绘制方法。

（1）确认光标指示的是左等轴测平面，若不是，可用［F5］键切换。

（2）如图 9-15 所示，输入直线命令，在屏幕适当位置选择点 *1*。向下移动光标导向，输入6，确定点 *2*。向左上方移动光标导向，输入25，确定点 *3*。向上移动光标导向，输入6，确定点 *4*。捕捉点 *1*，完成左侧平面的绘制（此时不用结束直线命令）。

（3）用［F5］键切换到上等轴测平面。向右上方移动光标导向，输入36，确定点 5。向左上方移动光标导向，输入25，确定点 6。捕捉点 4，完成上表面的绘制。

（4）用［F5］键切换到右等轴测平面。拾取点 2，再向右上方移动光标导向，输入36，确定点 7。捕捉点 5，完成长方体的绘制，如图 9-15 所示。

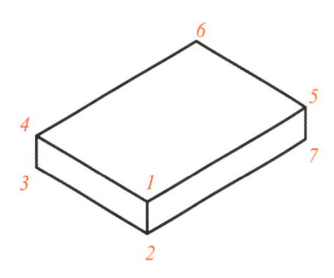

图 9-15　绘制长方体轴测图

2. 绘制底板上的圆角和孔

圆角可用"椭圆弧"来绘制。通过"临时追踪"直接确定圆心，然后输入半径绘制完整的椭圆，最后确定椭圆弧的起始角和终止角。

操作步骤如下：

（1）打开极轴追踪。由于轴测轴与 X 轴夹角分别为 30°、90°和 150°，所以应将极轴追踪增量角设为 30°，并选择"用所有极轴角设置追踪(S)"选项。

（2）用［F5］键切换到上等轴测平面。单击"椭圆弧"命令，从快捷菜单中选择"等轴测圆(I)"选项，系统提示："指定等轴测圆的圆心："。

（3）单击［对象捕捉］工具栏中的［临时追踪点］按钮，系统提示："_tt 指定临时对象追踪点："，拾取点 1 后，系统提示："指定等轴测圆的圆心："，此时，再单击［临时追踪点］按钮，然后向 30°方向移动光标并输入8，得到一临时追踪点 8，再向 150°方向移动光标，当只出现一条 150°追踪线时，再输入8，确定圆心位置点 9。系统提示："指定等轴测圆的半径或［直径(D)］："，输入半径8，绘制出一完整椭圆。系统提示："指定起始角度或［参数(P)］："。

（4）移动光标，分别捕捉点 10 和点 8 确定圆弧的起始角与终止角，完成圆弧的绘制。

（5）用同样方法绘制其他椭圆弧。也可以只画上表面两个弧，然后用"复制"命令完成下表面的两个弧，结果如图 9-16 所示。

（6）用"直线"命令连接右侧两圆弧象限点，绘制公切线，修剪、删除多余图线。

（7）单击"椭圆"命令，选择"等轴测圆(I)"选项，捕捉圆弧的中心作为椭圆中心，输入半径4，绘制两个小圆孔的轴测投影。

将两个椭圆向下复制底板的厚度6，看是否可见，若不可见，则取消复制。

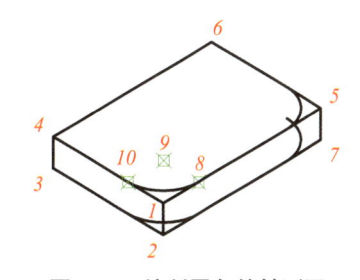

图 9-16　绘制圆角的轴测图

3. 绘制凸台

（1）打开［对象追踪］，用［F5］键切换到右等轴测平面。单击"直线"命令，移动光标捕捉点 4（此时不单击），向 30°方向追踪，输入8，确定点 11，向上移动光标导向,输入 14,确定点 12,绘制一条垂线。再以点 11 为基准,向右下方 330°方向追踪,输入 6,向上绘制第二条高 14 的垂线,同样方法绘制其他两条垂线,如图 9-17 所示。

(2)单击"椭圆弧"命令,选择"等轴测圆(I)"选项,移动光标从 12 点起,沿 30°方向追踪,输入 10 后,确定等轴测圆的圆心,再输入半径 10,绘制完整的椭圆,然后通过捕捉确定椭圆弧的起始点和终止点。

(3)单击"椭圆"命令,选择"等轴测圆(I)"选项,移动光标捕捉大椭圆弧的中心,然后输入半径 5,即可绘制后表面的小椭圆。

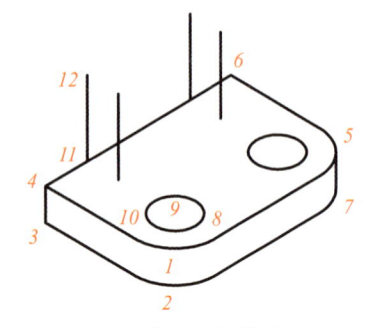

图 9-17 绘制凸台的棱

(4)单击"复制"命令,选择椭圆弧及小椭圆,并以 12 点为基点,复制前方的大椭圆弧和小椭圆,如图 9-18 所示。

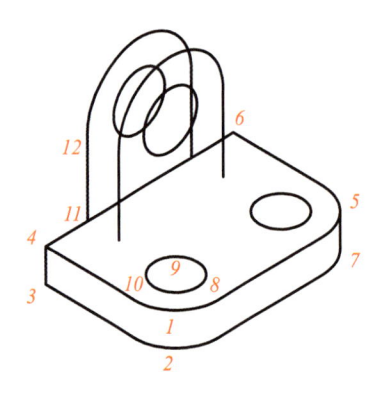

图 9-18 复制图形

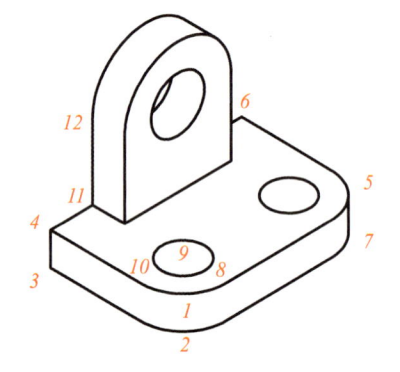

图 9-19 支架轴测图

(5)用"直线"命令连接两个大椭圆弧右上方象限点,即可绘制公切线。绘制其余可见轮廓线,修剪、删除多余图线,结果如图 9-19 所示。

> 提示:① 在轴测投影模式下,平行线不能用"偏移"命令准确绘制,但可以用"复制"命令复制到指定的位置。对称结构不能用"镜像"命令进行复制。
> ② 在轴测投影模式下,绘制与轴测轴平行的直线时,可以沿轴测轴方向直接测量作图,而对于斜线,不能直接测量,只能通过沿着轴测轴方向追踪测量,确定斜线两端点的位置,然后连接两端点绘出斜线。
> ③ 在轴测投影模式下,绘制立体不同表面的结构时,一定要注意轴测面的切换。

9.3.4 轴测图的标注

1. 轴测图上文字的标注

为了使轴测图上的文字有立体感，在标注时应将文字进行旋转和倾斜。在轴测面上标注文字时，应沿着一个轴测轴方向排列，而文字的倾斜方向则应与另一轴测轴平行。因此，在左等轴测面上的文字应旋转－30°或90°，倾斜－30°或30°；在上等轴测面上的文字应旋转30°或－30°，倾斜－30°或30°；在右等轴测面上的文字应旋转30°或90°，倾斜30°或－30°（但机械制图国家标准规定：文字字头不得朝下，所以在实际应用中不采用－30°，而是采用0°），如图9-20所示。

文字的倾斜角度是由文字样式来确定的。在轴测图上标注文字时，要创建三种文字样式，它们的倾斜角度分别设为30°、－30°和0°。

文字的旋转角度是在输入文字时确定的。输入单行文字时，根据提示输入旋转角度。输入多行文字时，要在选项中选择"旋转"，然后输入相应的角度。

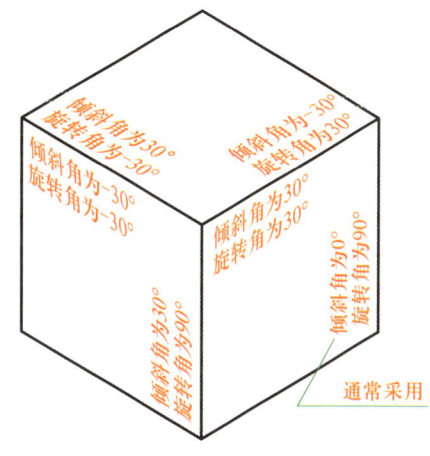

图9-20 轴测图中文字旋转和倾斜角度

> 提示：① 文字的旋转角度是相对于水平方向而言的，逆时针方向为正，顺时针方向为负。
> ② 文字的倾斜角度则是相对于倾斜角为0°时而言的，顺时针方向为正，逆时针方向为负。

2. 轴测图上尺寸的标注

为了使尺寸标注与轴测面协调一致，在轴测图中标注尺寸时，需要将尺寸线、尺寸界线倾斜一定角度，使之与相对应的轴测轴平行。同样，尺寸数字也要与相应的轴测轴方向一致。

轴测图上尺寸数字的倾斜角度与尺寸线之间的对应关系如下：

① 在左等轴测面中，若标注的尺寸线与 Y_1 轴平行，则尺寸数字的倾斜角度为－30°。

② 在左等轴测面中，若标注的尺寸线与 Z_1 轴平行，则尺寸数字的倾斜角度为30°。

③ 在右等轴测面中，若标注的尺寸线与 X_1 轴平行，则尺寸数字的倾斜角度为30°。

④ 在右等轴测面中，若标注的尺寸线与 Z_1 轴平行，尺寸数字的倾斜角度则取0°。

⑤ 在上等轴测面中，若标注的尺寸线与 X_1 轴平行，则尺寸数字的倾斜角度为 $-30°$。

⑥ 在上等轴测面中，若标注的尺寸线与 Y_1 轴平行，则尺寸数字的倾斜角度为 $30°$。

现以图 9-14 为例说明轴测图尺寸的标注方法与步骤。

(1) 创建三种文字样式，字体采用 gbenor.shx，倾斜角度分别为 30°、-30°和 0°。

(2) 创建三种尺寸样式，样式名分别为"轴测尺寸 30""轴测尺寸-30"和"轴测尺寸 0"，其中，文字样式要与前面建立的文字样式相对应。

(3) 将"轴测尺寸-30"标注样式置为当前，用"对齐样式"标注下列尺寸。

① 在上轴测面中，标注与 X_1 轴平行的尺寸线，如两小孔中心距 20 和底板长 36。

② 在左轴测面中，标注与 Y_1 轴平行的尺寸线，如竖板厚度 6。

(4) 将"轴测尺寸 0"标注样式置为当前，用"对齐样式"在右轴测面中标注与 Z_1 轴平行的尺寸线，如高度定位尺寸 20（标注前应先绘制两条辅助尺寸界线）。

(5) 将"轴测尺寸 30"标注样式置为当前，用"对齐样式"标注其余线性尺寸。

(6) 标注半径、直径尺寸时，可先绘制辅助尺寸线，然后用"快速引线"画箭头，用"多行文字"标数字的方法进行标注。

(7) 初步标注完成后，再用"编辑标注"命令的"倾斜(O)"选项，修改尺寸界线的倾斜角度，使之与相应的轴测轴平行。

> **提示**：尺寸界线的倾斜角度是与 X 轴的夹角。与轴测轴 X_1 平行的尺寸界线倾斜角为 30°，与轴测轴 Y_1 平行的尺寸界线倾斜角为 -30°，与轴测轴 Z_1 平行的尺寸界线倾斜角为 90°。

9.4 电气工程图的绘制

下面以图 9-21 为例，介绍电气主接线图的绘图方法。该图是一无人值守变电站的一次主接线图。绘图要求：布局合理，图面美观，符号正确，比例协调。

1. 图纸布局

本图适合使用横 A3 图纸。调用"横 A3 模板"文件，并以图形文件格式命名存盘，文件名为："主接线图"。

布局方法：

(1) 在中心线层绘制构造线，以偏移方式确定各部分图形要素的位置。水平、垂直构造线的偏移距离如图 9-22 所示。

(2) 利用修剪命令对构造线进行初步修剪。结果如图 9-22 所示。

2. 绘制图形符号

图形符号的绘制是本图最主要的内容，本图涉及的图形符号很多，下面分别简要说明。读者掌握了绘制方法后，可把这些图形符号保存为内部图块，以便今后绘制同类图纸时调用。创建一"中粗线"层，颜色设为洋红色，线宽设为 0.4。

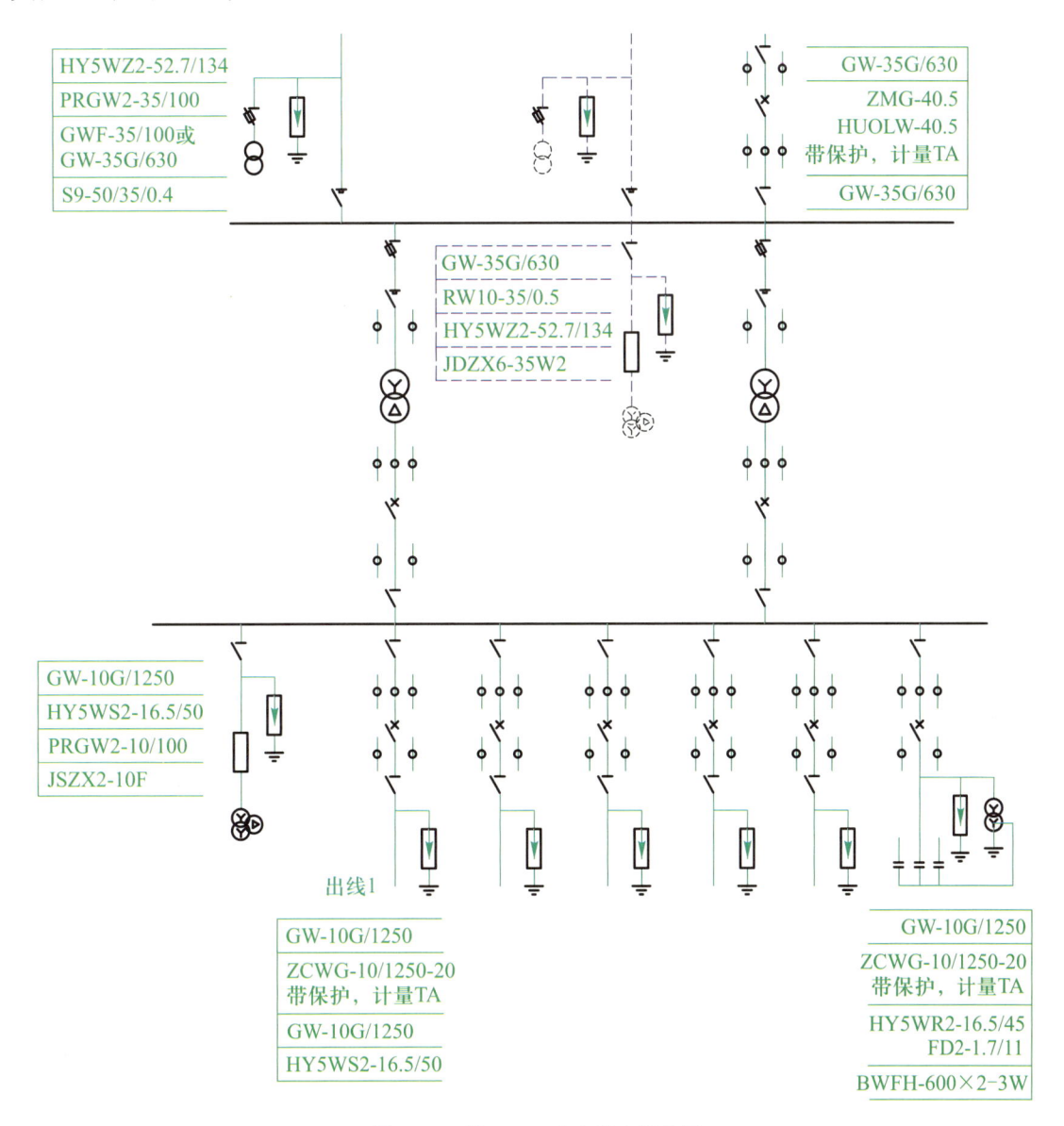

图 9-21 某 35 kV 变电所主接线图

（1）绘制变压器符号

① 在"中粗线"层画一半径为 6 mm 的圆，复制成变压器简易符号，如图 9-23a 所示。

② 以圆 1 的圆心为一端点，正交向下画长度为 4 mm 的直线，然后环形阵列该直线，最后分解修剪掉原直线在下边的圆内的部分，如图 9-23b 所示。

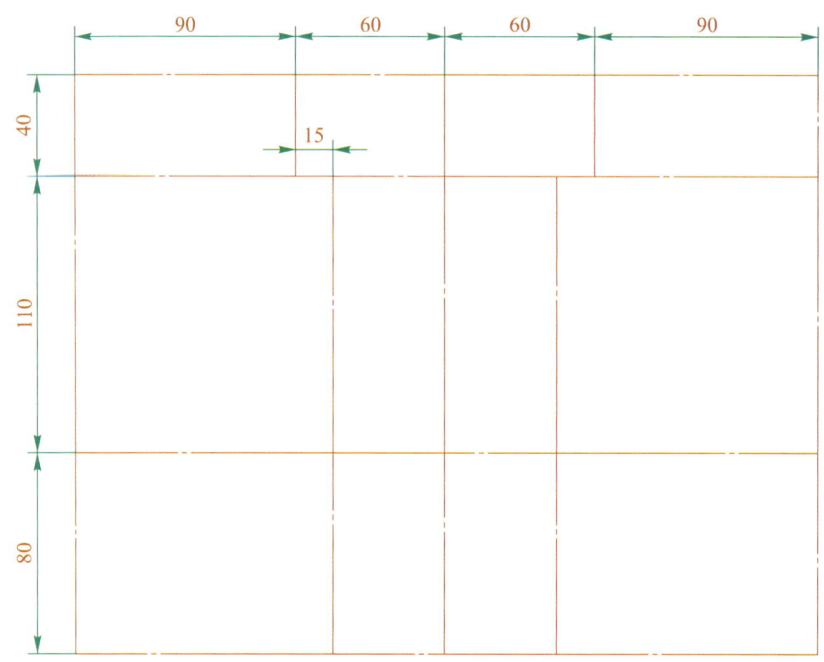

图 9-22 修剪后形成的图纸分区

图 9-23 变压器符号

图 9-24 隔离开关符号

③ 以圆 2 的圆心为圆心，画一半径为 3 mm 的圆内接正三角形，并将其下移到合适位置，如图 9-23c 所示。

(2) 绘制隔离开关符号

① 在正交方式下画一条长为 14 mm 的竖线，如图 9-25a 所示。

② 启用极轴追踪，角增量设置为 30°。

③ 绘制斜线及水平线，其中斜线倾斜角度为 120°，水平线的端点可通过捕捉垂足得到，如图 9-24b 所示。

④ 移动水平短线，基点为该线的中点，目标点为垂足，如图 9-24c 所示。

⑤ 修剪后调整图线的图层，如图 9-24d 所示结果。

(3) 绘制断路器符号

可通过编辑隔离开关符号得到断路器符号：

① 复制隔离开关符号，如图 9-25a 所示。
② 以交点为基点，将隔离开关符号上的短横线旋转 45°，结果如图 9-25b 所示。
③ 以镜像命令获得另一斜线，如图 9-25c 所示。
（4）绘制负荷开关、跌落式熔断器、避雷器符号
负荷开关、跌落式熔断器、避雷器符号如图 9-26 所示。

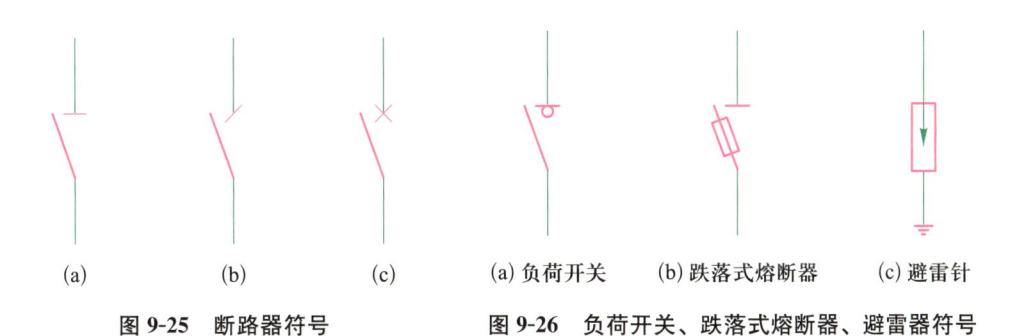

(a)　　　　(b)　　　　(c)　　　　(a) 负荷开关　　(b) 跌落式熔断器　　(c) 避雷针

图 9-25　断路器符号　　　　图 9-26　负荷开关、跌落式熔断器、避雷器符号

现仅对绘制方法作简要说明。
① 负荷开关：复制隔离开关符号，在短横线上画一小圆，小圆半径可取 0.6 mm。
② 跌落式熔断器：斜线倾斜角为 120°；绘一合适尺寸的矩形，将其旋转 30°，然后以短边中点为基点移动至斜线上合适的位置。
③ 避雷器：
a. 绘一个宽 5，高 12 的矩形。
b. 启动绘多段线命令。
c. 利用极轴垂直向上追踪矩形上边的中点，输入 5 回车。
d. 正交导向向下，输入 10 回车。
e. 输入 W 选项回车。
f. 起点宽度设置为 1.3 回车。
g. 终点宽度设置为 0 回车。
h. 正交导向向下，输入 3.5，回车结束命令。
i. 绘接地符号。
（5）绘制站用变压器符号
可通过修改主变压器符号得到站用变压器符号。
① 复制主变压器符号，如图 9-27a 所示。
② 用缩放命令，将复制后的变压器符号缩小 0.7 倍，结果如图 9-27b 所示。
③ 删除三角形符号，结果如图 9-27c 所示。
④ 复制 Y 型接线符号，结果如图 9-27d 所示。

(a)　　　　　　(b)　　　　　　(c)　　　　　　(d)

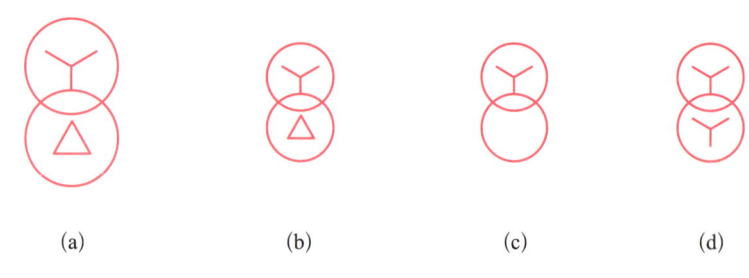

图 9-27　站用变压器符号

(6) 绘制电压互感器符号

电压互感器符号可在站用变压器符号的基础上，添加一个表示 L 形接线的线圈。

① 复制站用变符号上的一个圆，如图 9-28a 所示。

② 以该圆的圆心为中心点，画一半径为 2 mm 的圆内接正三角形，如图 9-28b 所示。

③ 在适当位置画一垂直辅助线，然后以该直线作剪切边，修剪正三角形，最后删除辅助线，如图 9-28c 所示。

④ 复制站用变符号，与图 9-28c 合并成图 9-28d 所示的电压互感器符号。

(7) 绘制电流互感器和电容器符号，如图 9-29 所示。

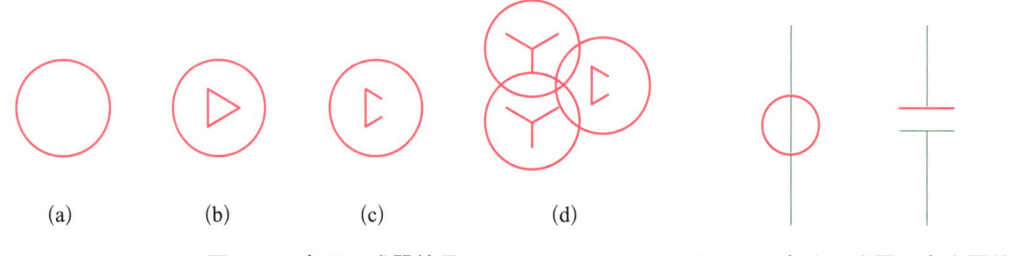

(a)　　　(b)　　　(c)　　　　(d)

图 9-28　电压互感器符号　　　　图 9-29　电流互感器及电容器符号

3. 绘图

(1) 插入一路主变及其两侧电器设备符号

① 以主变符号中上面的圆的最上方象限点为基点，移动主变符号至轴线上适当的位置。参照上述方法插入一路主变其他设备符号。

② 用复制、镜像命令复制一侧镜像另一侧电流互感器符号，结果如图 9-30 所示。

(2) 连线

图 9-31 中各符号之间不一定完全相接，应删除中心线后，采用夹点编辑命令，使各个符号真正连接在一起。

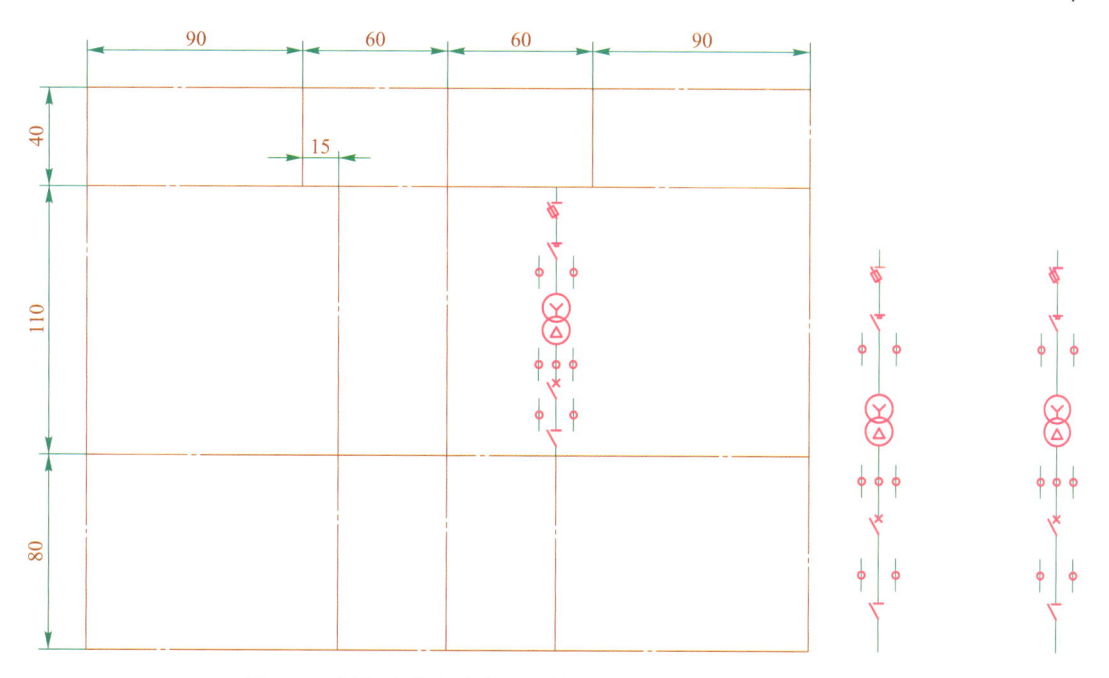

图 9-30　插入主变支路各图形符号　　　　图 9-31　绘制变压器支路

(3) 复制出另一主变支路

复制完成后如图 9-31 所示。

(4) 绘制母线

在 0 层绘制 35 kV 母线及 10 kV 母线。

(5) 绘制 10 kV 母线上所接的各出线上的高压电器设备接线方案。

① 先插入一条出线上的高压电器设备符号，并连线。见图 9-32 中的出线 1。插入过程不再赘述。

② 在正交方式下，多重复制出线 1，结果如图 9-32 所示。

注意：电容器进线上的开关设备与出线 1 上的设备相同，可把出线 1 先复制到电容器进线位置，然后进行修改，图中最右侧即修改后的电容器接线，修改操作不再赘述。复制后各出线间的距离均为 30 mm。

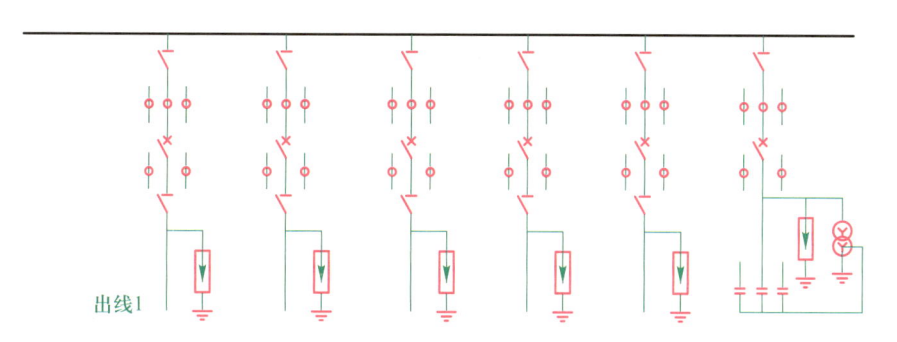

图 9-32　绘制 10 kV 母线上所接的各出线上的高压电器设备接线方案

(6) 补充绘制其他部分图形

绘制 35 kV 进线、35 kV 站变及母线电压互感器（使用虚线）、10 kV 电压互感器（距"出线 1" 60 mm）。这部分的绘制不再详述。至此主接线图的图形部分的绘制已基本完成，如图 9-33 所示。

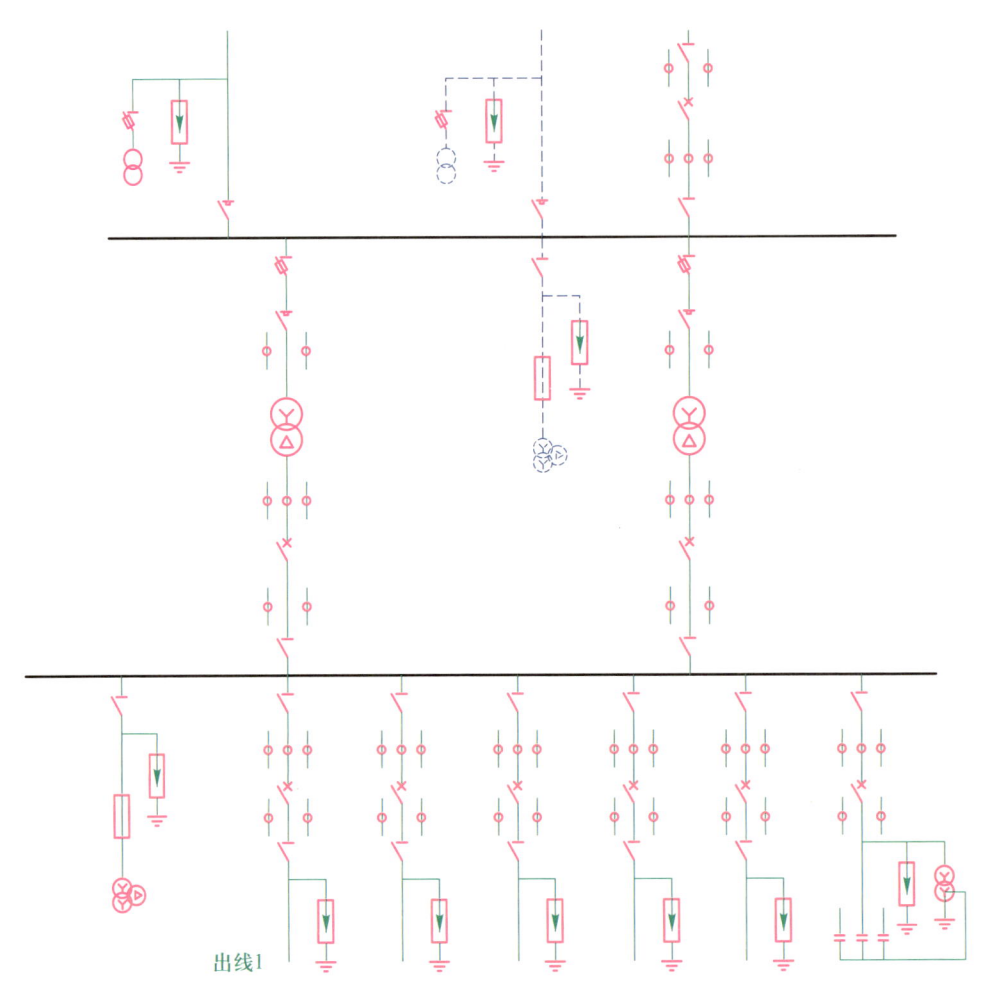

图 9-33 主接线图的图形部分

(7) 输入注释文字

将"工程图中的汉字"文字样式置为当前，用"多行文字"命令注写文字。

(8) 填写标题栏

点击标题栏，从快捷菜单中选择"编辑属性"，打开"增强属性编辑器"对话框，在对话框中修改"（图名）"为"主接线图"，并填写其他内容后，点击"确定"按钮，完成标题栏的填写。将图形进行适当的比例缩放，并进行布局调整，检查无误后，全屏显示并保存。

综合练习九

一、基本题

1. 选择横 A3 或竖 A4 图幅，按图中要求的比例，绘制图 9-34～图 9-40 所示零件图，标注尺寸和技术要求并保存，文件名为采用零件名称。

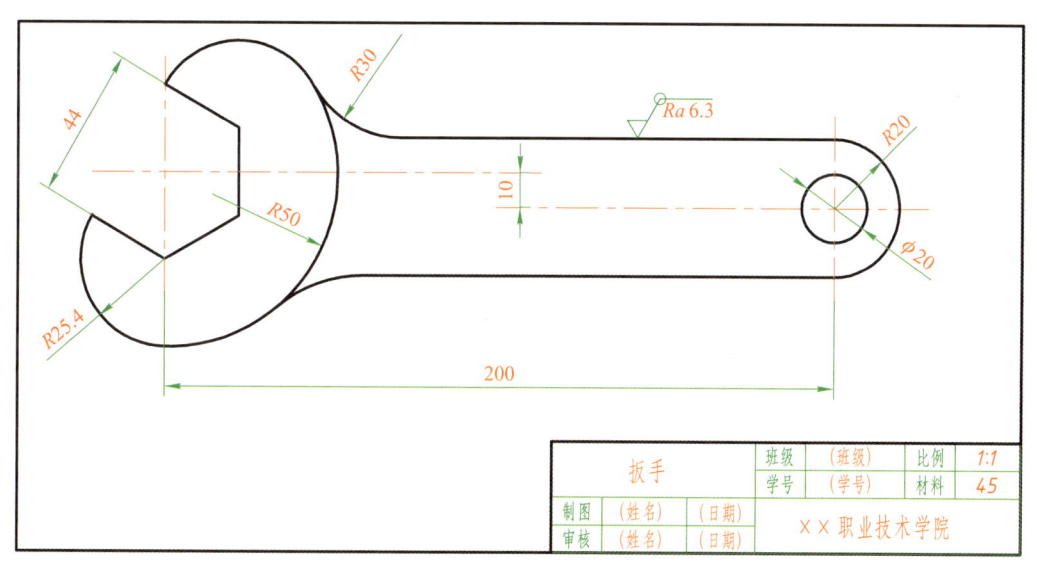

图 9-34

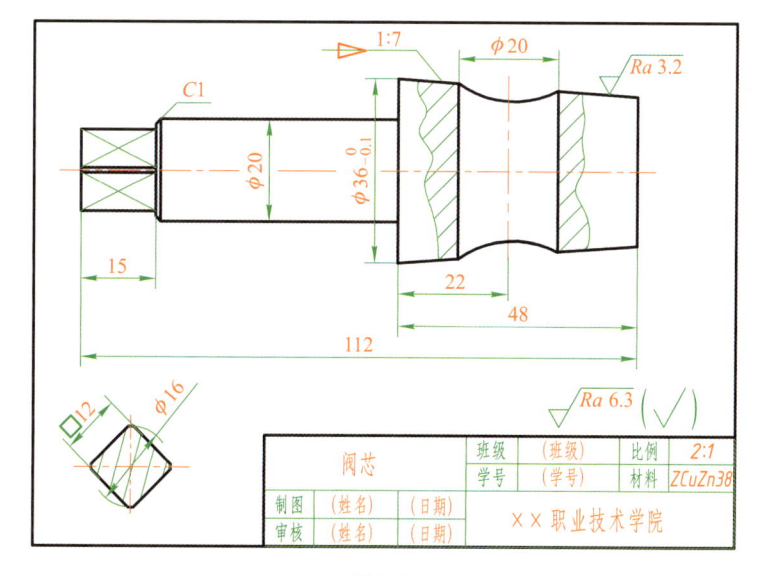

图 9-35

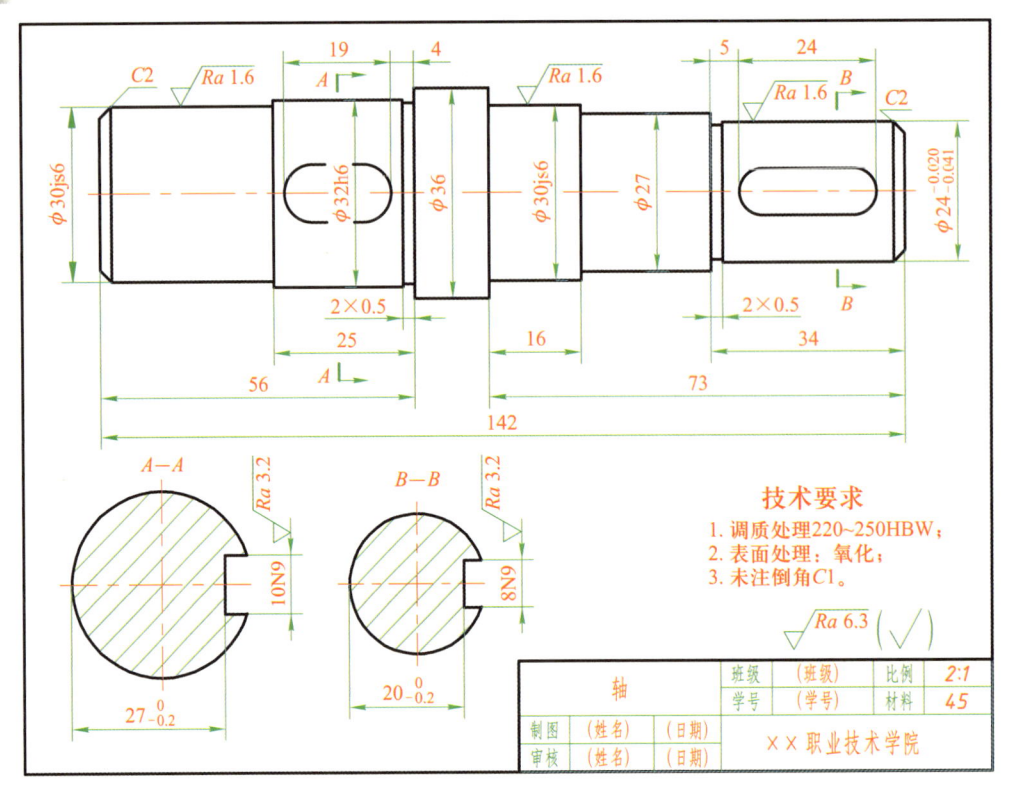

图 9-36

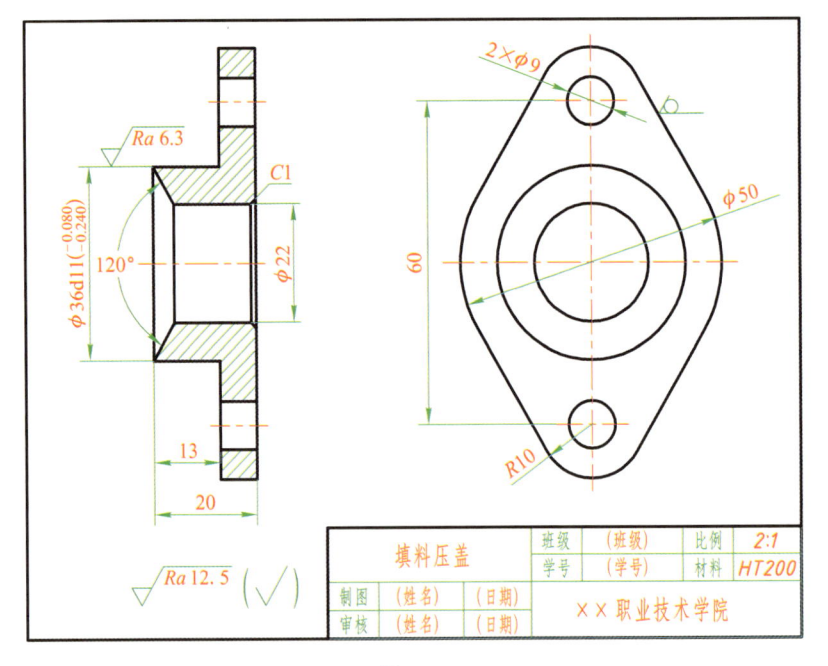

图 9-37

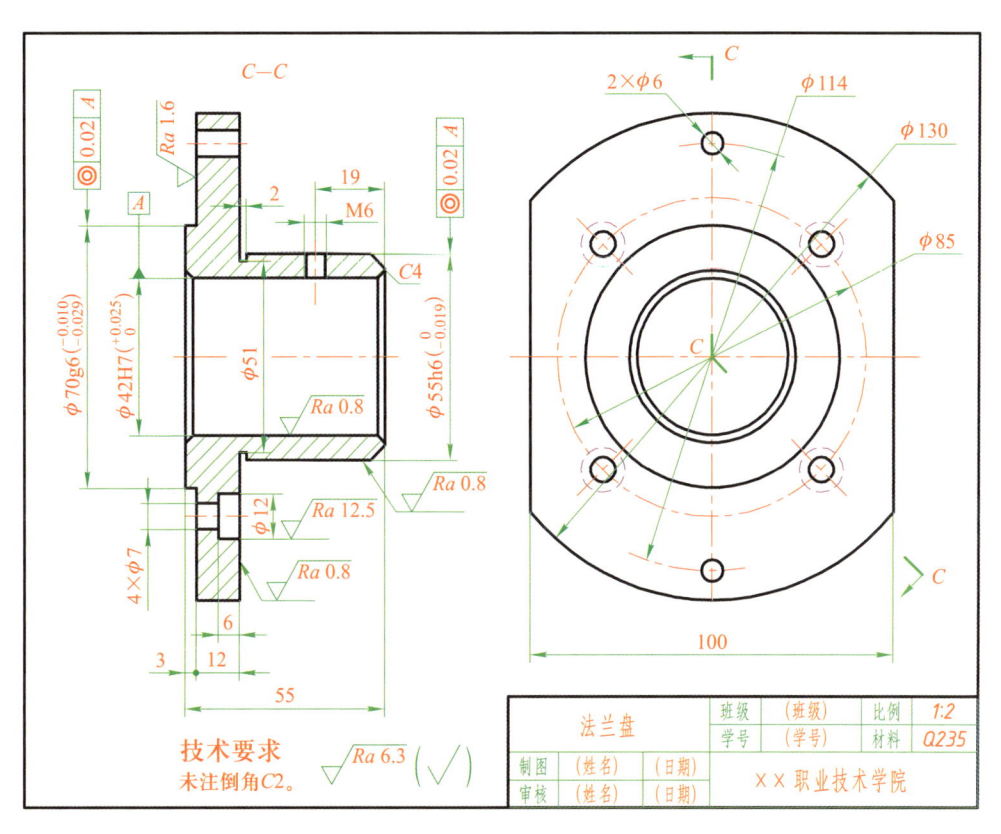

图 9-38

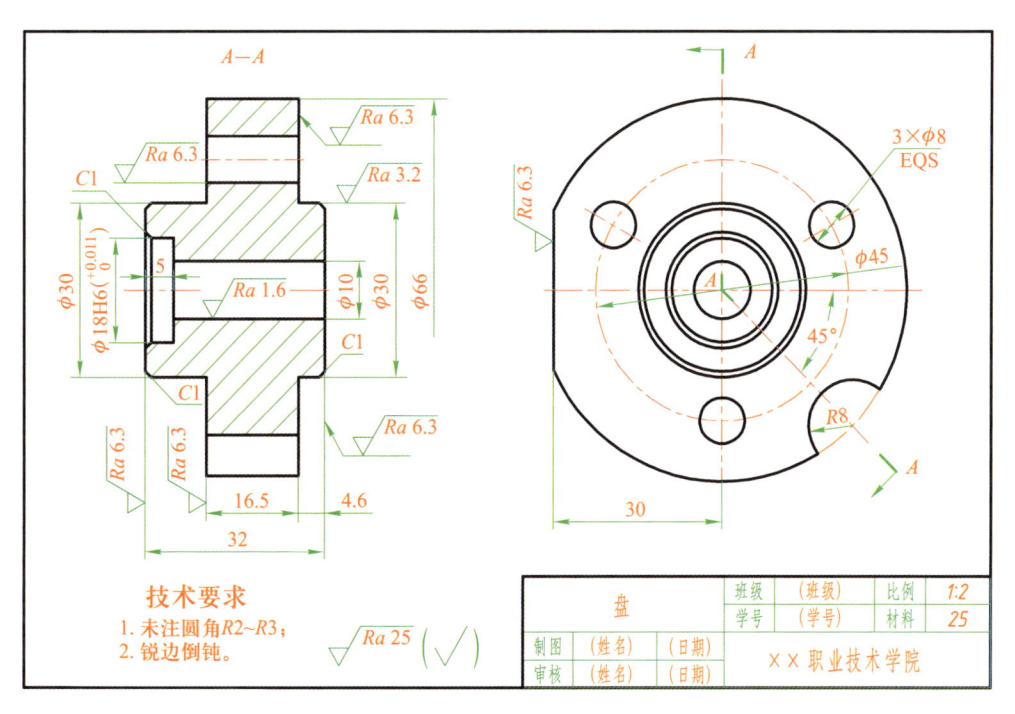

图 9-39

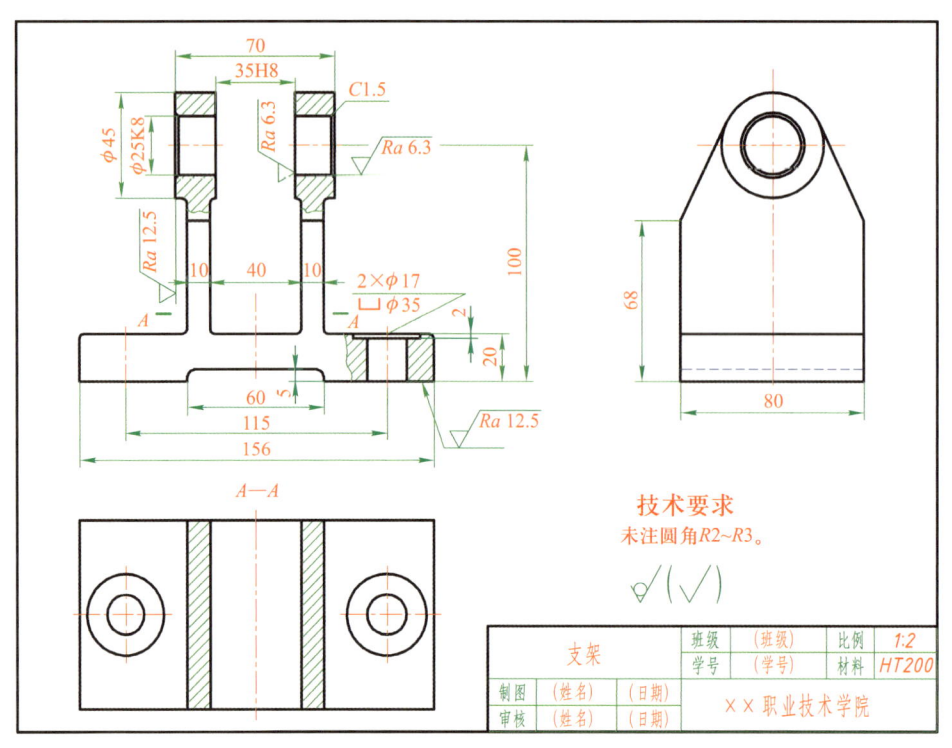

图 9-40

2. 根据零件图（图 9-41、图 9-42）绘制装配图（图 9-43），并保存，文件名为"综合练习 9-1-2"。

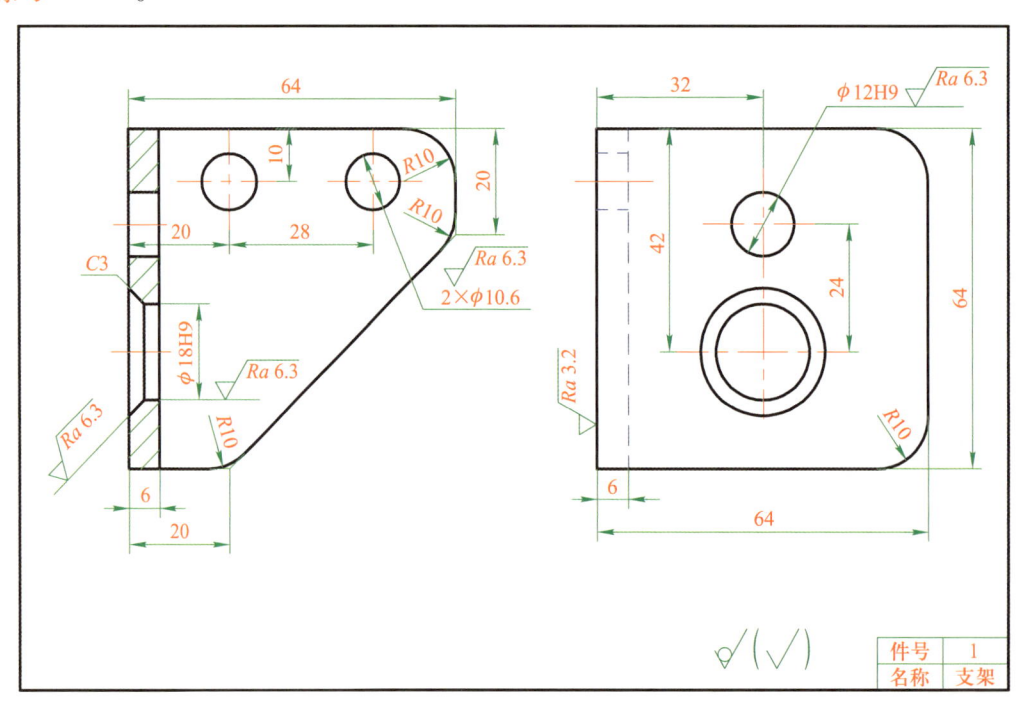

图 9-41

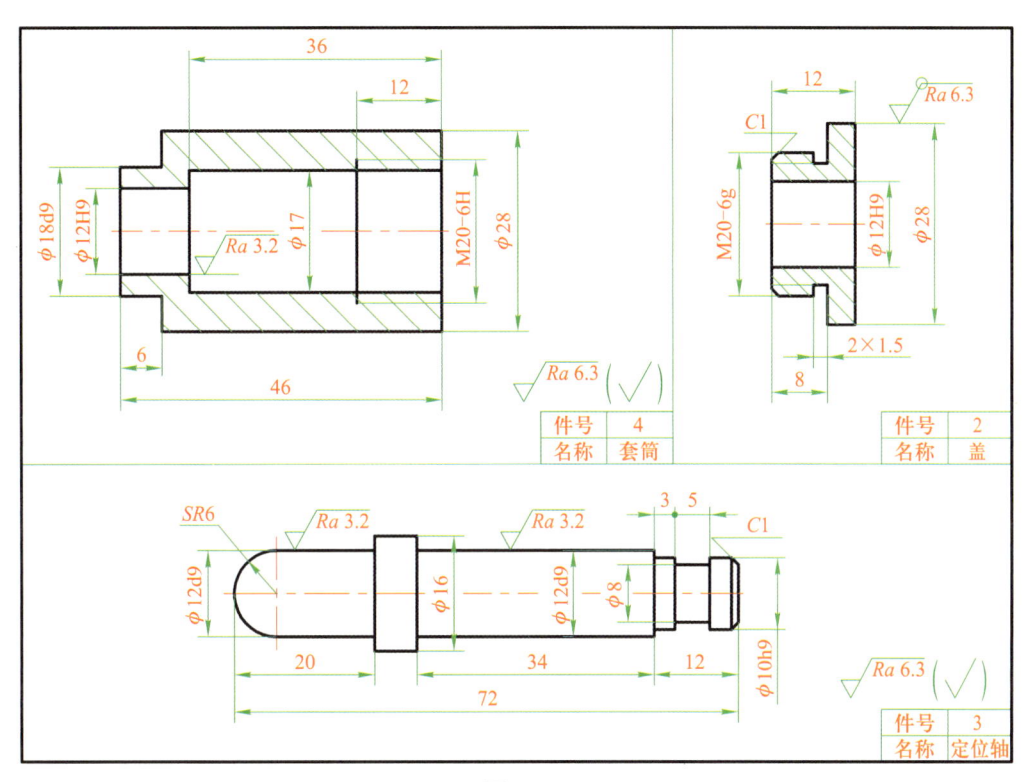

图 9-42

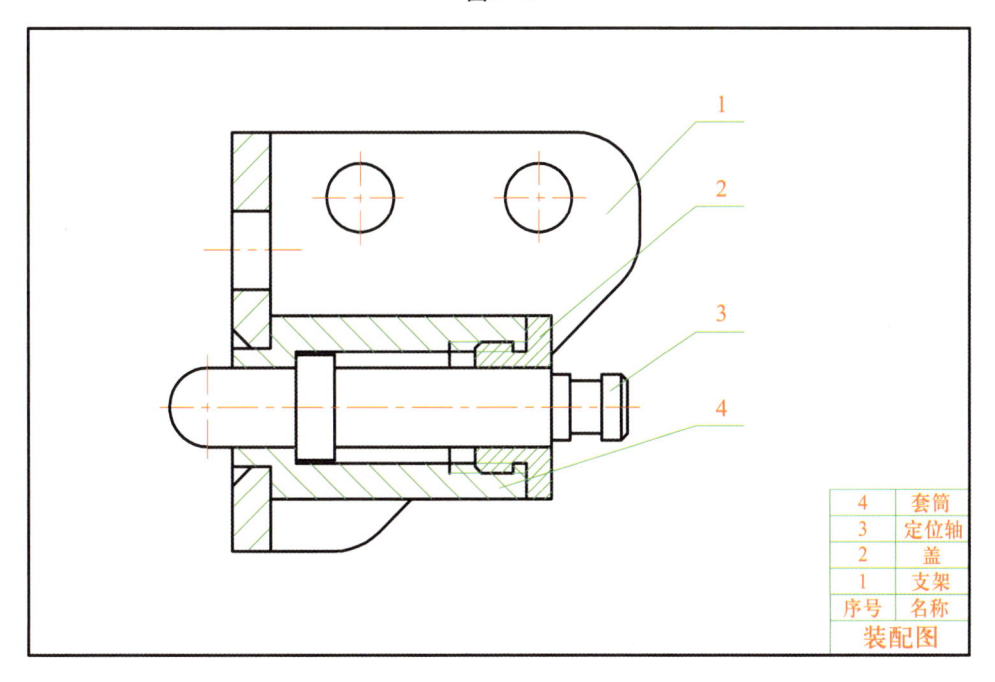

图 9-43

3. 根据零件图（图 9-44～图 9-46）绘制装配图（图 9-47），并保存，文件名为"综合练习 9-1-3"，螺母可用"图块"文件夹中的螺母块。注意：要经比例缩放。

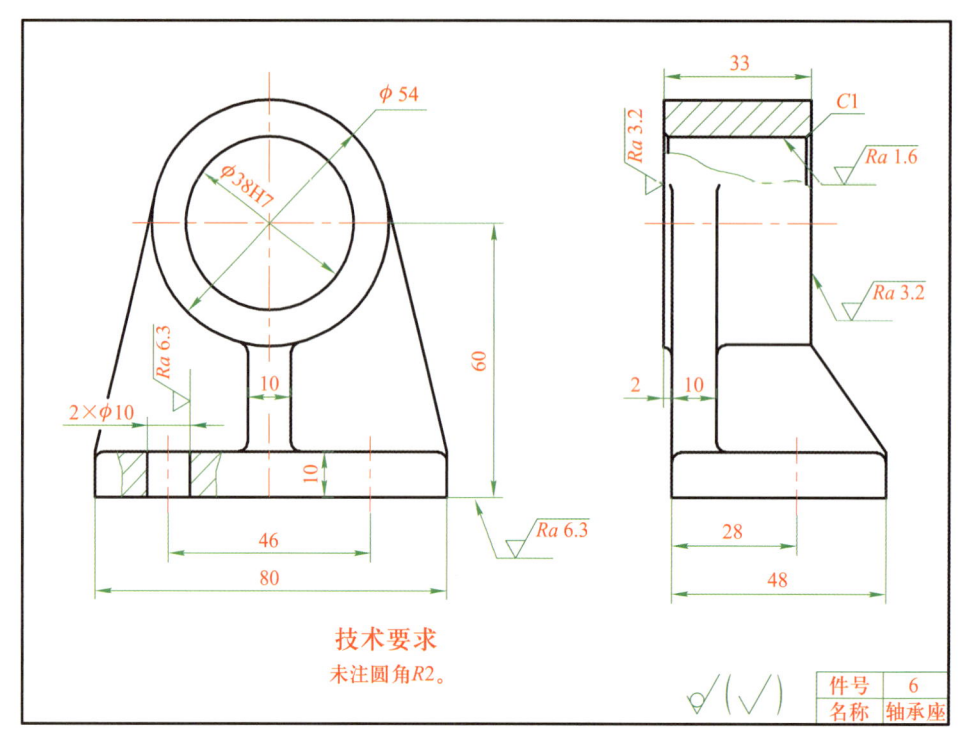

图 9-44

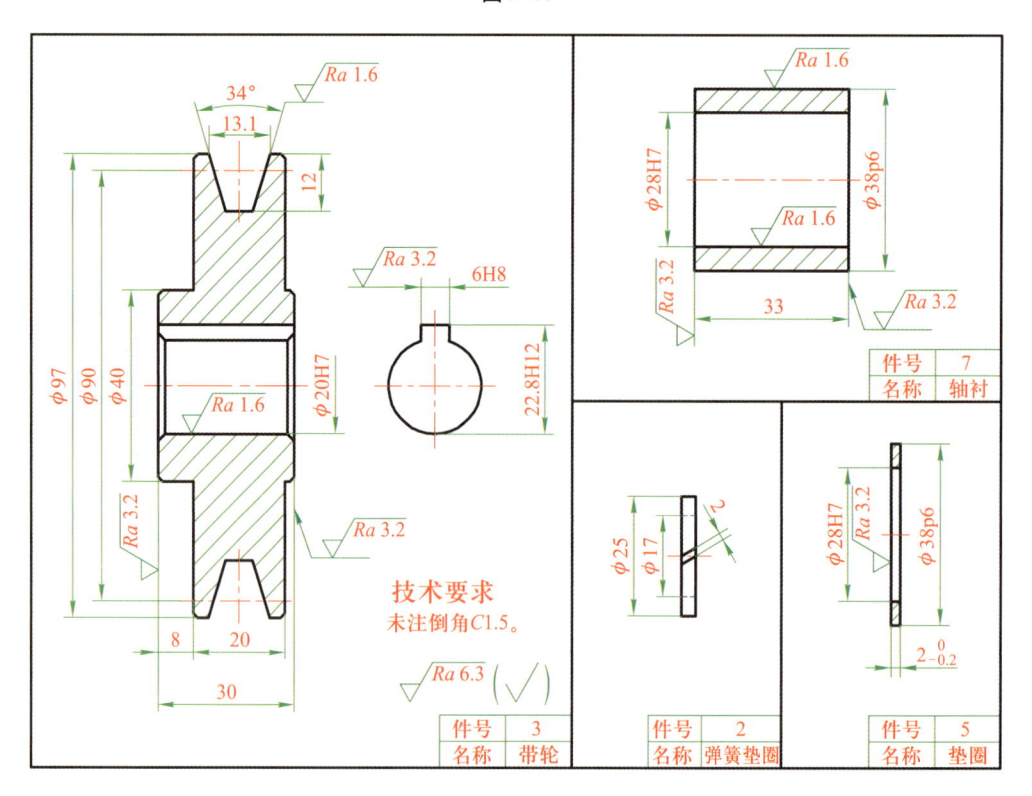

图 9-45

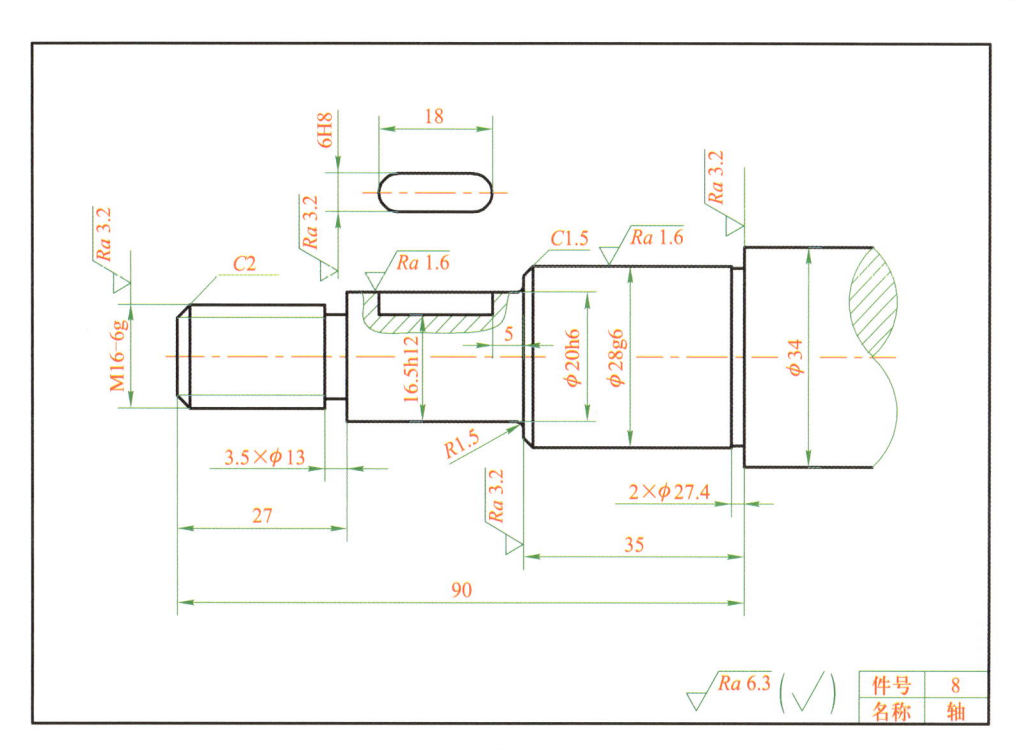

图 9-46

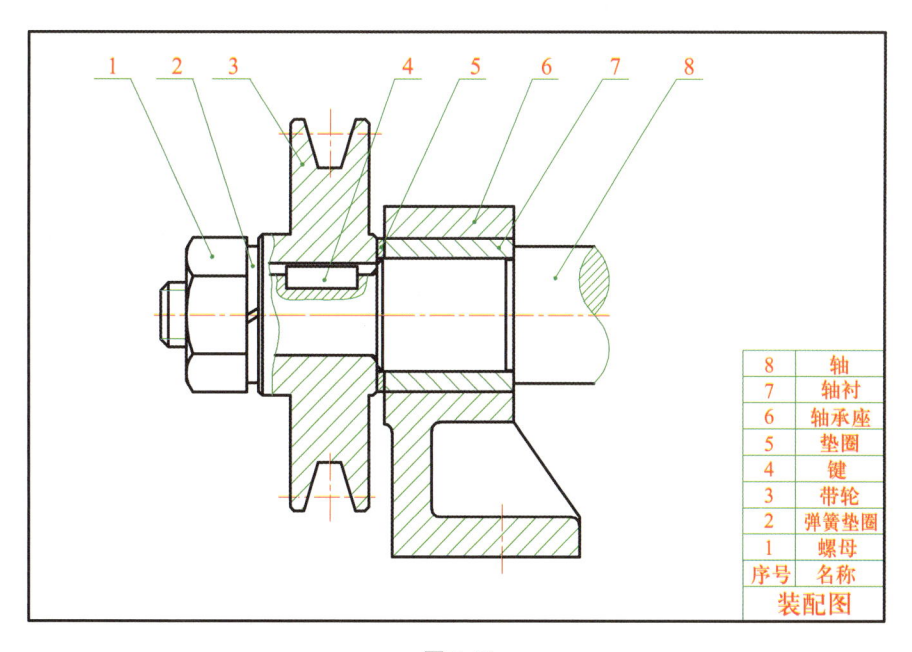

图 9-47

4. 绘制图 9-48、图 9-49 所示轴测图，标注尺寸并保存，文件名为"综合练习 9-1-4"。

图 9-48　　　　　　　　　　　　　　　图 9-49

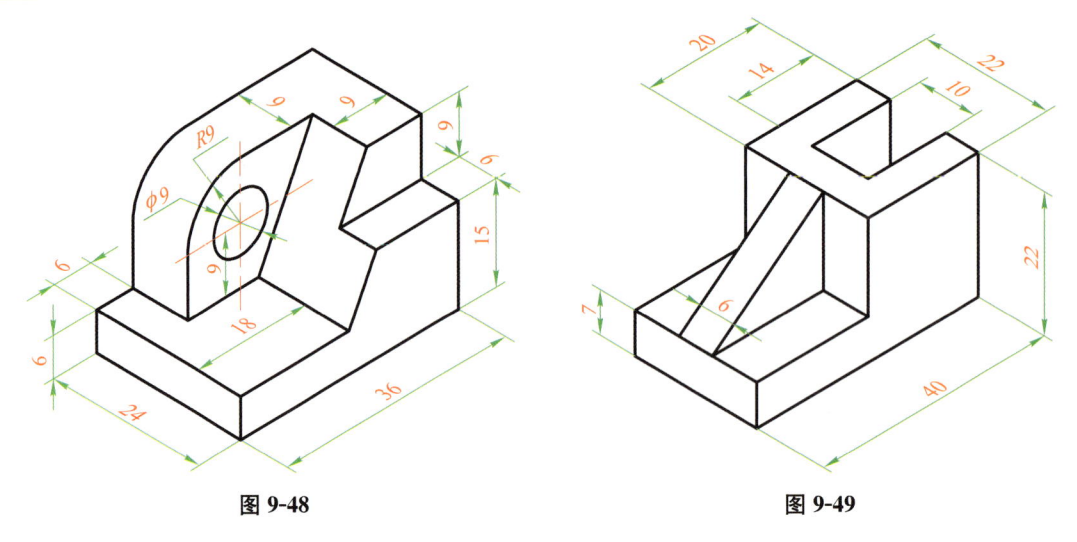

5. 绘制图 9-50～图 9-53 所示线路图，并保存，文件名采用图号名。

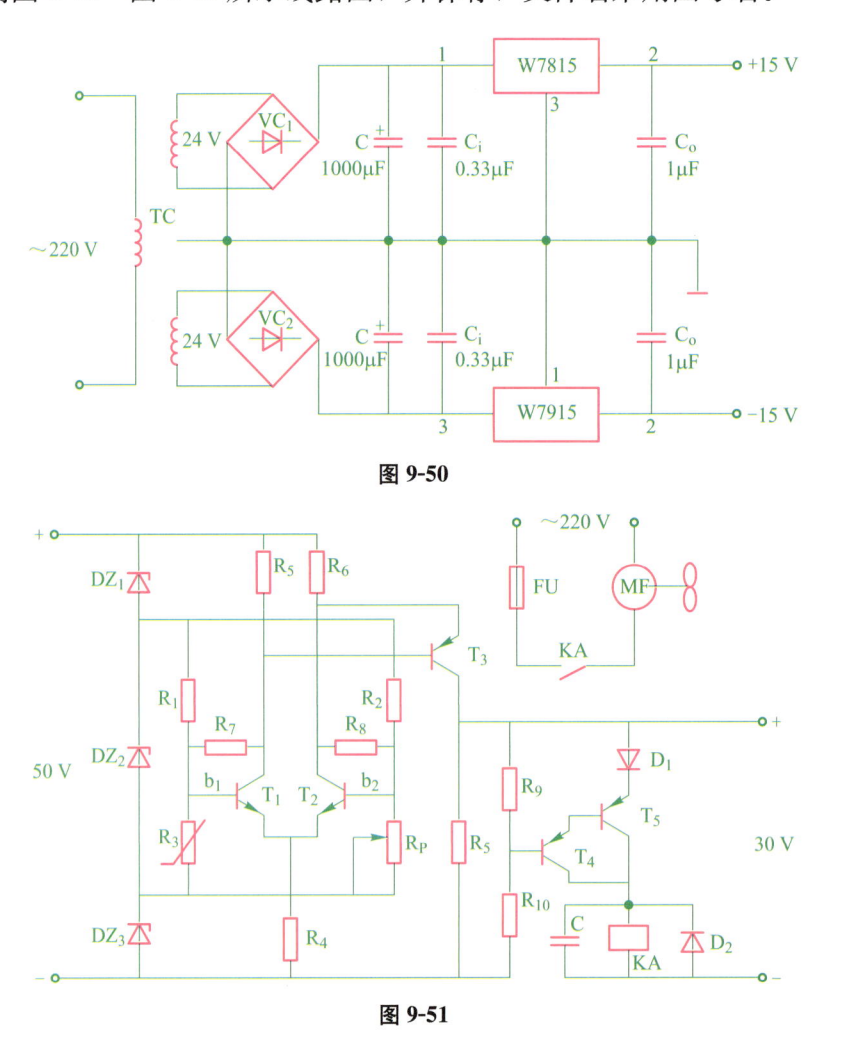

图 9-50

图 9-51

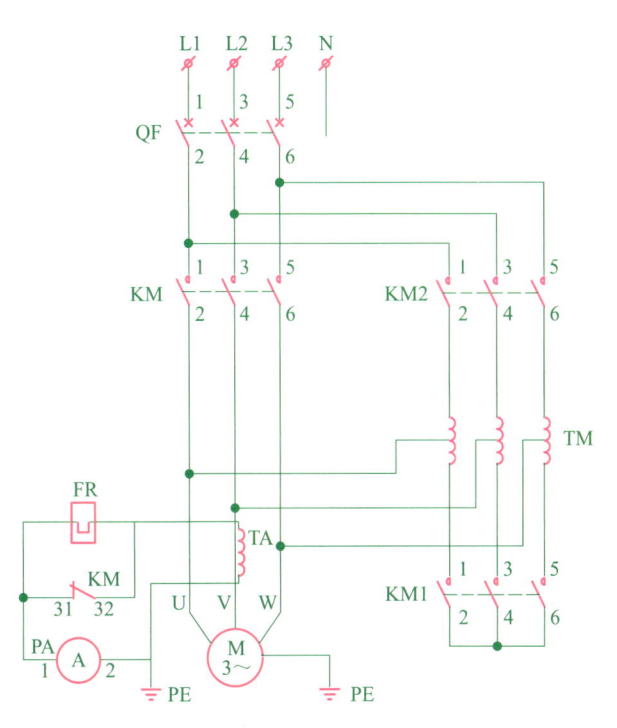

图 9-52

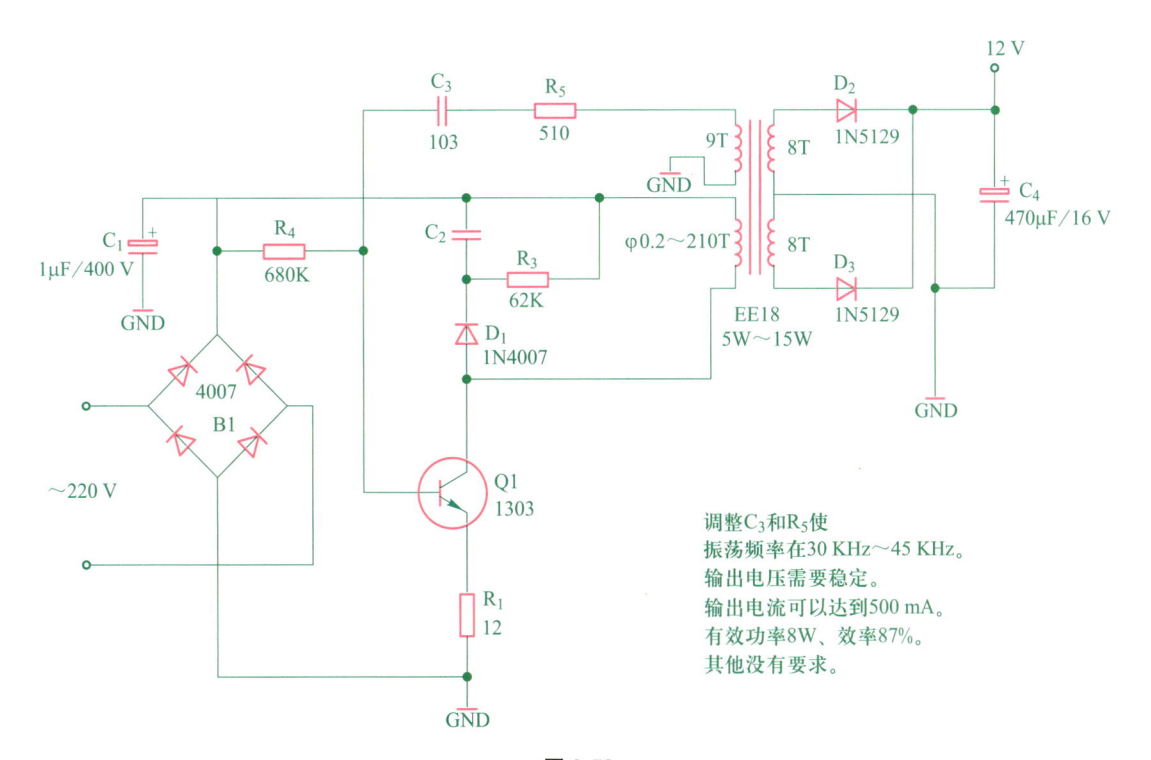

图 9-53

调整 C_3 和 R_5 使
振荡频率在 30 KHz～45 KHz。
输出电压需要稳定。
输出电流可以达到 500 mA。
有效功率 8W、效率 87%。
其他没有要求。

二、进阶题

1. 绘制图 9-54～图 9-60 所示零件图，标注尺寸和技术要求，并保存，文件名采用零件名称。

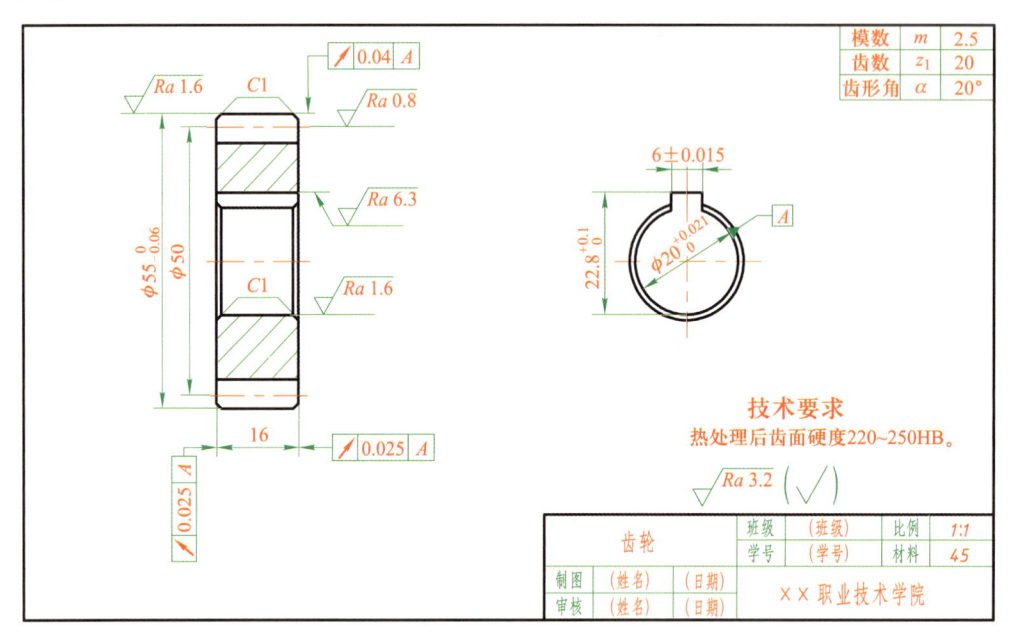

图 9-54

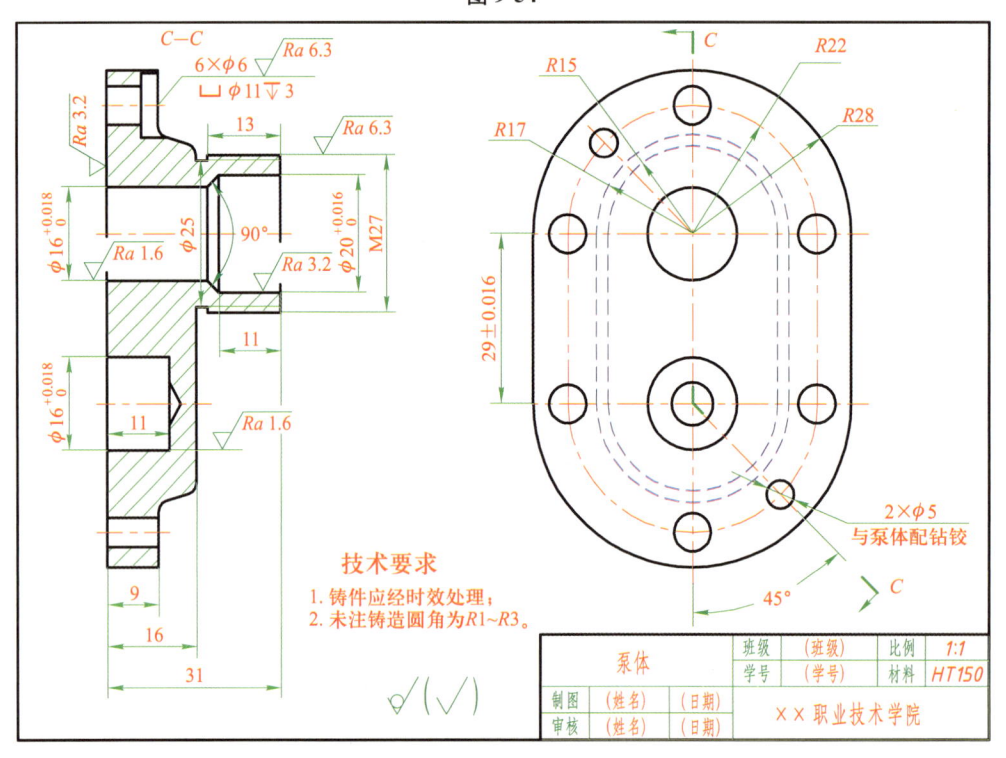

图 9-55

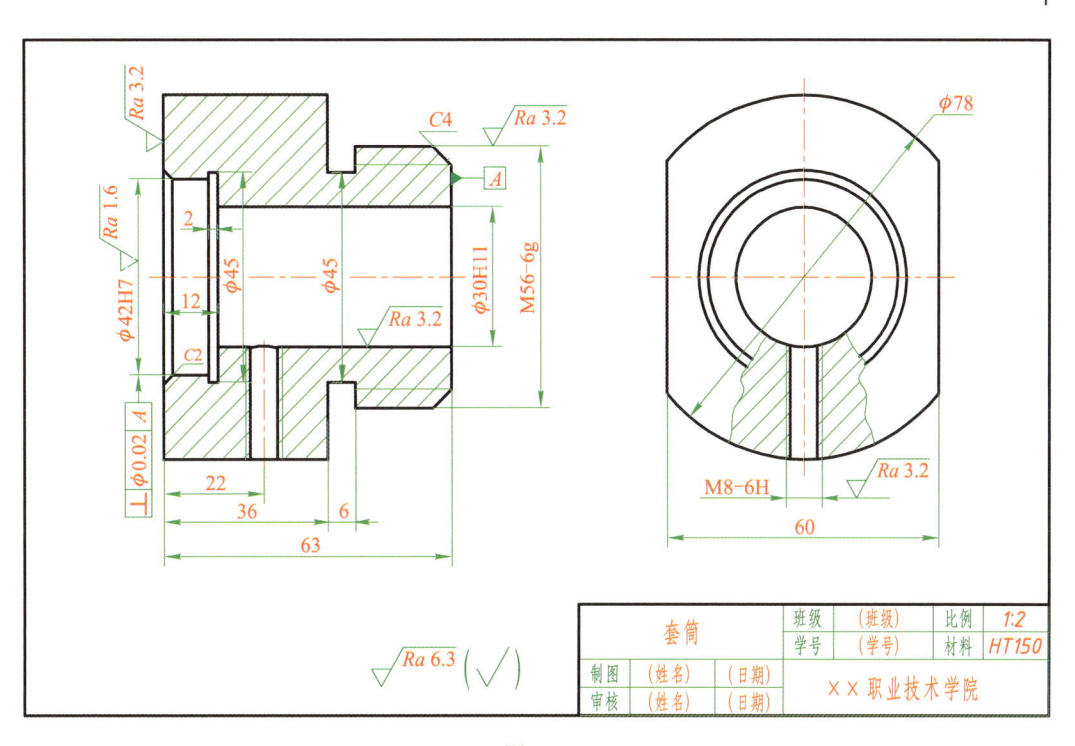

图 9-56

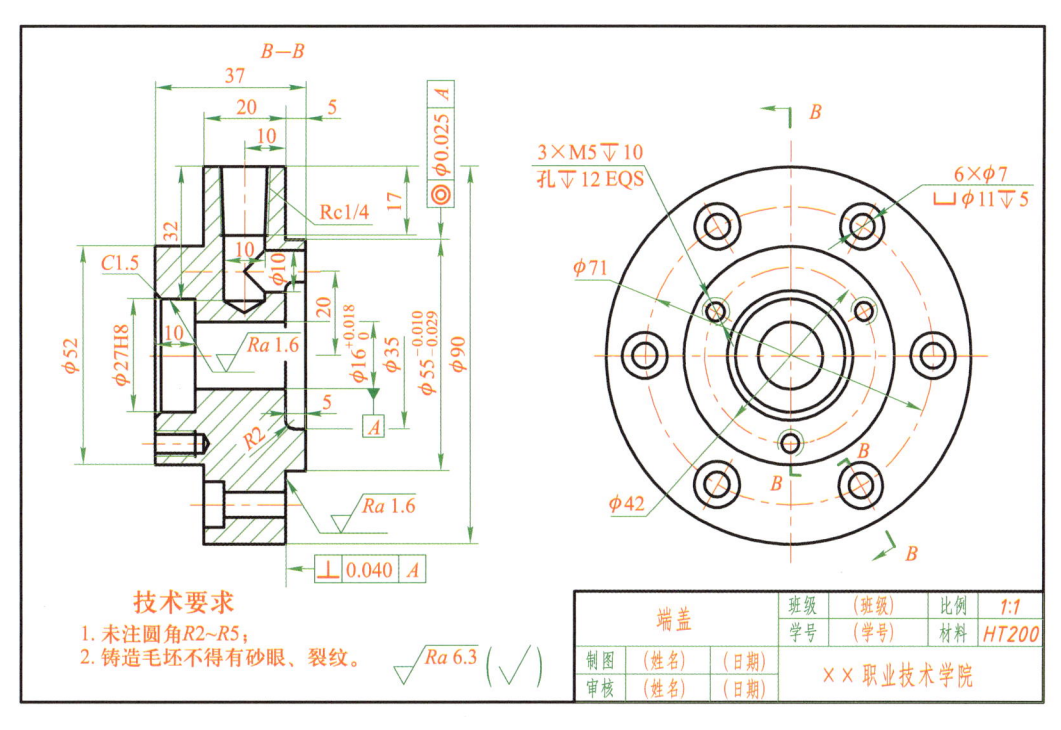

图 9-57

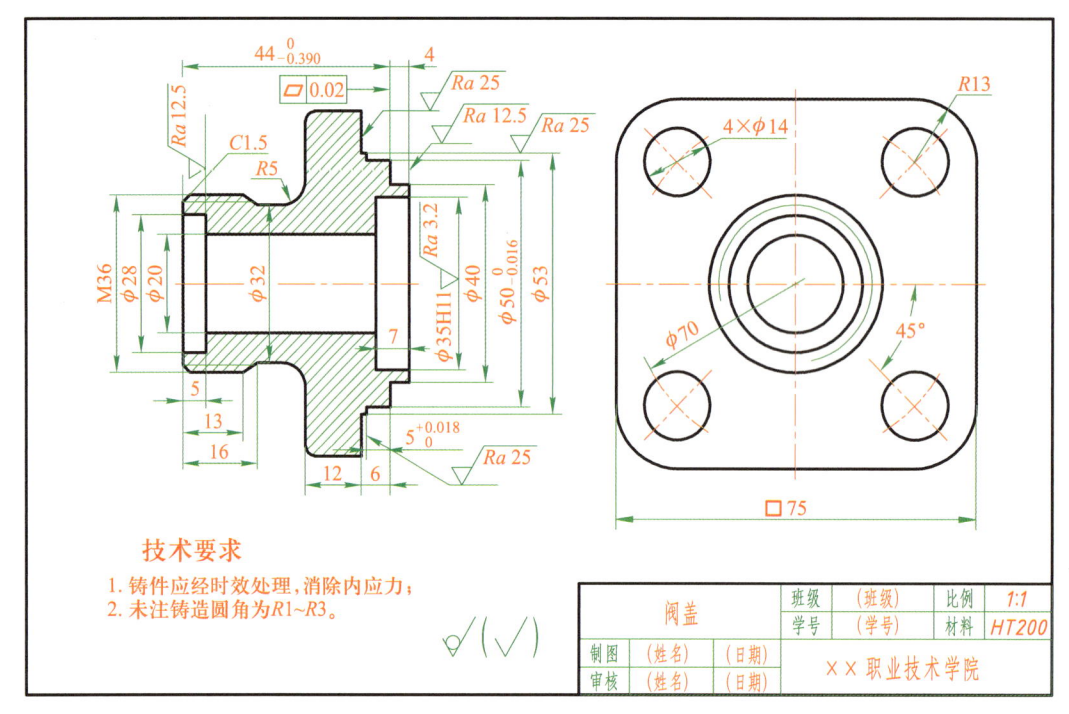

图 9-58

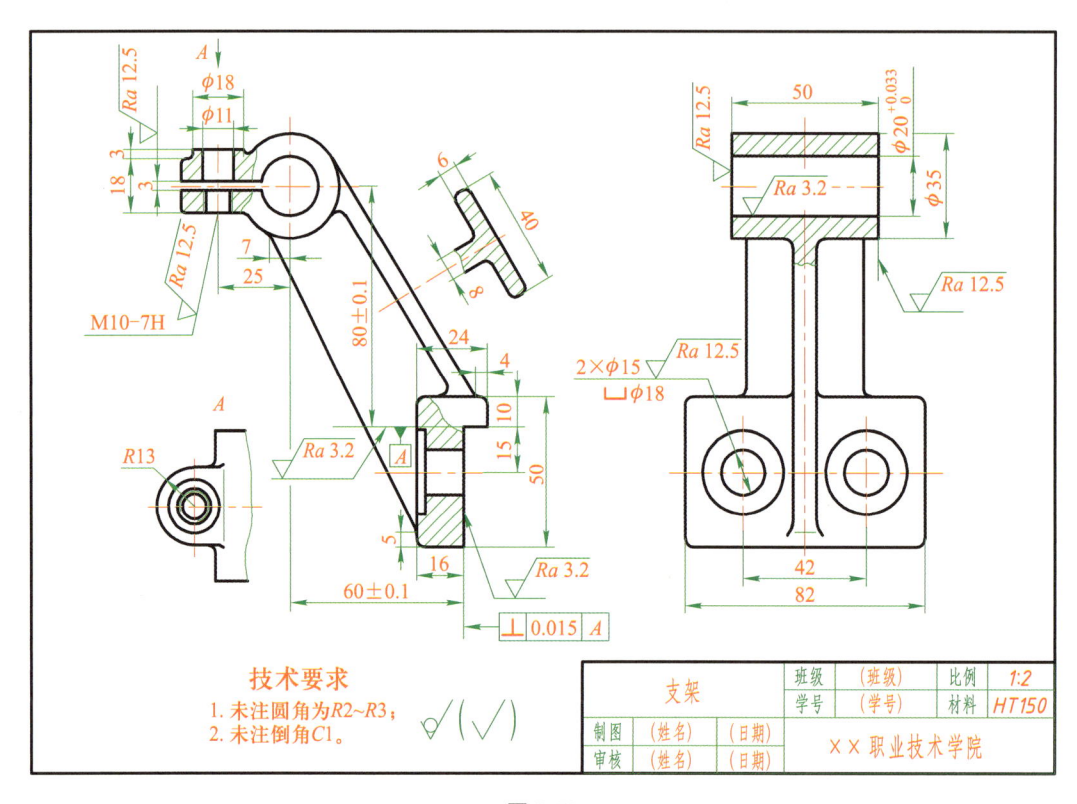

图 9-59

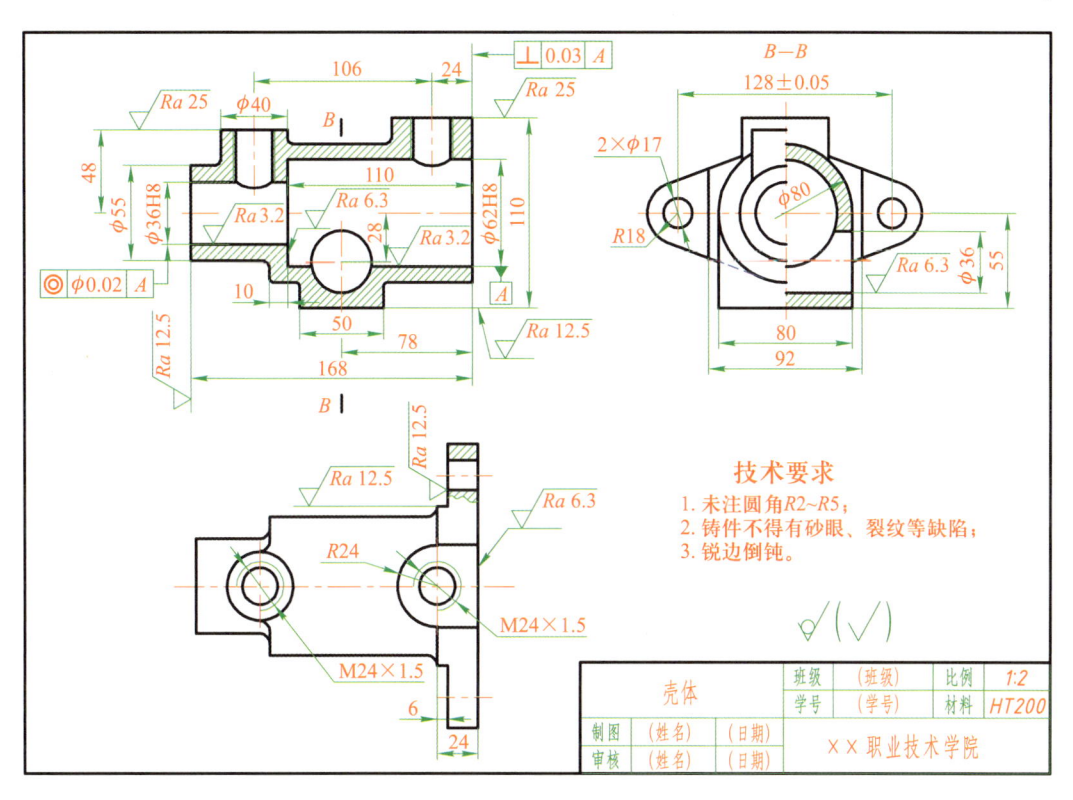

图 9-60

2. 根据零件图（图 9-61～图 9-64）绘制装配图（图 9-65）并保存，文件名采用零件名称。

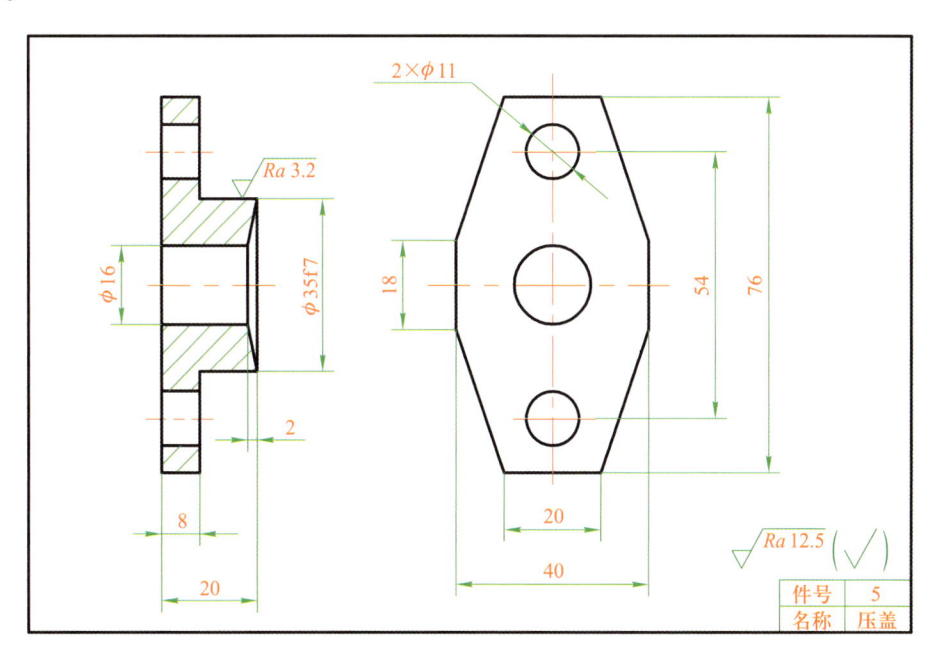

图 9-61

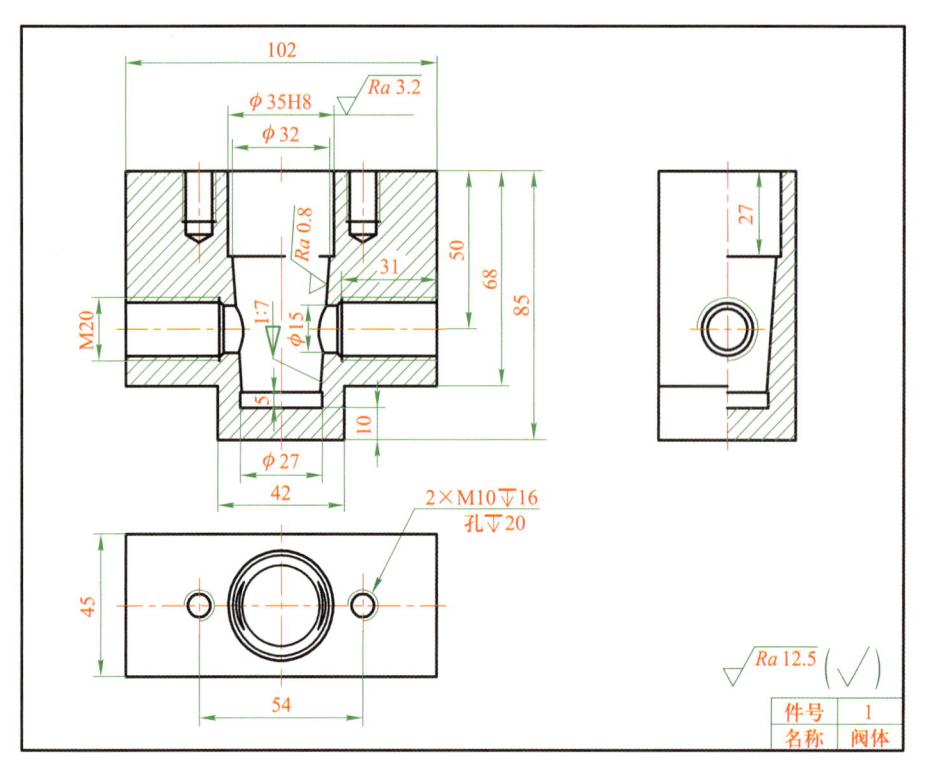

图 9-62

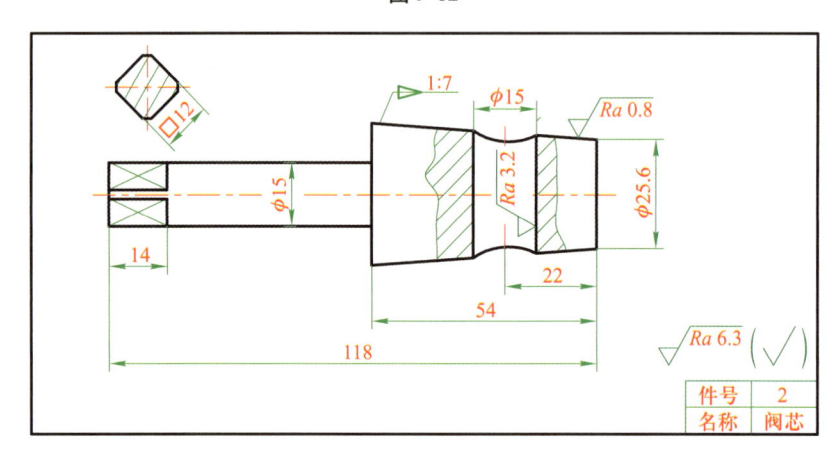

图 9-63

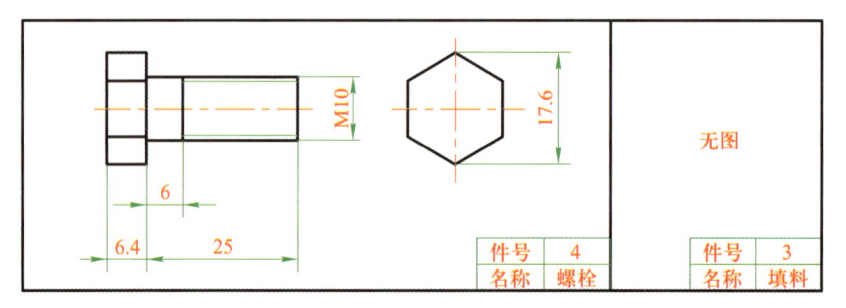

图 9-64

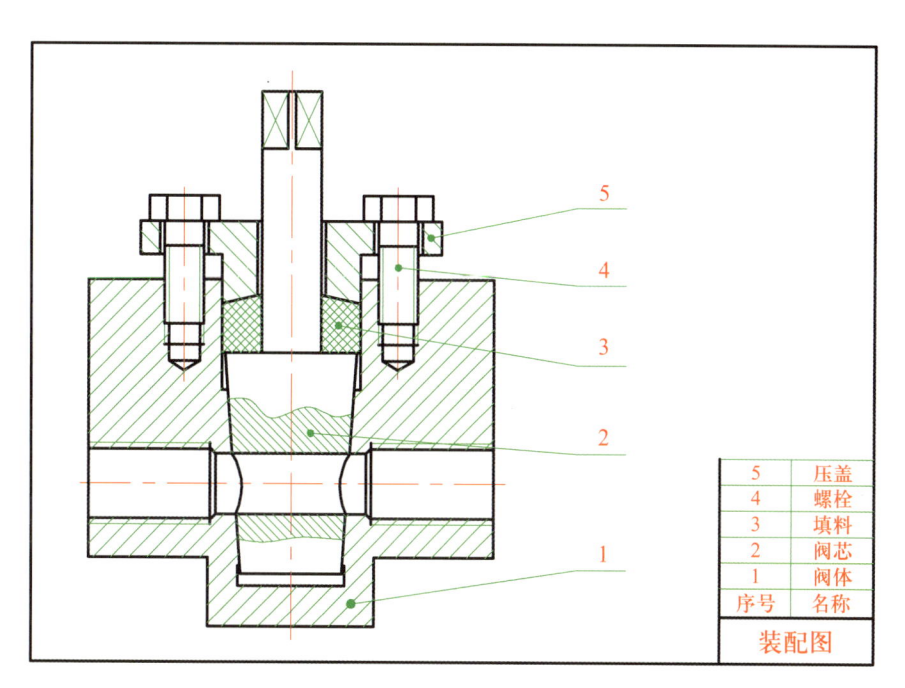

图 9-65

3. 根据图 9-66～图 9-69 给定的零件图，参考图 9-70 装配示意图，按 1∶1 比例绘制顶尖装配图的主视图，并标注零件序号（5 号字）和总高尺寸范围。

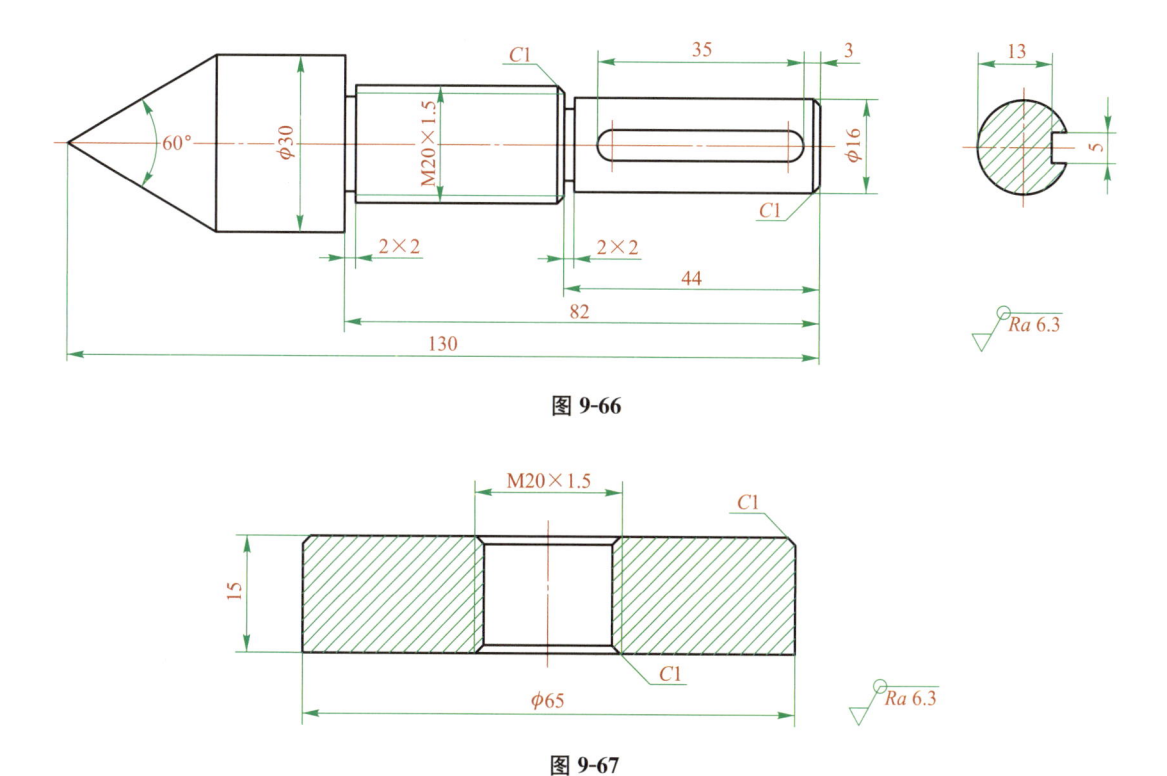

图 9-66

图 9-67

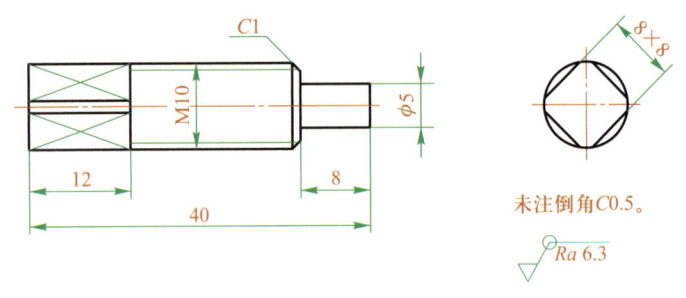

图 9-68

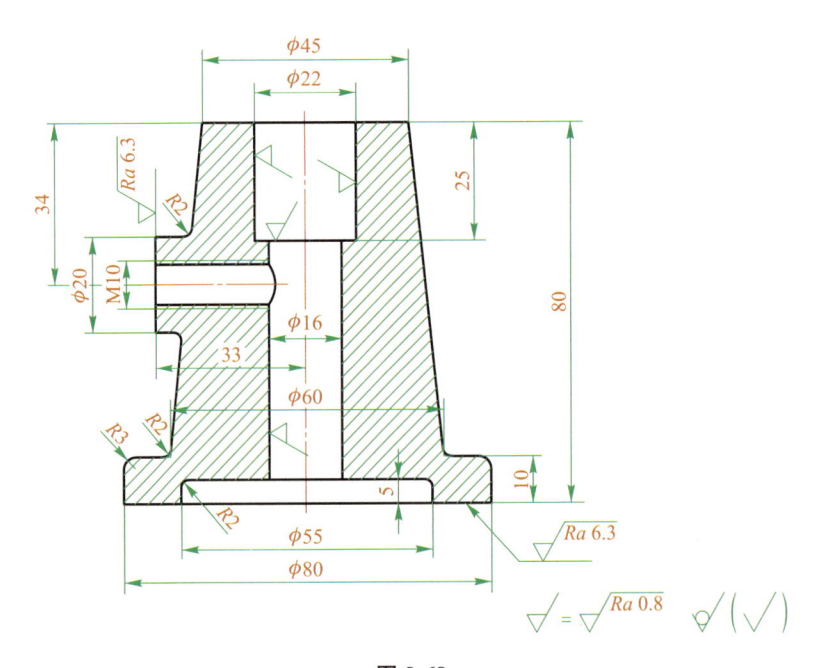

图 9-69

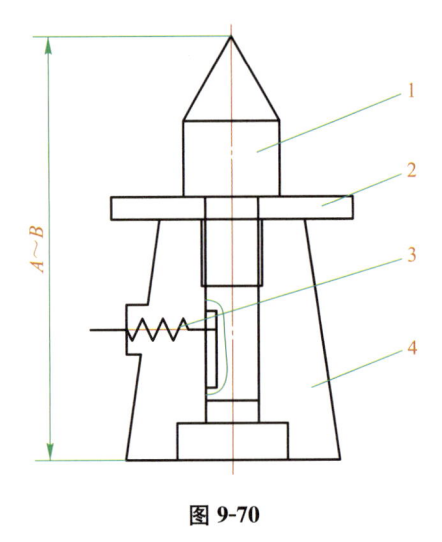

图 9-70

4. 根据图 9-71、图 9-72 所示三视图（第三角）绘制轴测图。

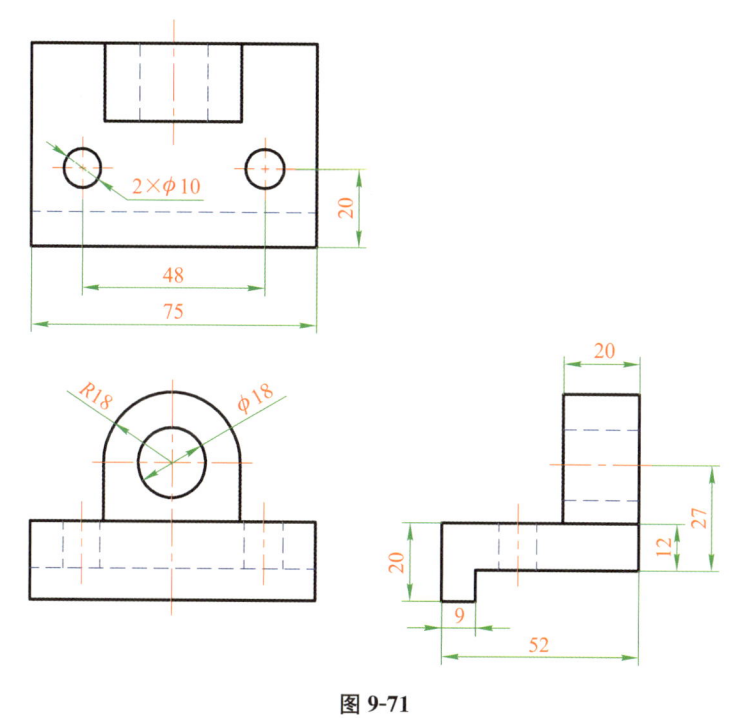

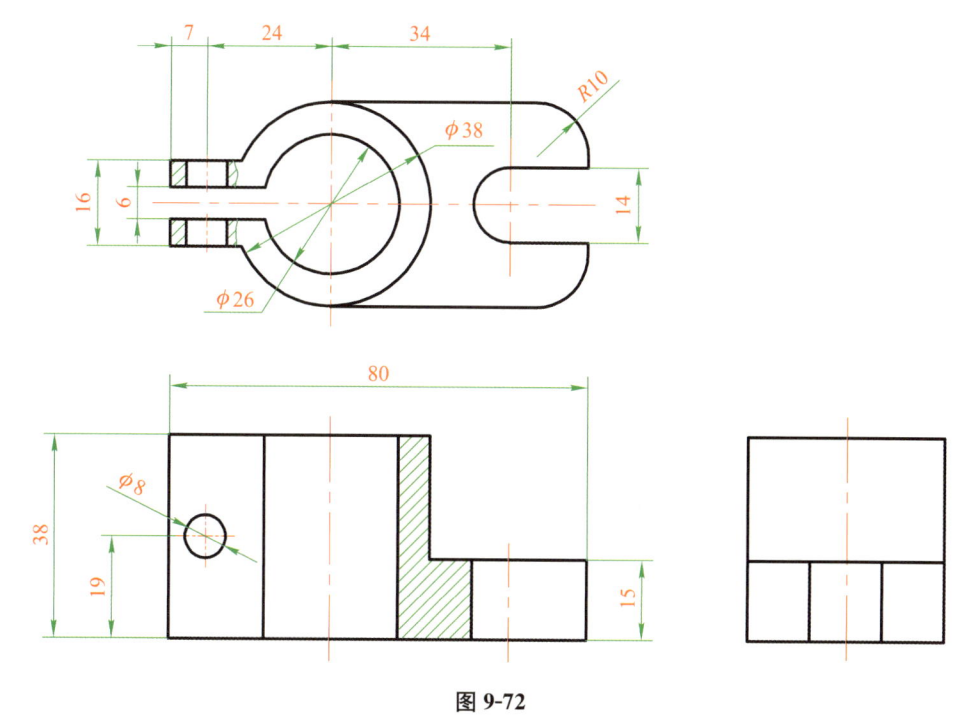

图 9-71

图 9-72

5. 按 1∶1 的比例绘制图 9-73 所示机件的全剖俯视图，并按指定剖切位置，绘制其全剖正等轴测图。

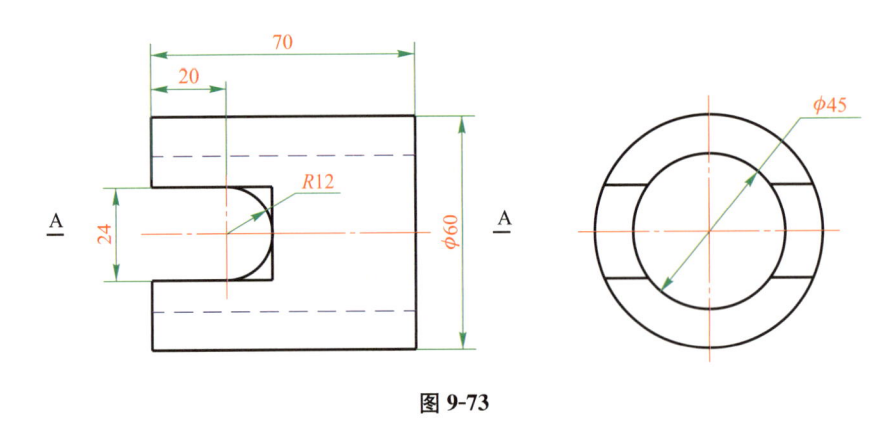

图 9-73

6. 绘制图 9-74 所示的轴测图并保存，文件名为"综合练习 9-2-6"。

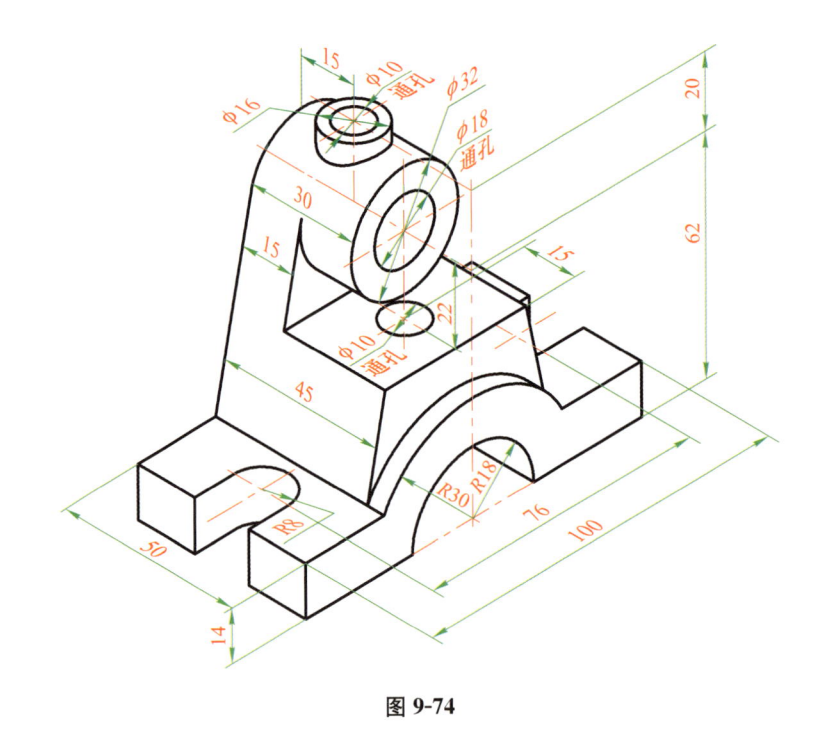

图 9-74

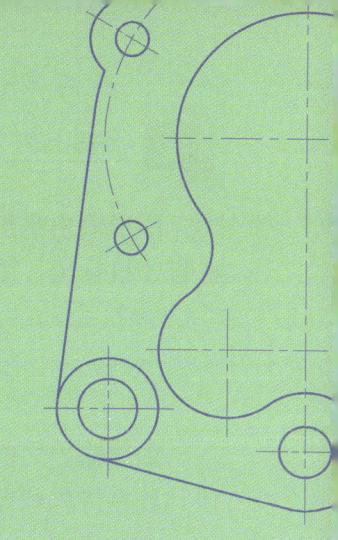

AutoCAD 2012

单元十
图形输出

10.1 添加输出设备驱动程序

10.2 页面参数设置

10.3 图形打印

10.4 在 Word 文档中插入 AutoCAD 图形

综合练习十

计算机绘图

图形输出是绘图工作的最后一步，对于绘制好的 AutoCAD 图形，可以用绘图仪或打印机输出。图形输出前，必须对输出设备进行配置，才能输出图形。

10.1 添加输出设备驱动程序

图形输出之前，应先做好准备工作，确保绘图设备与计算机连接，并装好打印纸，使其处在待机状态。

10.1.1 添加新的输出设备

单击 AutoCAD 2012"文件"下拉菜单中的"绘图仪管理器（M）"选项，打开如图 10-1 所示"Plotters"文件窗口。

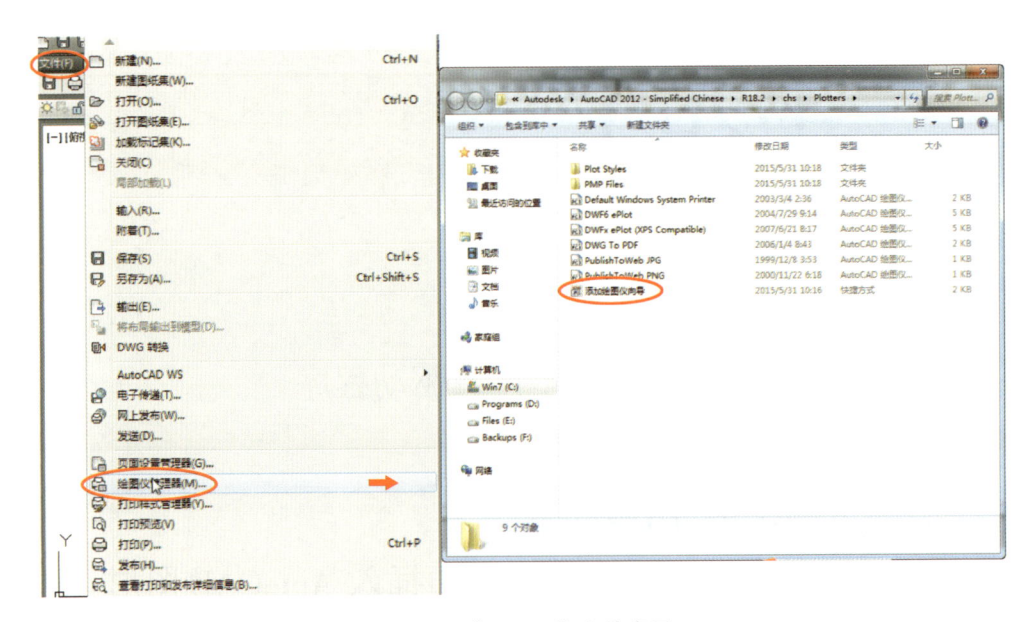

图 10-1　"Plotters"文件窗口

双击"添加绘图仪向导"图标，打开"添加绘图仪-简介"对话框，单击"下一步（N）"，打开"添加绘图仪-开始"对话框，如图 10-2 所示。

如果要添加系统默认打印机，则选中图 10-2 中"系统打印机（S）"选项，再按向导逐步完成添加。

如果要添加专用绘图仪，则单击图 10-2 中"我的电脑（M）"选项，打开"添加绘图仪-绘图仪型号"对话框，如图 10-3 所示。在对话框中选择正确的"生产商（M）"及"型号（O）"，其他均选默认值，逐步完成添加。

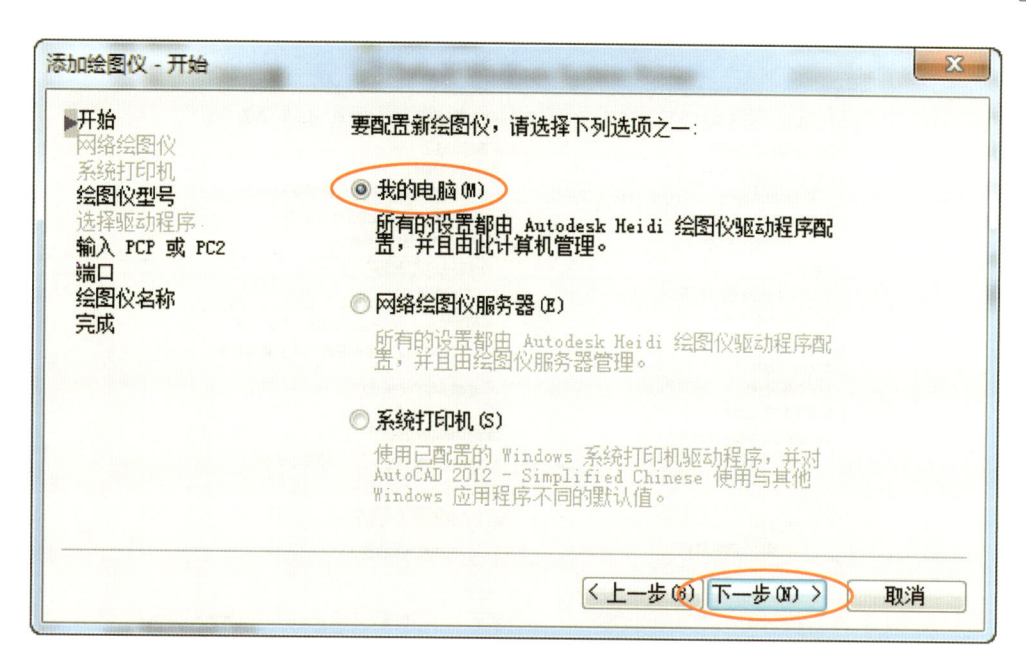

图 10-2 "添加绘图仪-开始"对话框

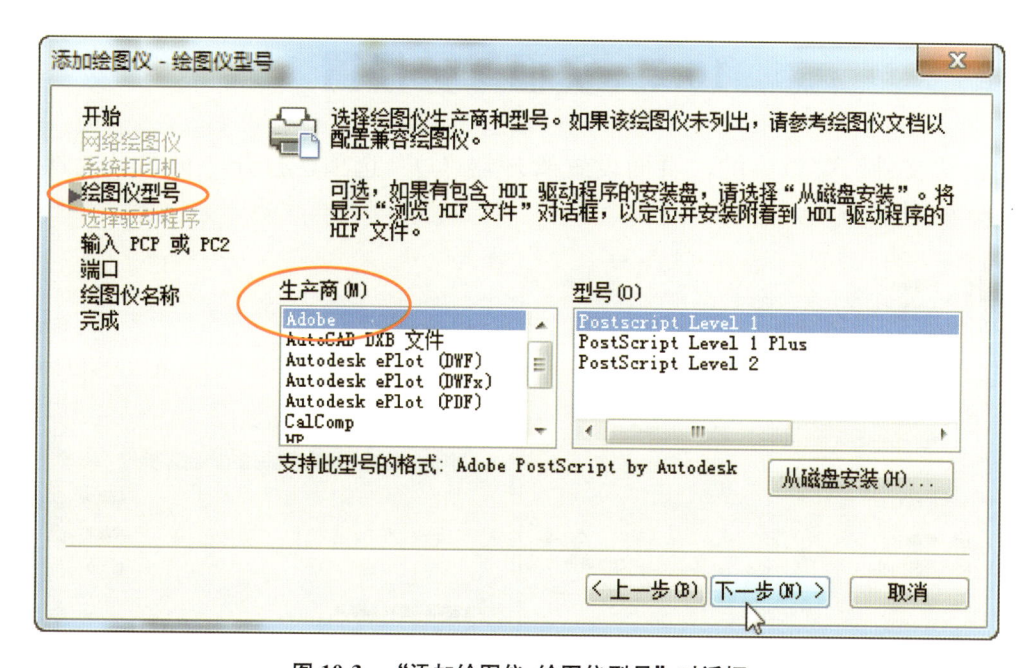

图 10-3 "添加绘图仪-绘图仪型号"对话框

10.1.2 配置 AutoCAD 2012 默认打印机

单击"工具"菜单中的"选项",打开"选项"对话框,单击"打印和发布"选项卡,如图 10-4 所示。在"新图形的默认打印设置"区选择"用作默认输出设备(V)"选项,在下拉列表中选择打印机的名称,单击"确定"即可。

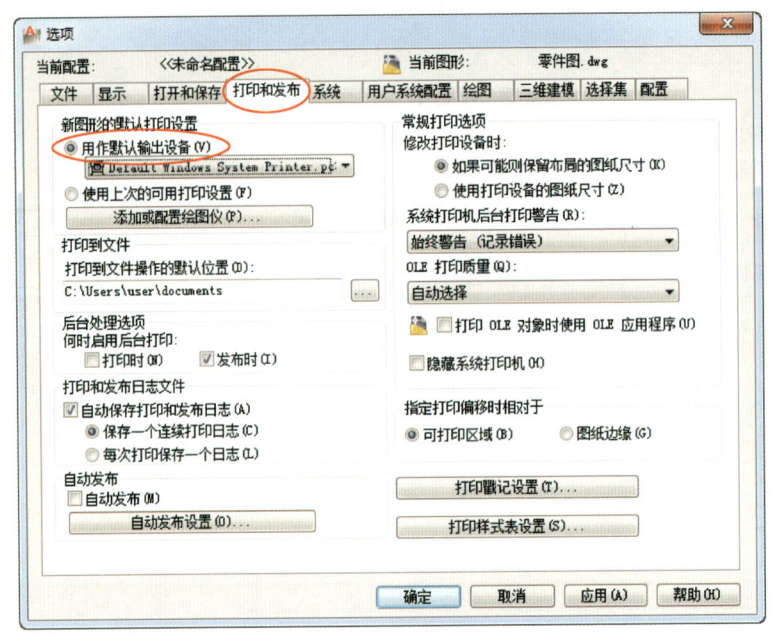

图 10-4 "选项"对话框"打印和发布"选项卡

10.2 页面参数设置

单击"文件"菜单中的"页面设置管理器(G)"选项,打开"页面设置管理器"对话框,如图 10-5 所示。

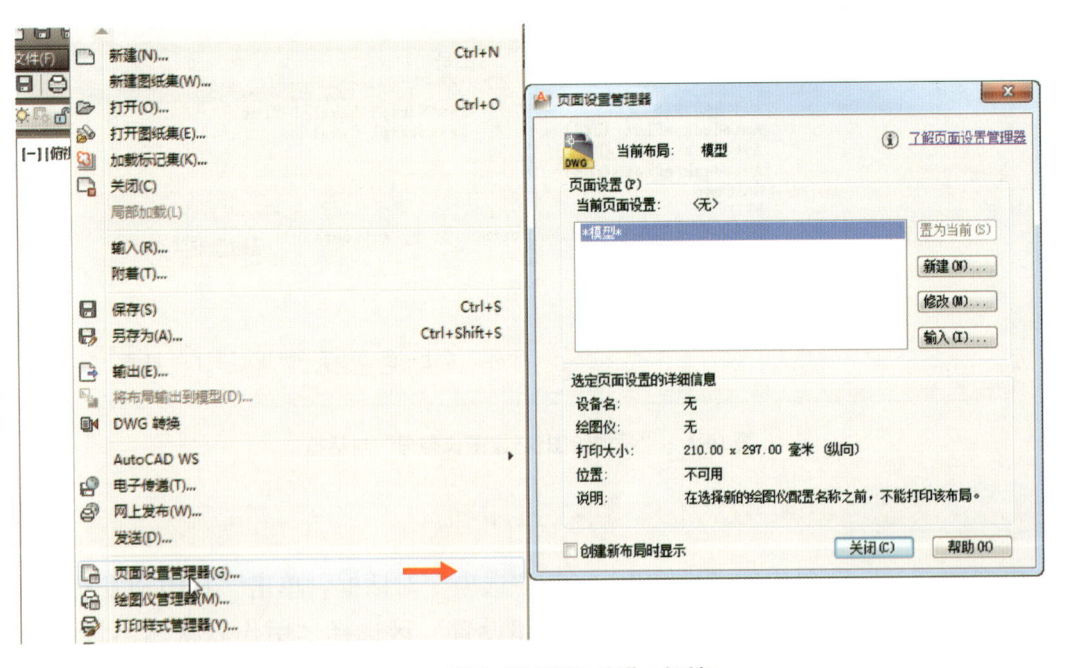

图 10-5 "页面设置管理器"对话框

单击"新建(N)...",打开"新建页面设置"对话框,如图 10-6 所示。在"新页面设置名(N)"文本框中输入新的名称,并单击"确定(O)",打开"页面设置-模型"对话框,如图 10-7 所示。

图 10-6 "新建页面设置"对话框

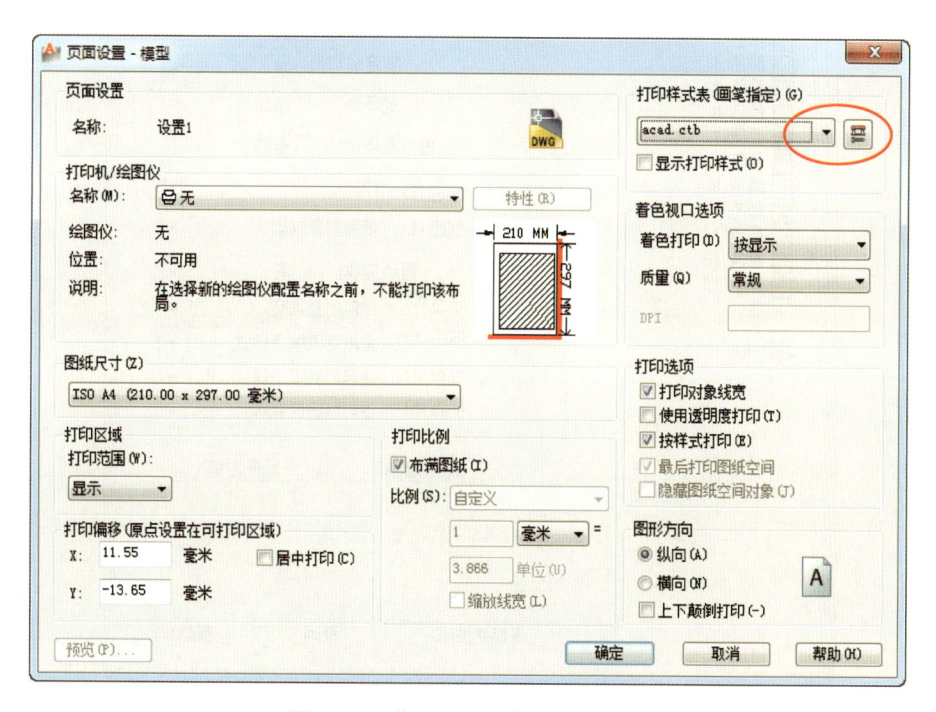

图 10-7 "页面设置-模型"对话框

下面介绍"页面设置-模型"对话框中主要选项的功能。

(1)"打印机/绘图仪"区:在"打印机/绘图仪"区的下拉列表中选择作为当前打印机/绘图仪的名称。

(2)"图纸尺寸(Z)"区:在"图纸尺寸(Z)"区的下拉列表中选择图纸幅面。

(3)"打印区域"区：在"打印区域"区选择"打印范围(W)"，有三个选项：

①"窗口"：通过指定一窗口作为打印的区域。

②"图形界限"：以当前的默认图形界限作为打印区域。

③"显示"：打印当前显示的图形。

(4)"打印偏移(原点设置在可打印区域)"区：确定打印区域相对于图纸左下角点的偏移量。若选择"居中打印(C)"，则图形将放置在图纸中央打印。

(5)"打印比例"区：设置图形的打印比例。

(6)"打印样式表(画笔指定)(G)"区：选择、编辑打印样式。通过下拉列表选择某一打印样式后单击"编辑"按钮，则打开"打印样式表编辑器"对话框，如图 10-8 所示。在对话框中可以设置打印的颜色和某种颜色对应的线宽。

图 10-8 "打印样式表编辑器"对话框

(7)"着色视口选项"区：用于控制输出打印三维图形时的打印模式。

(8)"打印选项"区：如果用户是按层绘图，并且各层设置了线宽，则选择"打印对象线宽"；如果是以不同颜色表示不同线宽，则应选择"按样式打印(E)"。

(9)"图形方向"区：用来设置图形打印时的方向。

10.3 图形打印

1. 命令的输入

可用下列方法之一输入命令：

(1) 从［标准］工具栏中选择［打印］按钮 🖨。

(2) 从菜单栏中选择"文件"→"打印"命令。

输入命令后，打开"打印-模型"对话框，如图 10-9 所示。

图 10-9 "打印-模型"对话框

2. 参数设置

在"打印-模型"对话框"页面设置"区的"名称(A)"下拉列表中指定页面设置后，对话框中将显示已设置好的"页面设置"内容。如果打印之前没有进行页面设置，可直接在"打印-模型"对话框中进行相应设置。如果单击位于右下角的［更多选项］按钮 ⊙，可以展开"打印-模型"对话框，做进一步设置。

打印参数设置完成后，可单击"预览(P)..."，预览打印效果。在预览窗口中右击，选择"退出"可退出预览，或者按［Esc］键直接退出预览状态。如果预览效果不理想，可调整参数设置，直到满意为止。

3. 打印图形

预览满意后，单击"打印-模型"对话框中的"确定"，即可打印图形。

10.4 在 Word 文档中插入 AutoCAD 图形

在 Word 文档中插入 AutoCAD 图形，然后与文字一起打印，是在工作中常用到的一种图形输出形式。下面介绍两种在 Word 文档中插入 AutoCAD 图形的方法。

1. 在 Word 文档中直接插入 AutoCAD 图形

(1) 调用 AutoCAD 模板文件，绘制图形并标注几个简单的尺寸。

(2) 用［标准］工具栏中的［复制］按钮将图形复制到剪贴板上。

(3) 打开 Word 文档，在需要插入 AutoCAD 图形的位置单击，再右击选择粘贴。

(4) 双击插入的图形，回到 AutoCAD 界面，双击滚轮，使图形充满屏幕，单击［线宽］按钮，显示线宽，单击［保存］按钮。

(5) 退出 AutoCAD 程序，在 Word 文档中调整图形大小，单击图形，从"格式"菜单中单击"裁剪"命令，裁剪图形中多余的边。

(6) 若图线宽度或尺寸数字、箭头大小不符合要求，可双击插入的图形，回到 AutoCAD 界面，调整图层的线宽，修改标注样式中的文字高度和箭头大小，并标注所需尺寸。若需要黑白打印，可将图层颜色和数字颜色改为黑白。

(7) 修改完成后，一定要双击滚轮，使图形充满屏幕，单击"保存"，然后退出 AutoCAD 界面。

(8) 调整满意后，即可单击 Word 中的"打印"命令进行打印。

> **提示**：将 AutoCAD 图形插入 Word 文档中打印，图形比例将发生变化。但对于一张简单的图样，即使没有标注比例，只要尺寸、技术要求齐全，是不会影响加工生产的。所以，将较小的图形插入 A4 页面中打印在生产中比较常见。因为用 Word 文档打印出来的文字效果比在 AutoCAD 中打印的文字效果要好得多。

2. 用 BetterWMF 软件将 AutoCAD 图形复制到 Word 文档中

(1) BetterWMF 软件的设置

① 安装 BetterWMF 软件后双击桌面图标，弹出"BetterWMF 选项-xdcad"对话框，如图 10-10 所示。

② 单击"选项"菜单，在下拉菜单中选择"用户设置(U)"，即打开"BetterWMF 用户设置"对话框，如图 10-11 所示。在"大小"选项中选择"公制"，若要把图形存为单独文件，需将"复制到剪贴板后弹出保存对话框"选项选中。

③ 单击"确定"，返回到"BetterWMF 选项-xdcad"对话框，此时，单位已经变

图 10-10　"BetterWMF 选项-xdcad"对话框 　　　图 10-11　"BetterWMF 用户设置"对话框

为公制，如图 10-12 所示。在"常规选项"区选择"移除 AutoCAD 背景颜色"和"按实体范围修剪 WMF 图像"。在"线和文字"区选择"全部修改为黑色"（彩色线条出图除外）和"高级"。在"填充颜色"区选择"全部修改为黑色"。

④ 单击"线和文字"区中的"编辑"，打开"BetterWMF 高级选项"对话框，如图 10-13 所示。选中"颜色 7"（黑色），然后在下方的"编辑值（毫米）"输入框中输入 0.5，即黑色线条出图时的宽度为 0.5 mm。其他颜色的线条宽度为 0.25 mm。在"常规"

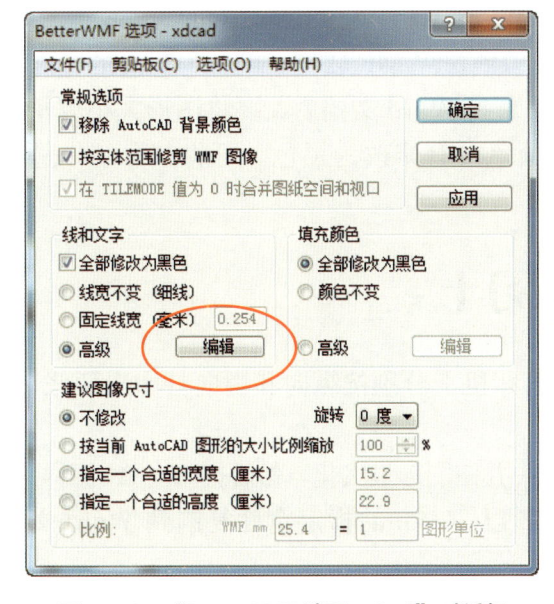

图 10-12　"BetterWMF 选项-xdcad"对话框 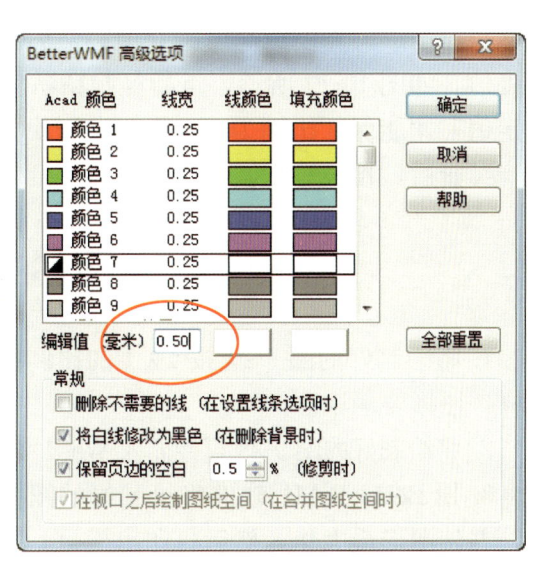　　　图 10-13　"BetterWMF 高级选项"对话框

区选中"将白线修改为黑色(在删除背景时)"和"保留页边的空白 0.5%(修剪时)"。单击"确定",回到"BetterWMF 选项-xdcad"对话框。

⑤ 在"建议图像尺寸"区选择"指定一个合适的宽度(厘米)"或"指定一个合适的高度(厘米)",若需要旋转图形,可在"旋转"数值输入框中选择旋转的角度(此角度按顺时针方向确定),如图 10-14 所示。需要注意:这里的宽度和高度单位是厘米,当输入了一个值后,另一方向的尺寸会按比例自动确定。要控制插入 Word 中的图形实际大小,可在 Word 文档中预先量好空间的宽度或高度,在 BetterWMF 中直接修改宽度或高度值即可。

图 10-14 "BetterWMF 选项-xdcad"对话框

进行上述必要的设置后,单击"确定",BetterWMF 软件自动隐藏到桌面右下角。若需要修改设置,可双击桌面右下角的图标,打开软件进行修改,改完后单击"确定"即可。

(2) 复制 AutoCAD 图形

① 在 AutoCAD 中绘制完成图形后,必须将 AutoCAD 窗口下方状态栏中的 [线宽] 按钮关闭,并确认图层中除了粗实线层为黑白外,其余图层一律不能用黑白。

② 选中要复制的图形后,单击 [标准] 工具栏中的 [复制] 按钮,BetterWMF 软件自动起作用,若弹出"另存为 WMF 文件"对话框,可根据提示保存为单个图元文件。

③ 打开 Word 文档,在需要插入图形的位置单击,再右击选择"粘贴"即可。

④ 注意事项:若图形大小不合适,可在 Word 文档中去拖曳图形的大小,调整好后,查看图形的宽度或高度绝对值。然后打开 BetterWMF 软件,调整为想要的宽度或高度值,如图 10-14 所示,重新复制粘贴。粘贴到 Word 文档后,要将图形大小调整为设定值,才能保证比例为 1。若有个别块的颜色没有修改为黑色,可将其分解,进行适当编辑后,再进行复制粘贴。

综合练习十

1. 将绘制好的图 9-23 按 1∶1 的比例在打印机上分别按纵向和横向打印出两张 A4 图样,图形要居中。

2. 将绘制好的图 9-23 直接插入 Word 文档中并使图形最大化,然后打印出 A4 图样。

3. 用 BetterWMF 软件将绘制好的图 9-23 以 20 cm 的指定宽度复制到 Word 文档中,并使图形最大化,然后打印出横 A4 图样。

4. 将以上四张图样进行对比,选出最佳方案。

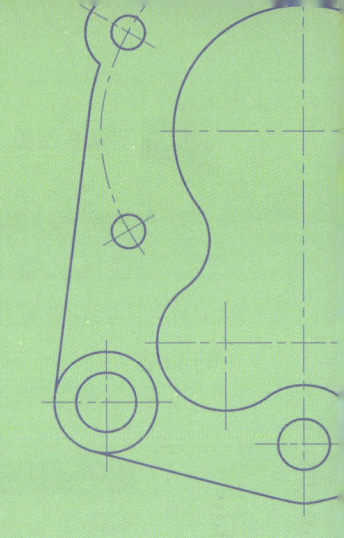

AutoCAD 2012

单元十一 "草图与注释"工作空间界面简介

11.1 标题栏
11.2 功能区
11.3 绘图区
11.4 命令提示区
11.5 状态栏
综合练习十一

AutoCAD 2012 的默认工作空间界面为"草图与注释"工作空间界面，包括标题栏、功能区、绘图区、命令提示区、状态栏等，如图 11-1 所示，与"AutoCAD 经典"工作空间界面有很大差别。下面简单介绍"草图与注释"工作空间界面主要组成部分的功能。

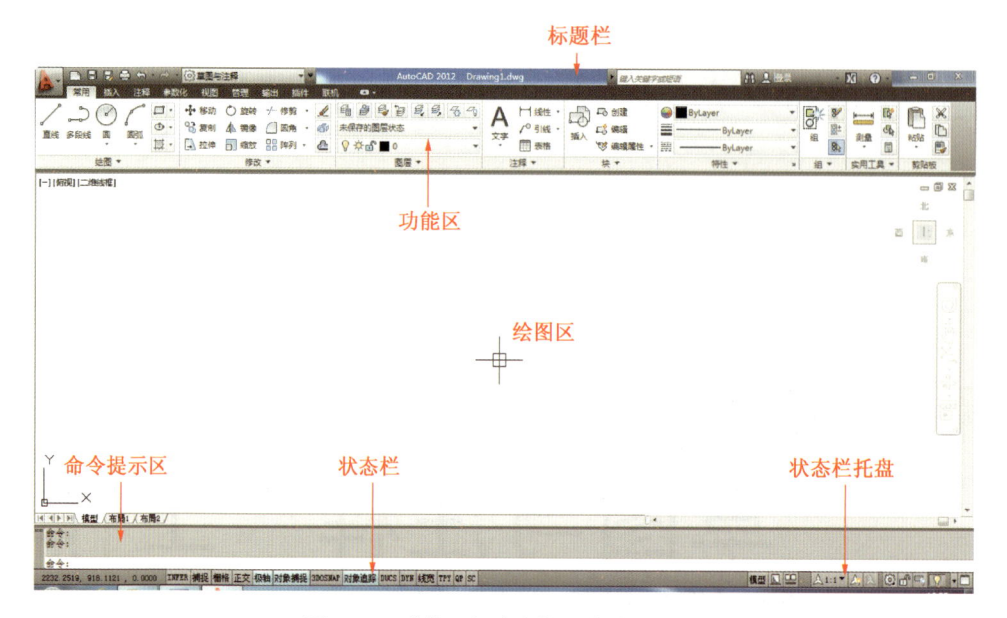

图 11-1　"草图与注释"工作空间界面

11.1　标　题　栏

标题栏位于界面最顶部，左边是应用程序图标和［快速访问］工具栏，中间显示当前文件名，右边是"最小化""最大化""关闭"按钮。

1."应用程序"菜单：单击界面左上角的图标，打开如图 11-2 所示的"应用程序"菜单，在此可以进行"新建""打开""保存""另存为""输出""发布""打印"等一些最基本的操作，右边显示最近使用的文档。

2.［快速访问］工具栏：自左向右分别是［新建］、［保存］、［另存为］、［打印］、［放弃］、［重做］按钮和"工作空间"选项。

单击右边的展开按钮，打开"自定义快速访问工具栏"菜单，如图 11-3 所示，在菜单中通过勾选或取消项目可在工具栏上添加或移除命令，还可以将快速访问工具栏显示在功能区的下面。

图 11-2 "应用程序"菜单　　　　图 11-3 "自定义快速访问工具栏"菜单

若勾选"显示菜单栏"选项，则在标题栏下面显示出一行与"AutoCAD 经典"工作空间界面相同的菜单栏，如图 11-4 所示，包括："文件""编辑""视图""插入""格式""工具""绘图""标注""修改""参数""窗口"和"帮助"，AutoCAD 2012 的主要命令都在其中。

图 11-4 菜单栏

3. 文件名显示区

在标题栏中部显示着当前文件名和类型，默认文件名为"图 1"，类型为图形文件格式（AutoCAD2012 Drawing1.dwg）。

4. 窗口开关控制区

标题栏最右边是"最小化""最大化""关闭"按钮。

11.2　功　能　区

功能区位于标题栏与绘图区之间，由"常用""插入""注释""参数化""视图""管理""输出""插件""联机"等若干个选项卡组成，如图 11-5 所示。AutoCAD 2012 的绘图工具就布置在功能区各选项卡的面板中。例如"常用"选项卡中的"绘

229

图""修改""图层""注释""块""特性"等面板，单击相应的按钮，可以进行相应的操作。单击面板下面的倒三角可以展开各面板，显示更多按钮。

图 11-5　功能区

11.3　绘　图　区

界面中部空白处是绘图区，与"AutoCAD 经典"工作界面绘图区相同。

11.4　命令提示区

命令提示区位于绘图区下方，默认状态下命令提示区是 3 行，是用户输入命令和显示命令提示信息的区域。

11.5　状　态　栏

状态栏位于界面的底部，在默认情况下，状态栏左端显示绘图区中光标所处位置的 X、Y、Z 坐标值，中部依次是"推断约束""捕捉""栅格""正交""极轴""对象捕捉""三维对象捕捉""对象追踪""允许/禁止动态 UCS""动态输入""线宽""显示/隐藏透明度""快捷特性"和"选择循环"14 个绘图辅助工具按钮，右击其中任一按钮，在快捷菜单中取消"使用图标(U)"，则状态栏中的按钮以文字方式显示。

按下状态栏中部的相应按钮，则按钮显亮，表示绘图时使用相应的功能，按钮变暗则关闭相应功能。

状态栏的右端是状态栏托盘，如图 11-6 所示，自左向右分别是"模型""快速查看布局""快速查看图形""注释比例""注释可见性""注释比例更改时自动将比例添加至注释性对象""切换工作空间""锁定""硬件加速开关""隔离对象""应用程序状态栏菜单""全屏显示"。单击右下角的"应用程序状态栏菜单"下拉箭头，可弹出"应用程序状态栏菜单"，在此可对状态栏的状态进行设置。

图 11-6　状态栏托盘

综合练习十一

熟悉 AutoCAD 2012 默认的"草图与注释"工作空间界面。

操作提示：

1. 单击窗口右下角的［切换工作空间］按钮，选择"草图与注释"选项。

2. 单击左上角标题栏中的应用程序图标，弹出下拉菜单，观察菜单中的选项。

3. 单击［快速访问］工具栏上的按钮，选择"显示菜单栏"命令，显示 AutoCAD 主菜单。单击"工具"下拉菜单，在"选项板"中选择"功能区"，关闭功能区。用同样的方法打开功能区。

4. 单击功能区中"常用"选项卡"绘图"面板上的按钮，展开面板，再单击其左下角按钮，固定面板。

5. 选择"工具"→"工具栏"→"AutoCAD"→"绘图"命令，打开［绘图］工具栏。用户可移动或改变工具栏的位置和形状。

6. 在任一选项卡标签上右击，弹出快捷菜单，取消"显示选项卡"→"注释"，则关闭"注释"选项卡。

7. 单击功能区的"参数化"选项卡，展开"参数化"选项卡，在选项卡的任一面板上右击，弹出快捷菜单，取消"显示面板"→"管理"，则关闭"管理"面板。

8. 单击功能区顶部的按钮，收拢功能区，继续单击，则展开。

郑重声明

高等教育出版社依法对本书享有专有出版权。任何未经许可的复制、销售行为均违反《中华人民共和国著作权法》，其行为人将承担相应的民事责任和行政责任；构成犯罪的，将被依法追究刑事责任。为了维护市场秩序，保护读者的合法权益，避免读者误用盗版书造成不良后果，我社将配合行政执法部门和司法机关对违法犯罪的单位和个人进行严厉打击。社会各界人士如发现上述侵权行为，希望及时举报，我社将奖励举报有功人员。

反盗版举报电话　(010)58581999　58582371
反盗版举报邮箱　dd@hep.com.cn
通信地址　北京市西城区德外大街 4 号　高等教育出版社知识产权与法律事务部
邮政编码　100120